全国BIM技能实操系列教程

Revit 2015 初级

主编 王 婷 应宇垦

参编 池文婷 肖莉萍 靳 宁 谢兆旭

任琼琼 张逸群 李 慧

中国电力出版社
CHINA ELECTRIC POWER PRESS

内 容 提 要

Autodesk Revit 软件是欧特克公司在基于 BIM 理念开发的建筑三维设计产品。本书是专门为初学者快速入门 Revit 软件而量身编写的。主要特点如下：由浅入深、通俗易懂；图文并茂、逻辑严密；案例丰富、快速上手；立足考试、针对性强。

本书共有 6 章，主要内容如下：第 1 章对 BIM 的概念、BIM 的起源与发展、BIM 应用和 BIM 软件进行了总体介绍；第 2 章主要对 Revit 软件的基础操作进行介绍，包括 Revit 软件概述、Revit 基本概念、Revit 基本特性、常用应用命令与快捷键的使用；第 3 章主要以具体小别墅为例介绍了 Revit 整个建模流程与命令应用；第 4 章阐述族的创建及应用，包括族的基本概念、创建族的要素、常见族案例分析；第 5 章阐述体量的创建及应用，包括体量的基本概念、体量的创建、体量编辑与运用，并结合案例分析；第 6 章通过剖析历年 BIM 技能考试真题，拓展考点应用，并给出两套模拟题供读者自我检验，其中一套并给出详细解题过程，另一套留白。

本书可作为全国 BIM 技能等级考试 Revit 初级的培训教程，也可供从事 BIM 技术研究和开发的人员学习和参考。

图书在版编目（CIP）数据

REVIT2015 初级 / 王婷，应宇垦主编. —北京：中国电力出版社，2017. 1（2017. 11 重印）
全国 BIM 技能实操系列教程
ISBN 978-7-5123-9861-0

Ⅰ. ①R… Ⅱ. ①王… ②应… Ⅲ. ①建筑设计-计算机辅助设计-教材 Ⅳ. ①TU201. 4

中国版本图书馆 CIP 数据核字（2016）第 240688 号

中国电力出版社出版发行

北京市东城区北京站西街 19 号 100005 http://www.cepp.sgcc.com.cn
责任编辑：周娟华 责任印制：蔺义舟 责任校对：朱丽芳
北京天宇星印刷厂印刷·各地新华书店经销
2017 年 1 月第 1 版·2017 年 11 月第 2 次印刷
787mm×1092mm 1/16·26.5 印张·568 千字
定价：88.00 元

前　言

BIM（Building Information Modeling），建筑信息模型，自 2002 年这一方法和理念首次提出之后，这一引领建筑行业信息技术变革的风潮便在全球范围内席卷开来。随着建筑技术、信息技术的提高以及人们对可持续性建筑的不断深入研究，近些年国内外已普遍开始接受 BIM 理念与技术。"十一五"国家科技支撑计划重点项目就把 BIM 技术列入建筑业信息化最核心的关键技术。《2011-2015 年建筑业信息化发展纲要》的总体目标明确提出，"十二五"期间，加快建筑信息模型（BIM）、基于网络的协同工作等新技术在工程中的应用。在前不久刚出台的《2016-2020 年建筑业信息化发展纲要》中，BIM 作为核心关键词贯穿全文，其中 28 处提及 BIM。当前，BIM 已深入到工程建设行业的参与各方和各个实施阶段。BIM 技术应用已势不可挡。正是在 BIM 引领建筑业信息化这一时代背景下，中国图学学会本着更好地服务于社会的宗旨，积极推动和普及 BIM 技术应用，从 2012 年开始，开展全国 BIM 技能等级考评工作。中国建设教育协会也于 2015 年全面开展全国 BIM 应用技能考评工作。南昌航空大学作为首批全国 BIM 技能等级考试和全国 BIM 应用技能考试的指定考点和培训点，2013 年开始积极组织各方力量编写 Revit 技能培训教程，并于 2015 年 1 月出版《全国 BIM 技能培训教程　Revit 初级》，以力求为广大 BIM 爱好者快速掌握 Autodesk Revit 软件操作提供了一条行之有效的途径。在出版的近两年时间内，收到全国各地读者的宝贵反馈。为了帮助读者更为系统地掌握 Revit 技能，教材内容更为系统和丰满，考虑增加对于族和体量的系统阐述，并针对 BIM 技能考试进行有针对性的深入剖析。于是在 2015 年着手对教程进行重新修订。为此，有缘再次与中国电力出版社合作，形成这本《全国 BIM 技能实操系列教程　Revit2015 初级》。

Autodesk Revit 软件是一款基于 BIM 理念开发的建筑三维设计产品，其强大功能可实现协同工作、参数化设计、结构分析、工程量统计、"一处修改、处处更新"和三维模型的碰撞检查等。通过这些功能的使用，大大提高了设计的高效性、准确性，为后期的施工、运营均可提供便利。本书是专门为初学者快速入门 Revit 软件而量身编写的，结合案例与历年真题巩固学习各知识点，力求保持简明扼要、通俗易懂、实用性强的编著风格，帮助用户更快捷地掌握 Revit 应用。主要写作特点如下：

1. 由浅入深、通俗易懂

在整个内容方面，包含的信息量丰富。第一，本书首先以 BIM 的概念、BIM 的起源与发展、BIM 应用三方面搭建 BIM 基础知识，帮助广大读者对 BIM 有大致了解；第二，以一小别墅为例，通过详细建模流程，结合实际操作，并拓展讲解操作命令，力求使读者轻松上手；第三，系统介绍了族和体量的基本概念和创建方法，深入理解族和体量的创建要素和特征；第四，侧重对 BIM 技能考试解题技巧与详解，帮助读者对 BIM 考试题型、题量、重点和难点能较好地把握。

2. 图文并茂、逻辑严密

为了使软件命令更加容易理解、软件操作过程更加轻松愉悦，本书为每个操作命令均配置了图片，使每个命令在对比操作过程中一目了然，大大减少了因文字描述带来的操作不明确等问题。值得一提的是，本书采用了发散型思维方法，在讲解一个操作命令的同时，举一反三，尽可能多地罗列出此命令的实践应用点，并贴心为读者在每一章进行小结，为读者梳理本章脉络，巩固所学知识点。在写作思路上，以【概述】、【案例分析】、【拓展练习】、【小结】等内容贯穿全文。其中，案例分析又以【建模思路】、【创建过程】等内容进行贯穿。此外，全文穿插【提示】、【常见问题剖析】、【操作技巧】、【知识点解析】等板块，帮助读者及时梳理操作时的知识要点和操作难点。

3. 案例丰富、快速上手

本书在 Revit 应用阐述过程中，不仅讲解各命令的使用方式，更是结合具体的小别墅案例与历年 BIM 技能等级考试真题进行各应用点的拓展学习，帮助读者能从"死命令"的学习模式中跳跃出来，灵活地学习 Revit 软件，使读者在面对实际项目时，能有据可依，快速上手。

4. 立足考试、针对性强

本书针对历年考试题目，分专题进行详细地操作步骤解答，帮助通过 BIM 考试者切实解决了有题目却不知如何下手或不确定操作正确与否等问题。

本书共有 6 章，主要内容如下：第 1 章对 BIM 的概念、BIM 的起源与发展、BIM 应用、BIM 软件进行了总体介绍。第 2 章主要对 Revit 软件的基础操作进行介绍。包括 Revit 软件概述、Revit 基本概念、Revit 基本特性常用应用命令与快捷键的使用。第 3 章主要以具体小别墅为例介绍了 Revit 整个建模流程与命令应用。第 4 章阐述族的创建及应用。包括族的基本概念、创建族的要素、常见族案例分析。第 5 章阐述体量的创建及应用。包括体量的基本概念、体量的创建、体量编辑与运用，并结合案例分析。第 6 章通过剖析历年 BIM 技能考试真题，拓展考点应用。并给出两套模拟题供读者自我检验。其中一套并给出详细解题过程，一套留白。

本书由南昌航空大学土木建筑学院王婷博士、同济大学土木工程学院应宇垦博士任主编，编写工作具体分工如下：王婷、应宇垦编写第 1 章；谢兆旭、张逸群编写第 2 章；肖莉萍、靳宁编写第 3 章；池文婷编写第 4、5 章；池文婷、任琼琼、李慧编写第 6 章。由王婷博士负责拟定大纲以及负责统稿、审稿。

值此此书付诸印刷之际，首先感谢南昌航空大学 BIM 研究所肖莉萍、池文婷、谢兆旭、靳宁、任琼琼、张逸群等研究生为此书的撰写投入大量精力。其次，感谢中国电力出版社责任编辑周娟华女士的倾力支持和悉心审阅。最后，深深感谢应宇垦先生在 BIM 道路上给我的指引。

由于编者水平有限，编写时间仓促，书中难免存在不妥之处，衷心欢迎广大读者批评指正。

编者
2016 年 9 月

目　　录

第 1 章　BIM 基础知识

1.1　BIM 的概念

1.1.1　BIM 定义

BIM 是英文 "Building Information Modeling" 的缩写，译为建筑信息模型，由时任美国 Autodesk 公司副总裁菲利普·伯恩斯坦（Philip G. Bernstein）于 2002 年首次提出。

2007 年底，NBIMS-US V1（美国国家 BIM 标准第一版）的出台，首次对 BIM 做出了正式定义，包括三个内涵：一是把 BIM 视为 "Building Information Model"，其定义为 "设施的物理和功能特性的一种数字化表达"；二是把 BIM 视为 "Building Information Modeling"，定义则为 "一个建立设施电子模型的行为，其目标为可视化、工程分析、冲突分析、规范标准检查、工程造价、竣工的产品、预算编制和许多其他用途"。此定义更多的是从 BIM 应用的角度出发，强调建立模型这一过程行为；三是把 BIM 视为 "Building Information Management"，其含义为提高质量和效率的工作以及通信的业务结构。值得一提的是，沈祖炎院士在 2015 年 10 月也提出 "从建筑工业化建造的角度，BIM 还有进一步的功能，所以把它称为建筑一体化更为确切，即 Building Integration Management"。

综上所述，BIM 的四种含义虽各有侧重，却又相辅相成。BIM 模型（Model）提供了共享的信息资源，为 BIM 建模（Modeling）和建筑信息管理（Management）打下了基础；BIM 建模（Modeling）是 BIM 工作的核心，是一个不断完善应用信息的过程；建筑信息管理（Management）为 BIM 建模提供了有效的管理环境，是 BIM 建模工作实施的前提保证；建筑一体化管理（Building Integration Management）则是前三者发展到一定阶段与工业化结合的产物。但无论侧重哪一点，BIM 最核心的是 "信息"，没有信息，就没有 BIM。

1.1.2　BIM 特征

1. 模型可视化

可视化是 BIM 最显而易见的特点。BIM 模型附带的各构建信息之间形成了互动性和反馈性的可视，使得建筑物建设过程及各种相互关系动态地表现出来。在这种可视的环境下可进行建筑设计、施工模拟、碰撞检查等一系列操作，更有助于理解纷繁复杂的建筑构造。

2. 信息协调性

BIM 的信息协调性主要体现在各数据之间的一致性，以及各构件实体间的关联性。信息化建筑模型就是设计的成果，各种平、立、剖二维图纸及明细表数据等都可以根据模型随时生成、调整。这种联动更新的方式很大程度上避免了因人为沟通不及时而带来的设计错漏，便于有效地提高设计质量和效率。

3. 信息完备性

BIM 模型包含了设施的全部信息，除了对设施进行 3D 几何信息和拓扑关系的描述，还包括完整的工程信息的描述，如对象名称、结构类型、建筑材料、工程性能等设计信息；施工工序、进度、成本、质量以及人力、机械、材料资源等施工信息；工程安全性能、材料耐久性能等维护信息；对象之间的工程逻辑关系等。BIM 的可视化操作、优化分析、模拟仿真等功能均建立在信息完备性的基础上。

1.2　BIM 的起源与发展

1.2.1　BIM 起源

1975 年，卡耐基麦隆大学的 Chunk Eastman 教授创建了 BIM 理念原型——建筑描述系统（Building Description System，BDS）。自伊斯曼教授发表了建筑描述系统 BDS 以来，受到了软件公司的广泛关注。匈牙利的 Graphisoft 公司在 1987 年提出了虚拟建筑（Virtual Building，VB）的概念，直到 1997 年美国 Revit 软件（该软件于 2002 年被 Autodesk 公司收购）诞生，建筑信息模型（Building Information Modeling，BIM）这个专业术语才正式问世。经过十余年的发展，BIM 已从星火到燎原，一场由 BIM 引起的建筑行业脱胎换骨的技术性革命正在进行。

1.2.2　BIM 在全球的发展情况

根据 McGraw Hill（麦格劳·希尔）的调研，美国工程建设行业采用 BIM 的比例从 2007 年的 28% 增长至 2009 年的 49%，上升至 2012 年的 71%。其中，74% 的承包商已经在实施 BIM，超过了建筑师（70%）及机电工程师（67%）。2013 年北美地区应用 BIM 技术的项目超过总项目 25% 的用户占 79%，这比起 2009 年的 27% 和 2011 年的 43% 大大增加。由此可见，BIM 的价值在不断被认可。

1. 美国

美国是最早推广 BIM 应用的国家，也是最早出台 BIM 标准的国家。发展到今天，其 BIM 的应用已经走在世界前列，各大设计事务所、施工公司和业主纷纷主动在项目中应用 BIM。美国建筑科学研究院（NIBS）发布美国国家 BIM 标准（NBIMS），主要内容包括信息交换和过程开发等方面，明确了 BIM 过程和工具的各方定义、相互之间数据交换要求的明细和编码，更好地实现协同。

2. 澳大利亚

澳大利亚也制订了国家 BIM 行动方案，2012 年 6 月，澳大利亚 BuildingSMART 组织发布了《国家 BIM 行动方案》。该行动方案制订了按优先级排序的"国家 BIM 蓝图"，并有研究数据指出：工程建设行业加快普及应用 BIM，可以提高 6%~9% 的生产效率。

2016 年 2 月，澳大利亚基础设施建设局正式公布了未来十五年的基础设施发展战略——《澳大利亚基础设施规划》，BIM 是规划中的一大亮点，被建议来"推动战略性的和完整性的规划"，并被作为一种"追求最佳采购和交付实践"的方法。

3. 韩国

在韩国，多家政府机关都致力于 BIM 应用标准的制定，其中，韩国公共采购服务中心（Public Procurement Service）制定了 BIM 实施指南和路线图（Roadmap）[7]，内容包括：2010—2011 年几个大型工程项目应用 BIM；2012—2015 年 50 亿韩元以上建筑项目全部采用 4D（3D+成本管理）的设计管理系统；2016 年实现全部公共设施项目使用 BIM 技术。

2010 年 1 月，韩国国土交通海洋部发布了《建筑领域 BIM 应用指南》；2010 年 12 月，PPS 发布了《设施管理 BIM 应用指南》，并于 2012 年 4 月对其进行了更新；土木领域的 BIM 应用指南也已立项，暂定名为《土木领域 3D 设计指南》。

4. 其他国家

英国是目前全球 BIM 应用增长最快的地区之一。2011 年 5 月，英国内阁办公室发布了《政府建设战略》文件，其中明确要求，"到 2016 年，政府要求全面协同的 3D·BIM，并将信息化管理全部的文件"。英国建筑业 BIM 标准委员会已于 2009 年 11 月发布了英国建筑业 BIM 标准 [AEC（UK）BIM Standard]。

在 BIM 这一术语引进之前，新加坡当局就注意到信息技术对建筑业的重要作用，并于 2011 年，建筑管理署（Building and Construction Authority，BCA）发布了新加坡 BIM 发展路线规划，明确推动整个建筑业在 2015 年前广泛使用 BIM 技术。

2009 年，日本大量的设计公司、施工企业开始应用 BIM。2012 年 7 月，日本建筑学会正式发布了日本 BIM 指南，从 BIM 团队建设、BIM 数据处理、BIM 设计流程、应用 BIM 进行预算、模拟等方面为日本的设计院和施工企业应用 BIM 提供了指导。

5. BIM 在中国的发展

我国建筑业信息化的历史基本可以归纳为每十年重点解决一类问题：

六五—七五（1981—1990 年）：解决以结构计算为主要内容的工程计算问题（CAE）；

八五—九五（1991—2000 年）：解决计算机辅助绘图问题（CAD）；

十五—十一五（2001—2010 年）：解决计算机辅助管理问题，包括电子政务（e-government）和企业管理信息化等；

十一五—十二五（2011—2020 年）：解决建筑企业信息化建设问题，包括技术水平和管理水平。建筑业信息化情况可以简单地用图 1-1 表示。

2010 年，中国房地产业协会商业地产专业委员会率先组织研究并发布了《中国商业地产 BIM 应用研究报告》，用于指导和跟踪商业地产领域 BIM 技术的应用和发展情况。国家"十一五"期间，BIM 列入国家科技支撑计划重点项目。2011 年 5 月，住房和城乡建设部（以下简称"住建部"）推出的《2011—2015 年建筑业信息化发展纲要》明确提出，"十二五期间要加快建筑信息模型（BIM）、基于网络的协同工作等新技术在工程

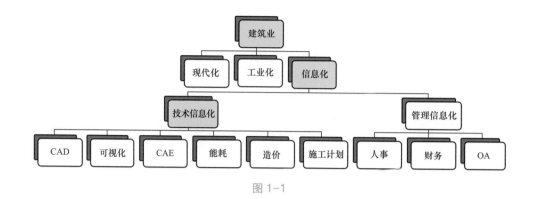

图 1-1

中的应用"。2015 年 7 月，由住房和城乡建设部发布的《关于推进建筑信息模型应用的指导意见》中明确提出：到 2020 年末，建筑行业甲级勘察、设计单位以及特级、一级房屋建筑工程施工企业应掌握并实现 BIM 与企业管理系统和其他信息技术的一体化及应用。全国以北京、上海、广东、广西、湖南、福建等省市为代表，也相继出台地方政策，大力推动 BIM 的发展进程。

另外，2014 年 5 月，北京市地方标准——《民用建筑信息模型设计标准》（DB 11/1063—2014）出台，并于 2014 年 9 月 1 日正式实施。2016 年 3 月，工程建设国家标准《建筑工程施工信息模型应用标准》已公布征求意见稿。

1.3　BIM 应用

BIM 发展至今，已经从单点和局部的应用发展到集成应用，同时也从阶段性应用发展到项目全生命周期应用。下文将以规划阶段、设计阶段、施工阶段、运营阶段主要的BIM 应用进行简单介绍。

1.3.1　规划阶段 BIM 应用

1. 模拟复杂场地分析

借助 BIM 技术，通过原始地形等高线数据，建立起三维地形模型，并加以高程分析、坡度分析、放坡填挖方处理，从而为后续规划设计工作奠定基础。比如，通过软件分析得到地形的坡度数据，以不同跨度分析地形每一处的坡度，并以不同颜色区分，则可直观看出哪些地方比较平坦，哪些地方陡峭，进而为开发选址提供有力的依据，也避免过度填挖土方，造成无端浪费。

2. 进行可视化能耗分析

从 BIM 技术层面而言，可进行日照模拟、二氧化碳排放计算、自然通风和混合系统情境仿真、环境流体力学情境模拟等多项测试比对，也可将规划建设的建筑物置于现有建筑环境当中，进行分析论证，讨论在新建筑增加情况下各项环境指标的变化，从而在众多方案中优选出更节能、更绿色、更生态、更适合人居的最佳方案。

3. 进行前期规划方案比选与优化

通过 BIM 三维可视化分析，也可对于运营、交通、消防等其他各方面规划方案，进行比选、论证，从中选择最佳结果。亦即，利用直观的 BIM 三维参数模型，让业主、设计方（甚至施工方）尽早地参与项目讨论与决策，这将大大提高沟通效率，减少不同人因对图纸理解不同而造成的信息损失及沟通成本。

1.3.2　设计阶段 BIM 应用

BIM 在方案设计、初步设计、施工图设计的各个阶段均有广泛的应用，尤其是在施工图设计阶段的冲突检测及三维管线综合以及施工图出图方面。

1. 可视化功能有效支持设计方案比选

在方案设计和初步分析阶段，利用具有三维可视化功能的 BIM 设计软件，一方面设计师可以快速通过三维几何模型的方式直接表达设计灵感，直接就外观、功能、性能等多方面进行讨论，形成多个设计方案，进行一一比选，最终确定出最优方案。

另一方面，在业主进行方案确认时，协助业主针对一些设计构想、设计亮点、复杂节点等，通过三维可视化手段予以直观表达或展现，以便了解技术的可行性、建成的效果，以及便于专业之间的沟通协调，及时做出方案的调整。

2. 可分析性功能有效支持设计分析和模拟

确定项目的初步设计方案后，需要进行详细的建筑性能分析和模拟，再根据分析结果进行设计调整。BIM 三维设计软件可以导出多种格式的文件，与基于 BIM 技术的分析软件和模拟软件无缝对接，进行建筑性能分析。这类分析与模拟软件包括日照分析、光污染分析、噪声分析、温度分析、安全疏散模拟、垂直交通模拟等，能够对设计方案进行全性能的分析，只要简单地输入 BIM 模型，就可以提供数字化的可视分析图，对提高设计质量有很大的帮助。

3. 集成管理平台有效支持施工图的优化

BIM 技术将传统的二维设计图纸转变为三维模型，并整合集成到同一个操作平台中，在该平台通过链接或者复制功能融合所有专业模型，直观地暴露各专业图纸本身问题以及相互之间的碰撞问题。使用局部三维视图、剖面视图等功能进行修改调整，提高了各专业设计师及负责人之间的沟通效率，在深化设计阶段解决大量设计不合理问题、管线碰撞问题，空间得到最优化，最大限度地提高施工图纸的质量，减少后期图纸变更数量。

4. 参数化协同功能有效支持施工图的绘制

在设计出图阶段，方案的反复修改时常发生，某一专业的设计方案发生修改，则其他专业也必须考虑协调问题。基于 BIM 的设计平台所有视图中（剖面图、三维轴测图、平面图、立面图）的构件和标注都是相互关联的，设计过程中只要在某一视图进行修改，其他视图构件和标注也会跟着修改，如图 1-2 所示。不仅如此，施工图纸在 BIM 模型中也是自动生成的，这让设计人员对图纸的绘制、修改时间大大减少。

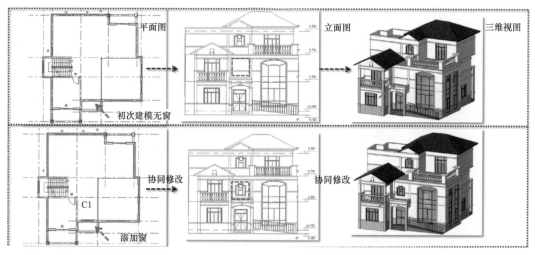

平面图　　　立面图　　　三维视图

初次建模无窗

协同修改　　　协同修改

C1

添加窗

图 1-2

1.3.3　施工阶段 BIM 应用

施工阶段是项目由虚到实的过程，在此阶段施工单位关注的是在满足项目质量的前提下，运用高效的施工管理手段，对项目目标进行精确的把控，确保工程按时保质保量完成。而 BIM 在进度控制与管理、工程量的精确统计等方面均能发挥巨大的作用。

1. BIM 为进度管理与控制提供可视化解决方法

施工计划的编制是一个动态且复杂的过程，通过将 BIM 模型与施工进度计划相关联，可以形成 BIM 4D 模型，通过在 4D 模型中输入实际进度，则可实现进度实际值与计划值的比较，提前预警可能出现的进度拖延情况，实现真正意义上的施工进度动态管理。不仅如此，在资源管理方面，以工期为媒介，可快速查看施工期间劳动力、材料的供应情况和机械运转负荷情况，提早预防资源用量高峰和资源滞留的情况发生，做到及时把控、及时调整、及时预案，从而防止出现进度拖延。

2. BIM 为施工质量控制和管理提供技术支持

工程项目施工中对复杂节点和关键工序的控制是保证施工质量的关键。4D 模拟不但可以模拟整个项目的施工进度，还可以对复杂技术方案的施工过程、关键工艺和工序进行模拟，实现施工方案可视化交底，避免由语言文字和二维图纸交底引起的理解分歧和信息错漏等问题，提高建筑信息的交流层次，并且使各参与方之间沟通方便，为施工过程各环节的质量控制提供新的技术支持；另外，通过 BIM 与物联网技术可以实现对整个施工现场的动态跟踪和数据采集，在施工过程中对物料进行全过程的跟踪管理，记录构件与设备施工的实时状态与质量检测情况，管理人员及时对质量情况进行分析和处理，BIM 为大型建设项目的质量管理开创新途径和新方法提供了有力的支持。

3. BIM 为施工成本控制提供有效数据

对施工单位而言，具体工程实量、具体材料用量是工程预算、材料采购、下料控制、计量支付和工程结算的依据，是涉及项目成本控制的重要数据。BIM 模型中构件的信息是可运算的，且每个构件具有独特的编码，通过计算机可自动识别、统计构件数量，再结合实体扣减规则，实现工程实量的计算。在施工过程中结合 BIM 资源管理软件，从不同时间段、不同楼层、不同分部分项工程，对工程实量进行计算和统计，根据这些数据从材料采购、下料控制、计量支付和工程结算等不同的角度对施工项目成本进行跟踪把控，使建筑施工成本得到有效的控制。

4. BIM 为协同管理工作提供平台服务

施工过程中，不同参与方、不同专业、不同部门岗位之间需要协同工作，以保证沟通顺畅，信息传达正确，行为协调一致，避免事后扯皮和返工，这是非常有必要的。利用 BIM 模型可视化、参数化、关联化等特性，将模型信息集成到同一个软件平台，实现信息共享。施工各参与方均在 BIM 基础上搭建协同工作平台，以 BIM 模型为基础进行沟通协调。在图纸会审方面，能在施工前期解决图纸问题；在施工现场管理方面，实时跟踪现场情况；在施工组织协调方面，提高各专业间的配合度，合理组织工作。

1.3.4　运维阶段 BIM 应用

运营阶段是项目投入使用的阶段，在建筑生命周期中持续时间最长。在运营阶段中，设施运营和维护方面耗费的成本不容小觑。BIM 能够提供关于建筑项目协调一致和可计算的信息，该信息可以共享和重复使用。通过建立基于 BIM 的运维管理系统，业主和运营商可大大降低由于缺乏操作性而导致的成本损失。目前，BIM 在设施维护中的应用主要在设备运行管理和建筑空间管理两方面。

1. 建筑设备智能化管理

利用基于 BIM 的运维管理系统，能够实现在模型中快速查找设备相关信息，例如生产厂商、使用期限、责任人联系方式、使用说明等信息，通过对设备周期的预警管理，可以有效防止事故的发生，利用终端设备、二维码和 RFID 技术，迅速对发生故障设备进行检修，如图 1-3 所示。

图 1-3

2. 建筑空间智能化管理

对于大型商业地产项目而言，业主可以通过 BIM 模型直观地查看每个建筑空间上的租户信息，例如租户的名称、建筑面积、租金情况，还可以实现租户各种信息的提醒功能。同时还可以根据租户信息的变化，随时进行数据的调整和更新。

1.4　BIM 软件

BIM 软件按其功能，可以分为 BIM 基础类软件，BIM 工具类软件和 BIM 平台类软件。

▌1.4.1　BIM 基础类软件

BIM 基础类软件主要是以建模为主的软件，简称"BIM 建模软件"。常用的 BIM 建模软件如图 1-4 所示：以 Autodesk 公司、Bentley 公司、Nemetschek Graphisoft（图软）公司、Gery Technology Dassault（达索）公司提供的软件为主。

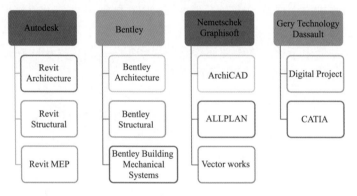

图 1-4

Revit 是 Autodesk 公司的 BIM 软件，自 2013 版本开始，将建筑、结构和机电三个板块整合，形成具有三种建模环境的整体软件，支持所有阶段的设计和施工图纸及明细表。Revit 平台的核心是 Revit 参数化更改引擎，它可以自动协调在任意位置（例如在模型视图或图纸、明细表、剖面、平面图中）所做的更改。其优点是普及性强，操作相对简单，有相当不错的市场表现。

Bentley 公司旗下的 BIM 软件分为建筑、结构和设备三个板块，其产品在工厂设计（例如石油、化工、电力、医药等）和基础设施（例如道路、桥梁、市政、水利等）领域有无可争辩的优势。

2007 年 Nemetschek 公司收购 Graphisoft 以后，对 ArchiCAD、AllPLAN、VectorWorks 三个产品进行了汇总，其中国内最熟悉的是 ArchiCAD，属于一个面向全球市场的产品，但是国内由于其专业配套的功能（仅限于建筑专业）与多专业一体的设计院体制不匹配，很难实现业务突破。Nemetschek 公司的另外两个产品，AllPLAN 主要市场在德语区，VectorWorks 则是其在美国市场使用的产品名称。

Dassault 公司的 CATIA 是机械设计制造软件的引领者，在航空、航天、汽车等领域具有很大的市场地位，应用到工程建设行业无论是对复杂形体还是超大规模建筑，其建模能力、表现能力和信息管理能力与传统的建筑类软件相比都有明显的优势，而与项目和人员对接的问题则是其不足之处。Digital Project 是 Gery Technology 公司在 CATIA 基础上开发的一个面向工程建设行业的应用软件（二次开发软件）。

1.4.2　BIM 工具类软件

BIM 工具类软件则是以提高单个应用点的效率为主要目的的软件。例如在能耗分析、结构分析、施工模拟、成本管理等单点应用上，BIM 工具类软件均能发挥重要作用，如图 1-5 所示。

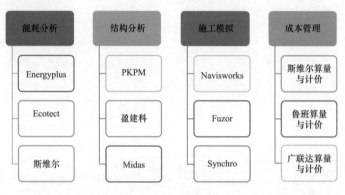

图 1-5

能耗分析软件能够通过 BIM 模型的信息对项目进行日照、风环境、工程热力学与传热学、景观可视度、噪声等方面的分析，主要有国外的 Ecotect、Energyplus 以及国内的斯维尔等软件。

结构分析软件是目前和 BIM 核心建模软件集成度比较高的产品，基本上两者之间可以实现双向信息交换，即结构分析软件可以使用 BIM 核心建模软件的信息进行结构分析，分析结果对结构的调整又可以反馈回到 BIM 核心建模软件中去，自动更新 BIM 模型。MIDAS 等国外软件以及 PKPM、盈建科等国内软件都可以跟 BIM 核心建模软件配合使用。

施工模拟软件的基本功能包括集成各种三维软件（包括 BIM 软件、三维工厂设计软件、三维机械设计软件等）创建的模型，进行 3D 协调、4D 计划、可视化、动态模拟等。常见的施工模拟软件有 Autodesk Navisworks、Fuzor、Synchro 等。

成本管理软件是利用 BIM 模型提供的信息进行工程量统计和造价分析，由于 BIM 模型结构化数据的支持，基于 BIM 技术的造价管理软件可以根据工程施工计划动态提供造价管理需要的数据，这就是所谓 BIM 技术的 5D 应用。国外的 BIM 成本管理的代表软件有 Innovaya、Solibri、RIB iTWO，鲁班、广联达、斯维尔则是国内 BIM 造价管理软件的代表。

1.4.3　BIM 平台类软件

BIM 平台类软件是单点应用类软件的集成，以协同和综合应用为主，针对不同的应用点以及 BIM 目标，综合选取适合的 BIM 平台类软件，将有效提高项目管理效率、降低施工成本、保证工程进度。在技术应用层面，BIM 平台的特点为着重于数据整合及操作，主要的平台软件有 Navisworks、Takla、广联达 BIM 5D、鲁班 MC 等；在项目管理层面，BIM 平台主要着重于信息数据交流，主要的平台软件有：Vault、Autodesk Buzzsaw、Trello 等；在企业管理层面，着重于决策及判断是其特点，主要平台软件有宝智坚思 Greata、Dassault Enovia 等，如图 1-6 所示。

BIM 目标	平台特点	BIM 平台选择	备　　注
技术应用层面	着重于数据整合及操作	Navisworks	兼容多种数据格式、查阅、漫游、标注、碰撞检测、进度及方案模拟、动画制作等
		Tekla BIMsight	强调 3C，即合并模型（Combining models）、碰撞检查（Checking for conflicts）及沟通（Communicating）
		Bentley Navigator	可视化图形环境，碰撞检测、施工进度模拟及渲染动画
		Trimble Vico Office Suite	BIM5D 数据整合，成本分析
		Synchro	
项目管理层面	着重于信息数据交流	Vault	根据权限、文档及流程管理
		Autodesk Buzzsaw	
		Trello	团队协同管理
		Bentley Projectwise	基于平台的文档、模型管理
		Dassault Enovia	基于树形结构的 3D 模型管理，实现协同设计、数据共享
企业管理层商	着重于决策及判断	宝智坚思 Greata	商务、办公、进度、绩效管理
		Dassault Enovia	基于 3D 模型的数据库管理，引入权限和流程设置，可作为企业内部流程管理的平台

图 1-6

目前，Revit、NavisWorks、Tekla、ArchiCAD 是国内应用比较广泛的软件。随着 BIM 的发展，在单项应用方面的 BIM 软件数量有明显的增长趋势，同时 BIM 综合数据管理和应用的软件数量也在增加，BIM 应用不仅在广度和深度上扩展，而且开始呈现从单项应用朝综合应用发展的趋势。

第 2 章　Revit 基 础 操 作

概述：本章从 Revit 软件的基本概念讲起，通过阐述 Revit 软件的概念及特性，使读者对该软件的应用范围有一个初步的认识。接下来对软件的界面及基础操作进行简单的介绍，如功能区命令、属性面板、项目浏览器、视图控制栏等界面模块的使用，这些是读者在设计过程中使用频率最高的操作。使读者在了解该软件功能的同时，能够加快操作速度。

2.1　Revit 软件概述

Autodesk Revit 是专为建筑信息模型（BIM）构建模型的软件提供 BIM 应用的基础平台。从概念性研究到施工图纸的深化出图及明细表的统计，Autodesk Revit 可带来明显的竞争优势，提供了更好的组织协调平台，并大幅度提高了工程质量，使建筑师和建筑团队的其他成员获得更高收益。

Revit 历经多年的发展，功能也日益完善，本教材使用版本为 Revit 2015 版本，自 2013 版开始，Autodesk 将 Autodesk Revit Architecture（建筑）、Autodesk Revit MEP（机电）和 Autodesk Revit Structure（结构）三者合为一个整体，用户只需一次安装就可以享有建筑、机电、结构建模环境，不用再和过去一样需要安装三个软件并在三个建模环境中来回转换，使用时更加方便、高效。

Revit 全面创新的概念设计功能，可自由地进行模型创建和参数化设计，还能够对早期的设计进行分析。借助这些功能，可以自由绘制草图，快速创建三维模型。还可利用内置的工具进行复杂外观的概念设计，为建造和施工准备模型。随着设计的持续推进，Revit 能够围绕最复杂的形状自动构建参数化框架，并提供更高的创建控制力、精确性和灵活性。从概念模型到施工图纸的整个设计流程都可以在 Autodesk Revit 软件中完成。

Revit 在设计阶段的应用主要包括三个方面：建筑设计、机电深化设计及结构设计。在 Revit 中进行建筑设计，除可以建立真实的三维模型外，还可以直接通过模型得到设计师所需要的相关信息（例如图纸、表格、工程量清单等）。利用 Revit 的机电（系统）设计可以进行管道综合、碰撞检查等工作，更加合理地布置水暖电设备，另外，还可以做建筑能耗分析、水力压力计算等。结构设计师通过绘制结构模型，结合 Revit 自带的结构分析功能，能够准确地计算出构件的受力情况，协助工程师进行设计。

▌小结

本节介绍了 Revit 软件在概念设计、建筑设计、机电深化设计及结构设计阶段的主要功能，帮助读者了解该软件在设计阶段的应用范围。新版软件还可通过各专业模型的整合进行不同专业间的碰撞检查，从而进行设计优化。

2.2　Revit 基本概念

1. 项目

项目是单个设计信息数据库模型。项目文件包含了建筑的所有设计信息（从几何图形到构造数据）。例如，建筑的三维模型、平立剖面及节点视图、各种明细表、施工图图纸，以及其他相关信息。项目文件也是最终完成并用于交付的文件，其后缀名为".rvt"。

2. 项目样板

样板文件即在文件中定义了新建项目中默认的初始参数，例如，项目默认的度量单位、楼层数量的设置、层高信息、线型设置、显示设置等。相当于 AutoCAD 的 .dwt 文件，其后缀名为".rte"。

3. 族

在 Revit 中，基本的图形单元被称为图元。例如，在项目中建立的墙、门、窗等都被称之为图元，而 Revit 中的所有图元都是基于族的。族即是组成项目的构件，同时是参数信息的载体。例如，"桌子"作为一个族可以有不同的尺寸和材质。Revit 中的族分为内建族、系统族、可载入族三类，详情参见 4.1.2 节族的类别，族的后缀名为".rfa"。

4. 族样板

族样板是自定义可载入族的基础，Revit 2015 根据自定义族的不同用途与类型提供多个对象的族样板文件，族样板中预定义了常用视图、默认参数和部分构件，创建族初期应根据族类型选择族样板，族样板文件后缀名为".rft"，详情参见 4.2 节。

5. 概念体量

通过概念体量可以很方便地创建各种复杂的概念形体。概念设计完成后，可以直接将建筑图元添加到这些形状中，完成复杂模型创建。应用体量的这一特点，可以方便快捷地完成网架结构的三维建模的设计。

使用概念体量制作的模型还可以快速统计概念体量模型的建筑楼层面积、占地面积、外表面积等设计数据，也可以在概念体量模型表面创建生成建筑模型中的墙、楼板、屋顶等图元对象，完成从概念设计阶段到方案、施工图设计的转换。Revit 提供了两种创建体量模型的方式：内建体量和体量族，详情参见体量章节。

▌小结

本节通过对 Revit 软件基本概念的讲解，使读者大致了解了软件中各名词的主要内涵，对所创建模型的类型及用途有了较为深刻的认识。

2.3　Revit 基本特性

1. 可视化

Revit 模型可以从任意位置和任意角度查看模型，从模型中点选构件，模型不仅可以提供图元的尺寸、材质等参数属性，还可以查看该图元的设备型号和有关技术指标等场地属性。Revit 模型的可视化能够同构件之间形成互动性和反馈性。可视化的模型不仅可以展示效果图和生成报表，在项目设计、建造、运营过程中的沟通、讨论、决策均可在可视化的状态下高效进行。

2. 协调性

整个三维建筑模型是一个集成的数字化数据库。模型中构件所有的实体和功能特征都以数字形式储存在数据库中，存在于数据库与视图和视图与视图间的双向关联性，使所有的图形和非图形数据都能够轻松协调。例如，修改项目中的三维图形，其平、立、剖视图和明细表统计也会同步修改。

3. 模拟性

通过显示、隐藏或设置不同颜色等方法，使由 Revit 建立的 3D 场地实体模型不仅能够对建筑项目整体和节点施工工艺进行直观演示，而且能够运用 BIM 模型结合一系列辅助设计工具进行各施工阶段的场地布置及施工模拟。

4. 参数化

Revit 的 3D 模型还具有参数化修改功能，即构件的移动、删除和尺寸的修改所引起的参数变化会引起相关构件的参数产生关联的变化，在任意视图下所产生的参数化变更都能双向的传播到所有视图。并且模型的参数化修改不受时间顺序和空间顺序的限制，这对于后期的优化修改工作具有很重要的意义。

5. Revit 与 CAD 的对比及优势

利用 Revit 建立的模型具有三维显示功能，构件具有参数化、关联性的特点，在建模和出图方面都表现的更加准确快捷。而广为流行的传统设计工具以 AutoCAD 为主，主要用于二维绘图、详细绘制、设计文档和基本二维设计，同时也具有三维显示功能，里面含的信息量和使用功能跟 BIM 模型相比还存在很大的差别，对比见表 2-1。

表 2-1　　　　　　　　　　　　　　　Revit 和传统 CAD 对比

	Revit	CAD
内涵差异	从三维出发必然包含二维模型	二维出发兼顾三维形象
设计平台	在同一个平台从平、立、剖及三维视图进行设计，多重尺寸可同时准确定位	主要进行平面绘制，且只能在单一视图进行构件的布置
参数设计	由多个属性参数控制，能够自由进行模型的外观、材质、样式、大小的变化	在平面图上使用线条绘制表示构件，只能进行三维设备的简单大小变化
设备建模	使用丰富的族样板和方便的三维创建功能，快速方便地进行设备的制作	由前期程序定制好，不能自动进行新设备的设计制作
图纸修改	各视图关联，修改平、立、剖及三维其中一个视图，其他视图联动修改	只能在平面视图进行修改，立面、剖面需要手动进行更新
断面视图	以视图的形式生成，方便，灵活，可以根据要求进行隐藏或显示构件及添加材质	以整体块的形式存在的断面视图，只能查看不能单独编辑
协同设计	通过链接功能链接各专业模型，生成局部三维视图，方便地进行定位和管理，同时可以导入到其他平台进行碰撞分析检测	只能在二维的状态下通过外部参照功能进行平面的协同

▎小结

本节对 Revit 软件的基本特性进行了简单的介绍，可视化的三维模型、模型变更的联动性、施工各阶段的模拟性及参数化模型的表达均为 Revit 软件的强大之处，通过 Revit 与 CAD 的对比，Revit 显出更大的优势。

2.4　Revit 界面介绍

Revit 2015 界面如图 2-1 所示，共包括应用程序按钮、快速访问工具栏、上下文选项、帮助与信息中心、选项卡、面板、选项栏、属性面板、项目浏览器、状态栏、视图控制栏、绘图区域以及工作状态集等版面。

图 2-1

▎2.4.1　应用程序菜单

应用程序菜单位于软件开启后界面的左上方 ，应用程序菜单提供对常用文件操作的访问，包括"最近打开的文件"、"新建"、"打开"、"另存为"、"导出"和"发布"等。点击应用程序菜单中的"选项"按钮，可以查看和修改文件位置、用户界面、图形设置等。

1. 项目的创建和编辑

（1）项目的创建。选择菜单中的"新建"→"项目"选项，如图 2-2 所示，弹出

"新建项目"对话框，可以新建一个项目或者是项目样板，在此之前，要先选择所需的样板文件，如图 2-3 所示。

图 2-2　　　　　　　　　　　　　　　　　　　图 2-3

　　Revit 提供的默认样板文件，往往太过简单，不能够满足项目需求，这时需要点击"浏览"，添加所需要的样本文件，如何添加样板文件如图 2-13 所示。如果没有适合的项目样板，需要制作项目所需的项目样板，再添加到项目使用。

　　（2）项目的编辑。单击"管理"选项卡"项目设置"面板"项目信息"选项，即可输入项目信息，如图 2-4 和图 2-5 所示。

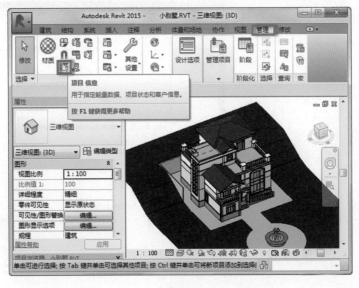

图 2-4

2. 族的创建

Revit 提供了族编辑器，可以根据设计要求自由创建、修改所需族文件。如图 2-6 所示，单击"新建"，可创建所需的族文件，详情参见下文。

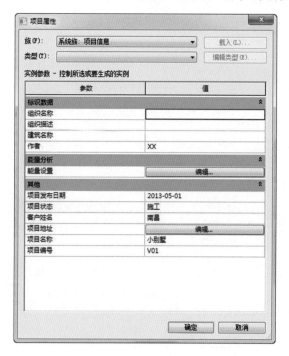

图 2-5

图 2-6

3. "选项"命令的使用

单击右下角的"选项"命令，会出现"常规""用户界面""图形""文件位置""渲染"等选项，如图 2-7 所示。

图 2-7

（1）"常规"选项。"常规"选项可以对保存提醒时间、日志文件的清理、工作共享的更新频率、默认的视图规程进行设置，如图 2-8 所示。

图 2-8

（2）"用户界面"选项。在"用户界面"里面，可以配置 Revit 是否显示的建筑、结构或机电部分的工具选项卡，如图 2-9 所示。

图 2-9

　　取消勾选"启用时启动最近使用的文件页面"，退出 Revit 后再次进入，仅显示空白界面，若要显示最近使用的文件，重新勾选即可。

　　（3）"图形"选项。"图形"选项中常用到的是"反转背景颜色"，如图 2-10 所示。取消勾选"反转背景颜色"，背景色将会由黑色变为白色，可见图 2-11 和图 2-12 的绘图区由黑色反转成白色。

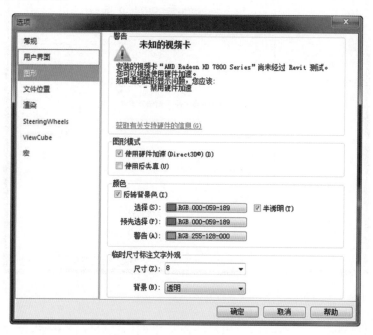

图 2-10

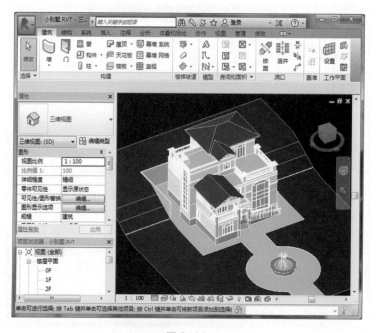

图 2-11

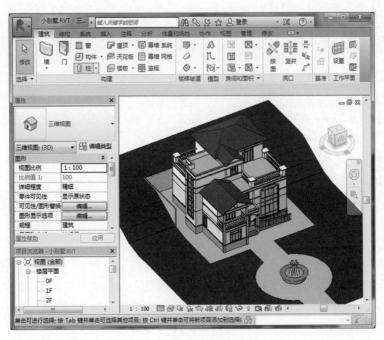

图 2-12

（4）"文件位置"选项。在"文件位置"选项里，会显示最近使用过的样板，也可以利用"➕"，添加新的样板。同时，也可以设置默认的样板文件、用户文件默认路径及族样板文件默认路径，如图 2-13 所示。

图 2-13

2.4.2　功能区

功能区共包括三部分：选项卡、上下文选项卡、选项栏。

1. 选项卡

选项卡中包括了 Revit 中的主要命令，如图 2-14 所示红框处。

① "建筑"选项卡——创建建筑模型所需工具。

② "结构"选项卡——创建结构模型所需工具。

③ "系统"选项卡——创建机电、管道、给排水所需工具。

④ "插入"选项卡——用于添加和管理次级项目，例如导入 CAD、链接 Revit 模型等。

⑤ "注释"选项卡——将二维信息添加到设计当中。

⑥ "修改"选项卡——用于编辑现有的图元、数据和系统。

⑦ "体量和场地"选项卡——用于建模和修改概念体量族和场地图元。

⑧ "协作"选项卡——用于与内部和外部项目团队成员协作的工具。

⑨ "视图"选项卡——用于管理和修改当前视图以及切换视图。

⑩ "管理"选项卡——对项目和系统参数的设置管理。

⑪ "附加模块"选项卡——只有在安装了第三方工具后，才能使用附加模块。

图 2-14

下面对选项卡中的"修改"和"视图"的常用命令进行简单介绍。

（1）"修改"选项卡中的常用编辑命令，如图 2-15 所示。

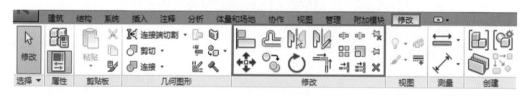

图 2-15

对齐：对构件进行对齐处理，单击对齐命令，先选择被对齐的构件，再选择需要对齐的构件，如图 2-16 所示将下面墙体与轴线对齐。在选择对象时可以使用 Tab 键精确定位。

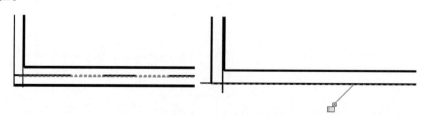

图 2-16

偏移：使用偏移命令可以使图元按规定距离移动或复制。如果需要生成新的构件，勾选"复制"选项，单击起点输入数值，回车确定即可。偏移有两种方式：图形方式和数值方式。图形方式在选定了构件之后，需要到图纸上去确定距离，而数值方式只需要直接输入偏移数字即可，图 2-17 是图形方式。

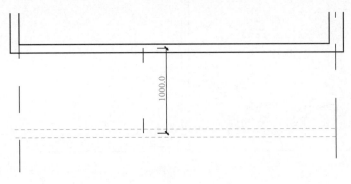

图 2-17

镜像：镜像分为"镜像拾取轴"和"镜像绘制轴"两种，"镜像拾取轴"顾名思义在拾取已有轴线之后，可以得到与"原像"轴对称的"镜像"。而"镜像绘制轴"则需要自己绘制对称轴。

拆分：在平面、立面或三维视图中鼠标单击墙体的拆分位置即可将墙水平方向或垂直方向拆分成几段。

移动：选中需要移动的对象，点击移动命令，即可移动对象。

复制：勾选选项栏 [修改 | 墙 ☑约束 □分开 ☑多个]，拾取复制的参考点和目标点，可复制多个墙体到新的位置，结束复制命令可以单击鼠标右键，在弹出的快捷菜单中单击"取消"，或者按键盘上的 ESC 键结束复制命令。"约束"的含义是只能正交复制。"多个"是指在执行一次命令前提下复制出多个图元。

旋转：选中对象，单击"旋转"命令，点选状态栏中的"地点"选项可选择旋转的中心，其中勾选"复制"会出现新的墙体，勾选"分开"命令后，墙体旋转之后会和原来连接的墙体分开，如图 2-18 所示。设置好"分开"和"复制"，选择一个起始的旋转平面，输入旋转的角度按回车键即可。如图 2-19 所示，为勾选了"分开"和"复制"的旋转墙体角度为 45°。

图 2-18

修剪/延伸为角：修剪/延伸图元使两个图元形成一个角。

阵列：选择"阵列"调整选项栏中相应设置，在视图中拾取参考点和目标点位置，二者间距作为第一个墙体和第二个或者最后一个墙体的间距值，自动阵列墙体，如图 2-20 所示。例如勾选选项栏"成组并关联"选项，阵列后的标高将自动成组，需要编辑该组才能调整墙体的相应属性；"项目数"包含被阵列对象在内的墙体个数；勾选"约束"选项可保证沿正交方向阵列，如图 2-21 和图 2-22 所示。

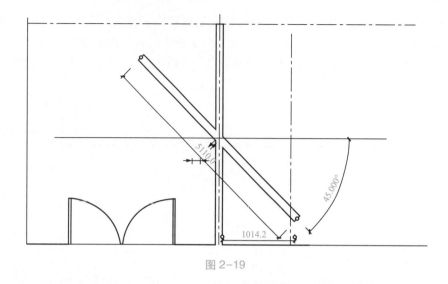

图 2-19

图 2-20

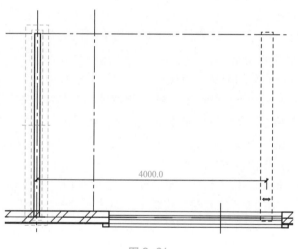

图 2-21

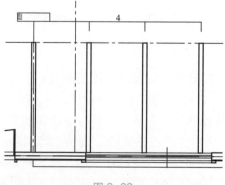

图 2-22

缩放：选择墙体，单击"缩放"工具，选择缩放方式，
"图形方式"单击整道墙体的起点、终点，以此来作为缩放的参照距离，再单击墙体新
的起点、终点，确认缩放后的大小距离，如图 2-23 所示。"数值方式"直接缩放比例数
值，回车确认即可，如图 2-24 所示。

图 2-23　　　　　　　　　　　　　图 2-24

（2）"视图"选项卡一栏中的常用命令，如图 2-25 所示。

图 2-25

细线：软件默认打开模式是粗线模式，在绘图中需要更加细致的表现时，单击
"图形"面板下"细线"命令即可。

窗口切换：绘图时打开了更多个窗口，可以通过此命令切换视图。

关闭隐藏对象：自动隐藏当前没有在绘图区域上使用。

层叠：单击该命令，则当前打开的视图便出现在绘图区域，如图 2-26 所示。

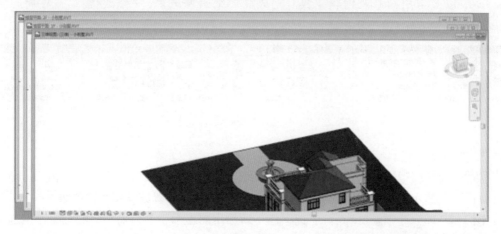

图 2-26

平铺：单击命令当前打开的所有视图窗口平铺在绘图区域，如图 2-27 所示中 4
幅图平铺在窗口中。

从平铺命令可以折射出 Revit 是平立剖图纸同步创建的具有强大的建模功能的专业
建筑设计软件。建模完成将自动生成平立剖面图纸，强大的渲染功能更能使人犹如身临
其境。而关联性修改，体现在建筑的平立剖图及构件明细表等相关图纸上，避免图纸间
对不上的低级错误。

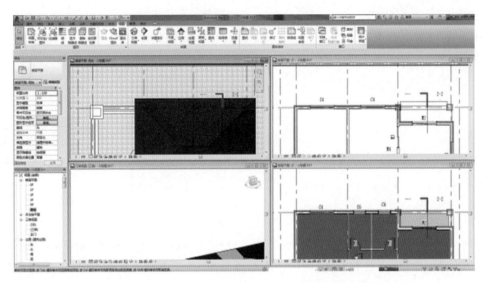

图 2-27

2. 上下文选项卡

上下文选项卡是在使用某个工具或选中某图元时跳转到的针对该命令的选项卡，为方便完成后续工作而出现，起到承上启下的作用。完成该命令或退出选中图元时，该选项卡将自动关闭。上下文选项卡也属于选项卡。

图 2-28 为选中墙图元后，选项卡栏自动跳转到的上下文选项卡，包含修改墙体的各种命令以及常用的修改编辑工具。完成墙体编辑修改后，"修改/墙"一栏将自动关闭。

图 2-28

3. 选项栏

功能区面板下方即为"选项栏"，当选择不同的工具命令时，或选择不同的图元时，"选项栏"会显示与该命令或图元有关的选项，从中可以设置或编辑相关参数。

图 2-29 即为选中叠层墙后，"选项栏"所给出的提示，为当前选中的对象提供选项进行编辑。

修改 | 叠层墙	激活尺寸标注

图 2-29

2.4.3　属性面板

图元的属性包括实例属性和类型属性。实例属性指的是单个图元的属性；类型属性指的是同类型图元的属性。例如，选中墙上的一扇门，此时 Revit 显示的这扇门的实例属性，点击"编辑类型"，可弹出类型属性对话框。如图 2-30 所示。

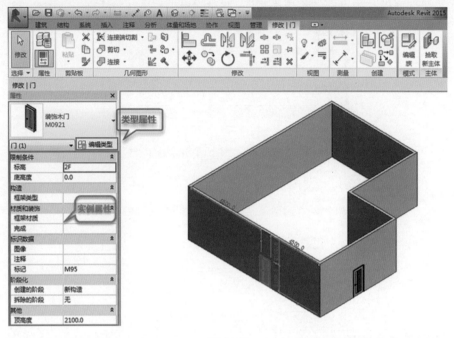

图 2-30

首先修改选中图元的实例属性，将这扇门的"底高度"调整为 1000，如图 2-31 所示：

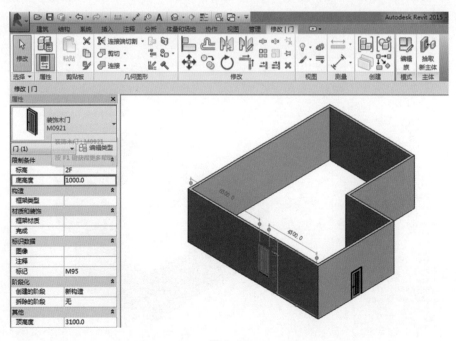

图 2-31

可见选中的门向上偏移了 1000，而未选中的门并没有发生变化。说明实例属性只改变选中图元的属性。

在"属性面板"中点击"编辑类型"，此时弹出类型属性对话框，如图 2-32 所示：

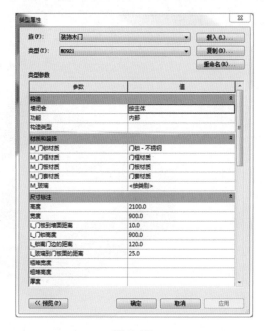

图 2-32

可以看到这扇门的类型是 M0921，尺寸为 900×2100。若将其高度由 2100mm 改为 3000mm，此时两扇门的高度都发生了变化，如图 2-33 所示，说明类型属性可以改变同类型所有图元的属性。

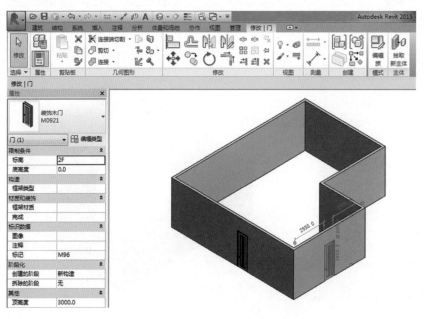

图 2-33

2.4.4　项目浏览器

项目浏览器是用于组织和管理当前项目中的所有信息，包括项目中所有视图、明细表、图纸、族、链接的 Revit 模型等项目资源。项目设计时，最常用的就是利用项目浏览器在各个视图中进行切换，如图 2-34 所示。

如果不小心关闭了项目浏览器，可以从"视图"选项卡，再单击"窗口"面板上的"用户界面"工具，如图 2-35 所示在弹出的下拉选项中，勾选"项目浏览器"选项，即可重新打开项目浏览器。

在项目浏览器中，可以从平、立、剖和三维等不同角度去观察模型。在使用"平铺"命令（WT）之后，可以同时看到所有打开的视图，加之 Revit 使用参数化设计，所有构件在各个视图都是互通的，在一个视图中改变了构件的属性，其他的视图也会进行相应的改变，这为进行精细化的设计以及寻找设计中存在的错误提供了方便。

图 2-34

图 2-35

图 2-36

在使用项目浏览器的过程中，有以下几点值得注意：

（1）当需要使用到剖面视图看模型内部的时候，可以先将视图切换到三维，然后在"属性"中找到"剖面框"进行勾选，如图 2-36 所示。

此时，三维模型周围会出现一个矩形框，选中矩形框，会出现图中红色箭头所示的拖动标志，如图 2-37 所示。按住标志进行拖动，即可以对模型进行剖切，剖切后如图 2-38 所示。

（2）单击"项目浏览器"中的"明细表"类别前面的 ⊞ 图标，可以看到"门明细表"和"窗明细表"，双击"窗明细表"打开视图，即可显示项目中所有窗的统计信息，如图 2-39 所示。

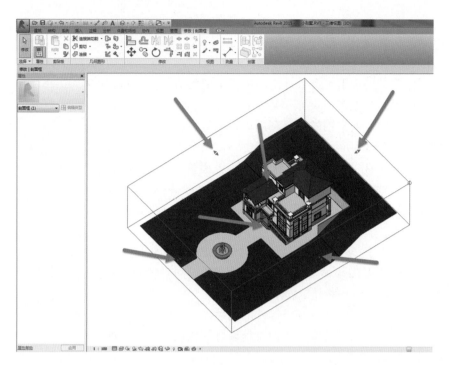

图 2-37

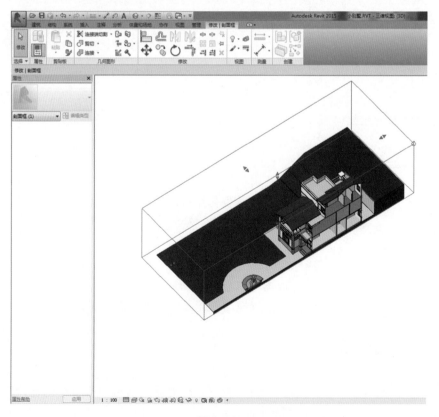

图 2-38

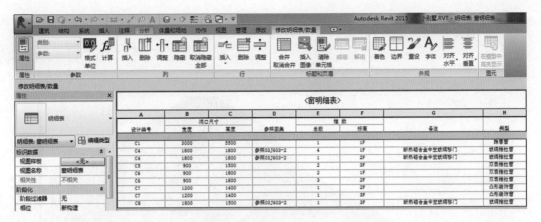

图 2-39

（3）在进行项目应用时，需要使用"项目浏览器"频繁地切换视图，而切换视图的次数过多，可能会因为视图窗口过多而消耗计算机内存，因此需及时关闭多余视图，点击视图右上角的 ▬▫⊠ 即可关闭视图，如果所有的视图都需要，可通过"视图"选项卡，点击"切换窗口"命令，如图 2-40 所示进行窗口的切换。

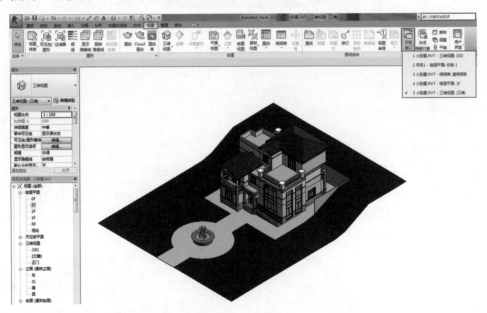

图 2-40

2.4.5 视图控制栏

视图控制栏位于 Revit 窗口底部的状态栏上方，可以控制视图的比例、详细程度、模型图形式样、临时隐藏等，如图 2-41 所示。

下面介绍视图控制栏里比较常用的命令。

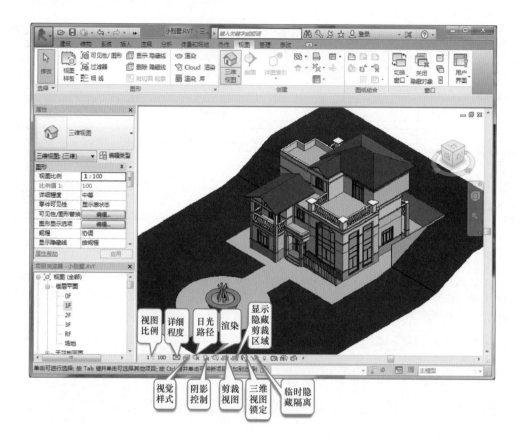

图 2-41

1. 视觉样式

视图样式按显示效果由弱变强可分为线框、隐藏线、着色、一致的颜色和真实，如图 2-42 所示。显示的效果越好，计算机消耗的资源也就越多，对计算机的性能要求也就越高，故需根据自己的需要，选择合适的显示效果。图 2-43 只给出真实的显示效果，其他的效果由读者自行尝试体会。

图 2-42

图 2-43

2. 临时隐藏/隔离

临时隐藏/隔离命令可以帮助在设计过程中，临时的隐藏或者突显需要观察或者编辑的构件，为绘图工作提供了极大的方便，当 变为 ，说明有对象被临时隐藏。选择需要编辑的图元，如图 2-44 所示单击临时隐藏按钮，可以看到有四个选项：隔离类别、隐藏类别、隔离图元、隐藏图元。下面以屋顶为例分别介绍这四种功能。

图 2-44

（1）隔离类别。只显示与选中对象相同类型的图元，其他图元将被临时隐藏，如图 2-45 所示。

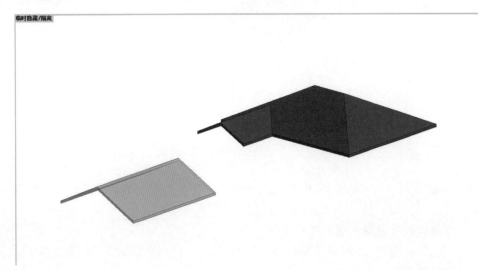

图 2-45

（2）隐藏类别。选中的图元与其具有相同属性的图元将会被隐藏，如图 2-46 所示。

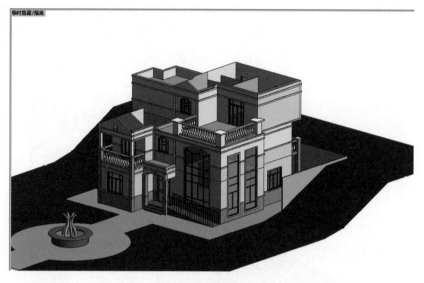

图 2-46

（3）隔离图元。只显示选中的图元，与其具有相同类别属性的图元不会被显示，如图 2-47 所示。

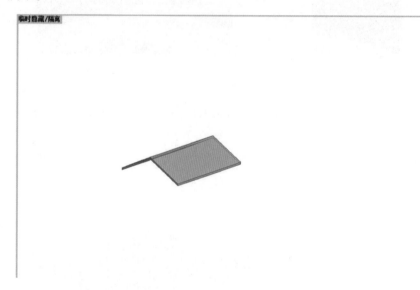

图 2-47

（4）隐藏图元。只有选中的图元会被隐藏，同类别的图元不会被隐藏，如图 2-48 所示。

如何恢复被临时隐藏的图元呢？

再次点击临时隐藏/隔离命令，选择"重设临时隐藏/隔离"，如图 2-49 所示，则所有被隐藏的图元均会重新显示在视图范围。

图 2-48 图 2-49

如果想恢复部分被隐藏的图元，点击临时隐藏/隔离命令 ，选择最上方的"将隐藏/隔离应用到视图"，完成之后，点击"显示隐藏图元" 按钮，此时被隐藏的图元显示为暗红色，如图 2-50 所示。选中想要被显示的图元，单击鼠标右键，点击"取消在视图中隐藏"→"图元"，如图 2-51 所示。完成后再次单击"显示隐藏图元"工具按钮，即可重新显示被隐藏的图元。

图 2-50 图 2-51

2.4.6　ViewCube

在三维视图中，ViewCube 工具 可以方便地将视图旋转至东南轴测、顶部视图等常用的三维视点。默认情况下，该工具位于三维视图的右上角。

ViewCube 立方体中各顶点、边、面和指南针的指示方向，代表三维视图中不同的视点方向，单击立方体或指南针的各部位，可以在各个视图间切换显示，按住 ViewCube 的任意位置推动鼠标，可以旋转视图。例如，单击 ViewCube 立方体的左上角，如图 2-52 所示，将切换视图方向为东南轴测视图，效果如图 2-53 所示。

图 2-52

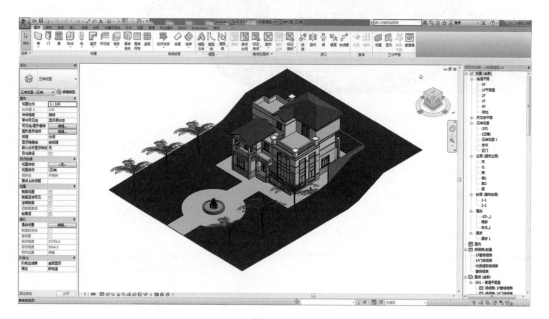

图 2-53

使用 ViewCube 可以在三维视图中按各指定方向快速查看模型，在做方案表达时可极大地提高工作效率。值得注意的是，使用 ViewCube 仅改变三维视图中相机的视点位置，并不能代替项目中的立面视图。

2.4.7　状态栏

状态栏位于应用程序窗口的底部，如图 2-54 所示。使用某一工具时，状态栏左侧会提供一些技巧或提示，告诉用户做些什么。高亮显示图元或构件时，状态栏会显示族和类型的名称。

图 2-54

状态栏的右侧会显示其他控件：

（1）工作集。提供对工作共享项目的工作集对话框的快速访问。该显示字段显示处于活动状态的工作集。使用下拉列表可以显示已打开的其他工作集。（若要隐藏状态栏上的工作集控件，请单击"视图"选项卡→"窗口"面板→"用户界面"下拉列表，然后清除"状态栏—工作集"复选框。)

（2）设计选项。提供对设计选项对话框的快速访问。该显示字段显示处于活动状态的设计选项。使用下拉列表可以显示其他设计选项。使用"添加到集"工具可以将选定的图元添加到活动的设计选项。（若要隐藏状态栏上的设计选项控件，单击"视图"选项卡→"窗口"面板→"用户界面"下拉列表，然后清除"状态栏—设计选项"复选框。）

（3）仅活动项。用于过滤所选内容，以便仅选择活动的设计选项构件。参见在"设计选项"和"主模型"中选择图元。

（4）排除选项。用于过滤所选内容，以便排除属于设计选项的构件。

（5）单击+拖曳。事先选择图元的情况下拖曳图元。

（6）仅可编辑。用于过滤所选内容，以便仅选择可编辑的工作共享构件。

（7）过滤。用于优化在视图中选定的图元类。

例如，按住 Ctrl 键，鼠标依次点选墙、C4 和 C6 三种图元，如图 2-55 和图 2-56所示。

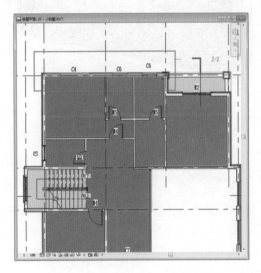

图 2-55

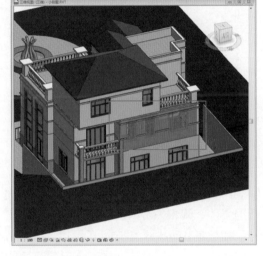

图 2-56

点击右下角的过滤器 按钮，出现如图 2-57 所示。

图 2-57

选择三种图元，由于选择了两扇 C6，所以选定项目总数为 4，叠层墙个数为 1，窗图元个数为 3，此时取消窗图元的勾选并点击确定，从视图中可以看出，现在只有叠层墙是被选中的，如图 2-58 所示。

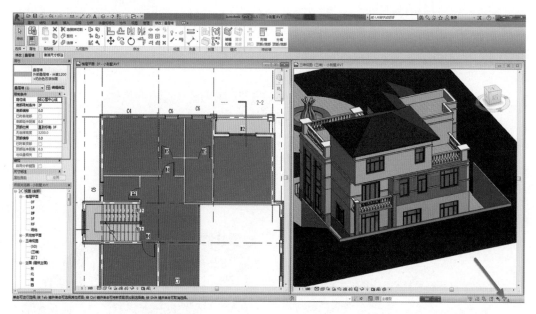

图 2-58

2.4.8 信息中心

用户在遇到使用困难时，可以随时单击"帮助与信息中心"栏中的"Help"，打开帮助文件查阅相关帮助。

如果是 Autodesk 用户，还可以登录到 Autodesk 中心，使用一些只为 Autodesk 用户提供的功能，例如，对概念体量进行建筑性能分析、能耗分析等。

2.4.9 快速访问工具栏

单击快速访问工具栏后的下拉按钮，将弹出工具列表。可以添加一些快速访问的选项，方便使用者快速地使用某些访问命令。例如，快速进入 3D 视图、快速创建剖面等。

1. 移动快速访问工具栏

快速访问工具栏可以显示在功能区的上方或下方。要修改设置，在快速访问工具栏上单击"自定义快速访问工具栏"下拉列表 ▼ "在功能区下方显示"即可。默认设置为快速访问栏的工具如图 2-59 所示。

在功能区内浏览以显示要添加的工具。在该工具上单击鼠标右键，然后单击"添加到快速访问工具栏"，如图 2-60 所示。

【提示】上下文选项卡上的某些工具无法添加到"快速访问工具栏"中。

图 2-59　　　　　　　　　　　　　　　　　　　　　　　图 2-60

　　如果从快速访问工具栏删除了默认工具，可以单击"自定义快速访问工具栏"下拉列表并选择要添加的工具，即可重新添加这些工具。

　　2. 自定义"快速访问工具栏"

　　要快速修改"快速访问工具栏"，可在"快速访问工具栏"的某个工具上单击鼠标右键，然后选择下列选项之一：

　　① 从"快速访问工具栏"中删除：删除工具。

　　② 添加分隔符：在工具的右侧添加分隔符线。

　　要进行更广泛的修改，请在"快速访问工具栏"下拉列表中，单击"自定义快速访问工具栏"。在该对话框中，执行下列操作，见表 2-2。

表 2-2

目　标	操　作
在工具栏上向上（左侧）或向下（右侧）移动工具	在列表中，选择该工具，然后单击⬆（上移）或⬇（下移）将该工具移动到所需位置
添加分隔线	选择要显示在分隔线上方（左侧）的工具，然后单击◻▮◻（添加分隔符）
从工具栏中删除工具或分隔线	选择该工具或分隔线，然后单击✖（删除）

2.4.10　快捷键的使用

　　在使用修改编辑图元命令的时候，往往需要进行多次操作，为避免花费时间寻找命令的位置，可使用快捷键加快操作速度。

　　Revit 的快捷键都是由两个字母组成。在工具提示中，可以看到快捷键的分配。以图 2-61 中的"对齐"命令为例，红色框里面的"AL"就是对齐命令的快捷键，将输入法切换到英文输入状态，直接在键盘上敲击 AL 即可。退出快捷键按 ESC 键。

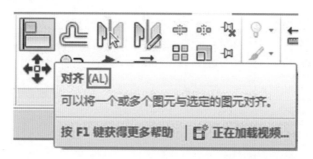

图 2-61

Revit 还允许用户自定义快捷键，单击"视图"选项卡"窗口"面板下的"用户界面"下拉列表，如图 2-62 所示，选择快捷键选项后，弹出如图 2-63 所示的对话框。

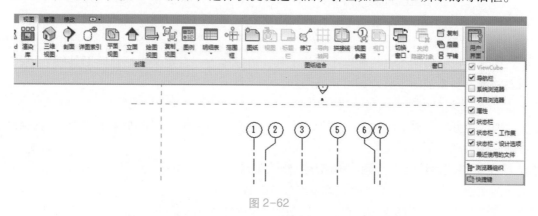

图 2-62

图 2-63

快捷键主要分为建模与绘图工具常用快捷键、编辑修改工具常用快捷键、捕捉替代常用快捷键、视图控制常用快捷键四种类别。具体分类可参见表 2-3~表 2-6。

表 2-3　　　　　　　　　　　　　　　建模与绘图工具常用快捷键

命令	快捷键	命令	快捷键
墙	WA	对齐标注	DI
门	DR	标高	LL
窗	WN	高程点标注	EL
放置构件	CM	绘制参照平面	RP
房间	RM	模型线	LI
房间标记	RT	按类别标记	TG
轴线	GR	详图线	DL
文字	TX		

表 2-4　　　　　　　　　　　　　　　编辑修改工具常用快捷键

命令	快捷键	命令	快捷键
删除	DE	对齐	AL
移动	MV	拆分图元	SL
复制	CO	修剪/延伸	TR
旋转	RO	偏移	OF
定义旋转中心	R3	在整个项目中选择全部实例	SA
列阵	AR	重复上上个命令	RC
镜像—拾取轴	MM	匹配对象类型	MA
创建组	GP	线处理	LW
锁定位置	PP	填色	PT
解锁位置	UP	拆分区域	SF

表 2-5　　　　　　　　　　　　　　　捕捉替代常用快捷键

命令	快捷键	命令	快捷键
捕捉远距离对象	SR	捕捉到运点	PC
象限点	SQ	点	SX
垂足	SP	工作平面网格	SW
最近点	SN	切点	ST
中点	SM	关闭替换	SS
交点	SI	形状闭合	SZ
端点	SE	关闭捕捉	SO
中心	SC		

表 2-6　　　　　　　　　　　视图控制常用快捷键

命令	快捷键	命令	快捷键
区域放大	ZR	临时隐藏类别	HC
缩放配置	ZF	临时隔离类别	IC
上一次缩放	ZP	重设临时隐藏	HR
动态视图	F8	隐藏图元	EH
线框显示模式	WF	隐藏类别	VH
隐藏线显示模式	HL	取消隐藏图元	EU
带边框着色显示模式	SD	取消隐藏类别	VU
细线显示模式	TL	切换显示隐藏图元模式	RH
视图图元属性	VP	渲染	RR
可见性图形	VV	快捷键定义窗口	KS
临时隐藏图元	HH	视图窗口平铺	WT
临时隔离图元	HI	视图窗口层叠	WC

2.4.11　小结

通过对本节内容的学习，读者应该对 Revit 软件界面、基本操作及常用设置有了大致的了解，熟悉了软件基本功能之后，不难发现，该软件操作起来较为灵活，可在各视图中进行建模，并联动到各个视图及明细表中，实现一处修改、处处更新。三维视图可以直观地发现模型问题，提高建模效率。

2.5　本章小结

本章介绍了 Revit 软件的基本概念，基本特性以及常用命令，使读者对该软件的应用范围、功能界面、常用操作有了整体的认识。软件的快捷键命令可以按照个人习惯进行自定义，加快操作速度。通过对下面章节的学习，读者会对本章的操作命令、常用设置有更深刻的体会。

第 3 章　某小别墅建筑模型创建

　　概述：BIM 工作的基础内容是创建建筑模型，同时也是 Revit 的设计基础。从本章开始，将以小别墅项目作为案例，介绍如何使用 Revit 软件进行 BIM 建模工作，以及后期的渲染出图工作。本章共分为 16 个小节：2~11 节将按建筑设计一般步骤创建小别墅项目的基本主体模型；第 12 节将介绍如何运用 Revit 软件的场地功能，为项目创建场地及场地构件；第 13 节将介绍 Revit 的渲染及漫游功能；第 14~15 节将介绍如何对项目进行明细表统计、布图与打印。

　　在小别墅项目创建过程的介绍中，将穿插拓展练习，进一步灵活掌握和运用 Revit 软件的各项功能。

3.1　项目准备

　　概述：在运用 Revit 软件时，基本设计流程分为选择项目样板、新建项目、确定项目标高和轴网、创建建筑基本构件、为项目创建场地、地坪及其他构建；完成模型后，再根据模型生成指定视图，为视图添加尺寸标注及其他注释信息等，并创建图纸与打印；也可以对模型进行渲染，与其他分析、设计软件进行交互。

　　以小别墅为例，基本设计过程可大致分为以下几个步骤，如图 3-1 所示。

　　【知识点解析】创建基本模型包括了墙体、门窗、楼板、幕墙、屋顶、楼梯等构件。

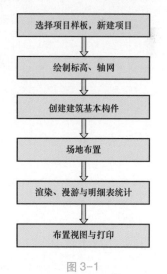

图 3-1

3.1.1　样板设置

　　在连网状态下完成 Autodesk Revit 2015 的安装后，在安装路径的文件夹中会默认自带软件的族库、族样板以及项目样板，但是由于软件自带的项目样板内容比较简单，需要根据项目的实际情况，在项目建模开始前，先定义好样板，包括项目的度量单位、标高、轴网、线型、可见性等内容，同时在软件中设置好样板路径。

　　【提示】好的样板是提高项目建模效率的重要手段，所以提前设置好项目样板对于整个建模过程而言非常重要。

　　软件安装后会自带样板文件，其分别在：

　　Windows XP：C:\Documents and Settings\All Users\Application Data\Autodesk\<产品名称及版本>\

Windows Vista 或 Windows 7：C：\ProgramData\Autodesk\<产品名称及版本>\

设置样板路径的目的：在软件中设置好样板后，可快速选择所需的样板建模。

设置样板路径的步骤：打开"应用程序菜单"→单击右下角"选项"按钮→单击第四个"文件位置"→点击➕键添加所需样板，如图 3-2 所示。

【操作技巧】在"选项"的"文件位置"中，同样可设置"族样板文件默认路径"，这样在新建族文件时，软件会自动访问到默认路径的文件夹中，用户可快速选择所需的族样板。

图 3-2

3.1.2　新建项目

如果事先没有将已提供的"别墅样板"在"文件位置"中添加，直接在"最近打开的文件"界面中，直接单击"项目"中的"新建"按钮或使用快捷键"CTRL+N"，如图 3-3 所示，或在"应用程序菜单"下单击"新建"→"项目"，如图 3-4 所示。

在本案例中，完成好项目样板的设置后，单击"项目"中的"新建"按钮，弹出"新建项目"对话框，如图 3-5 所示，可直接通过下拉箭头选择"别墅样板"并勾选"项目"，单击"确定"即可开始项目的正式创建。或者单击"浏览"，可在电脑中选择所需的样板，如图 3-6 所示。

图 3-3　　　　　　　　　　　　　　　　　　　　图 3-4

图 3-5

图 3-6

3.1.3　项目设置

在初次安装完软件进行新建项目时，会弹出"英制"与"公制"的选择框，根据项目要求选择所需的度量单位。在进入项目建模界面后，可单击"管理"选项卡→"设置"面板→"项目单位"选项，在"项目单位"对话框中，可根据不同的格式设置项目单位，如图 3-7 所示。

3.1.4　项目保存

单击"应用程序菜单"→"保存"命令，快捷键 Ctrl+S，或单击"快速访问工具栏"上的"保存" 💾 按钮，打开"另存为"对话框，如图 3-8 所示。

图 3-7　　　　　　　　　　　　　　　　　　图 3-8

【提示】在建模过程中要常保存，以免出现断电、软件或系统崩溃等突发状况。
设置保存路径，输入项目文件名为"小别墅"，单击"保存"即可保存项目。

3.1.5　小结

本节介绍了项目的基本设计过程，以及项目开始前的准备工作，Revit 是一个系统且结构化的软件，且具有很好的灵活性，上述介绍的基本设计步骤也不是一成不变的，可根据项目的实际情况来决定步骤的先后和方法，提高工作效率和质量。

3.2　绘制标高和轴网

*概述：*标高表示建筑物各部分的高度，并且可以生成平面视图，反应建筑物构件在竖向的定位情况；轴网用于构件定位，在 Revit 中轴网确定了一个不可见的工作平面。轴网编号以及标高符号样式均可定制修改。

在本节中，需重点掌握轴网和标高的 2D、3D 显示模式的不同作用，影响范围命令的应用，轴网和标高标头的显示控制，如何生成对应标高的平面视图等功能应用。

3.2.1　创建标高

在 Revit 2015 中，"标高"命令必须在立面和剖面视图中才能使用。在立面视图中一般会有样板中的默认标高，例如 2F 标高为 "3.00"，单击标高符号中的高度值，可输入 "3.5"，则 2F 的楼层高度改为 3.5m，如图 3-9 和图 3-10 所示。

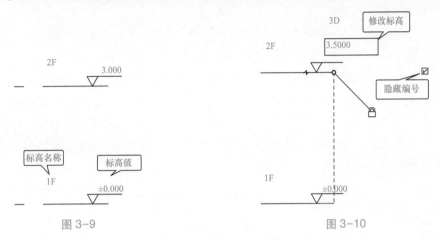

图 3-9　　　　　　　　　　　　　　　　图 3-10

【提示】不勾选隐藏编号，则标头、标高值以及标高名称将隐藏。

除了直接修改标高值，还可通过临时尺寸标注修改两标高间的距离。单击 "2F"，蓝显后在 1F 与 2F 间会出现一条蓝色临时尺寸标注，如图 3-11 所示，单击临时尺寸上的标注值，即可重新输入新的数值，该值单位为 "mm"，与标高值的单位 "m" 不同，读者要注意区别。

图 3-11

绘制标高 "3F"：单击选项卡 "建筑" → "标高" 面板命令，移动光标到视图中 "2F" 左端标头上方，当出现绿色标头对齐虚线时，单击鼠标左键捕捉标高起点。向右拖动鼠标，直到再次出现绿色标头对齐虚线，单击鼠标。若创建的标高名称不为 3F，则手动修改。

【操作技巧】选项栏中勾选 "创建平面视图" ☑创建平面视图，则在绘制完标高后自动在项目浏览器中生成 "楼层平面" 视图，否则，创建的为参照标高。

【提示】标高命名一般为软件自动命名，通常按最后一个字母或数字排序，例如 F1、F2、F3，且汉字不能自动排序。

3.2.2　编辑标高

对于高层或者复杂建筑，可能需要多个高度定位线，除了直接绘制标高，那如何来快速添加标高，并且修改标高的样式来快速提高工作效率？下面将通过复制、阵列等命令快速绘制标高。

1. 复制、阵列标高

选择"3F"标高，在激活的"修改 | 标高"选项卡下，单击"修改"面板中的"复制" 🗋 （CC/CO）或"阵列" 🎛 （AR）命令，快速添加标高。

复制标高：如果选择"复制"，在选项卡中会出现 修改 | 标高 ｜ □约束 □分开 □多个 ，勾选"约束"，可垂直或水平复制标高，勾选"多个"，可连续多次复制标高。都勾选后，单击"3F"上一点作为起点，向上拖动鼠标，直接输入临时尺寸的值，单位为 mm，输入后回车则完成一个标高的绘制，如图 3-12 所示。继续向上拖动鼠标输入数值，则可继续绘制标高。

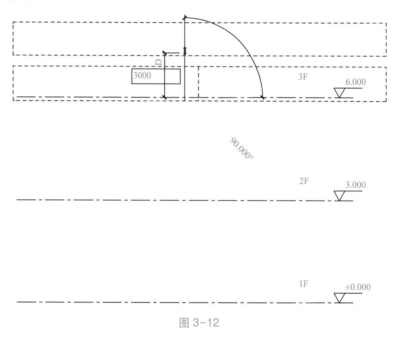

图 3-12

阵列标高：如果选择"阵列"，则适用于一次绘制多个等距的标高，选择后在选项卡中会出现 修改 | 标高 ｜ 🎛 ⟳ ☑成组并关联　项目数：2 　　移动到：⦿第二个 ○最后一个 ☑约束 ｜ 激活尺寸标注 ，勾选成组并关联，则阵列的标高为一个模型组，如果要编辑标高名称，需要解组后才可编辑；项目数为包含原有标高在内的数量，例如项目数为 3，则为 3F、4F 与 5F；选择移动到第二个，则在输入标高间距"3000"后，按回车后 3F、4F 与 5F 间的间距均为3000mm，若选择最后一个，则 3F 与 5F 间的距离共 3000mm。

【常见问题剖析】（1）如果需要绘制-0.45m 的标高，但为什么复制出来的标高显示的却还是"±0.00"？

答：因为此时的标高属性为零标高，则需要选中该标高，在"属性"框将中将其族类型由零标高修改为下标高，如图 3-13 所示。

（2）为什么会出现负标高在零标高上方？

答：如果在建模过程中不小心拖动了零标高，则会出现如图 3-14 所示的情况，而

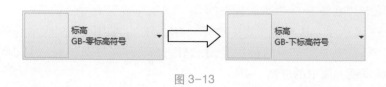

图 3-13

其他标高上下拖动位置后会直接修改标高值，因为在软件中有默认的零标高位置，且零标高不随位置的改变而改变。只需在"属性"框中将立面中的"-2150"改为"0"即可，如图 3-15 所示。

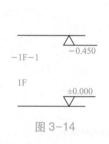

图 3-14

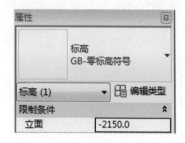

图 3-15

2. 添加楼层平面

在完成标高的复制或阵列后，在"项目浏览器"中可以发现均没有 4F、5F 的楼层平面。因为在 Revit 中复制的标高是参照标高，因此新复制的标高标头都是黑色显示，如图 3-16 所示，而且在项目浏览器中的"楼层平面"项下也没有创建新的平面视图，如图 3-17 所示。

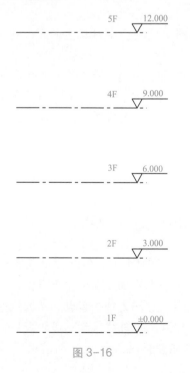

图 3-16

图 3-17

单击选项卡"视图"→"平面视图"→"楼层平面"命令，打开"新建平面"对话框，如图 3-18 所示。从下面列表中选择"4F、5F"，如图 3-19 所示。单击"确定"后，在项目浏览器中创建了新的楼层平面"4F、5F"，并自动打开"4F、5F"平面视图。此时，可发现立面中的标高"4F、5F"蓝显。

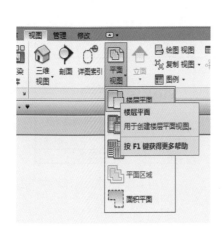

图 3-18

图 3-19

3.2.3　创建轴网

在 Revit 2015 中轴网只需要在任意一个平面视图中绘制一次，其他平面、立面和剖面视图中都将自动显示。

在项目浏览器中双击"楼层平面"项下的"1F"视图，打开"楼层平面：1F"视图。选择"建筑"选项卡→"基准"面板→"轴网"命令或快捷键：GR 进行绘制。

在视图范围内单击一点后，垂直向上移动光标到合适距离再次单击，绘制第一条垂直轴线，轴号为 1。

利用复制命令创建 2~7 号轴网。选择 1 号轴线，单击"修改"面板的"复制"命令，在 1 号轴线上单击捕捉一点作为复制参考点，然后水平向右移动光标，输入间距值 1200 后，单击一次鼠标复制生成 2 号轴线。保持光标位于新复制的轴线右侧，分别输入 3900、2800、1000、4000、600 后依次单击确认，绘制 3~7 号轴线，完成结果如下图 3-20 所示。

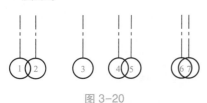

图 3-20

继续使用"轴网"命令绘制水平轴线，移动光标到视图中 1 号轴线标头左上方位置，单击鼠标左键捕捉一点作为轴线起点。然后从左向右水平移动光标到 7 号轴线右侧一段距离后，再次单击鼠标左键捕捉轴线终点，创建第一条水平轴线。

选择刚创建的水平轴线，修改标头文字为"A"，创建 A 号轴线。

同上绘制水平轴线步骤，利用"复制"命令，创建 B~E 号轴线。移动光标在 A 号轴线上单击捕捉一点作为复制参考点，然后垂直向上移动光标，保持光标位于新复制的轴线上侧，分别输入 2900、3100、2600、5700 后依次单击确认，完成复制。

重新选择 A 号轴线进行复制，垂直向上移动光标，输入值 1300，单击鼠标绘制轴线，选择新建的轴线，修改标头文字为"1/A"。

完成后的轴网如图 3-21 所示。

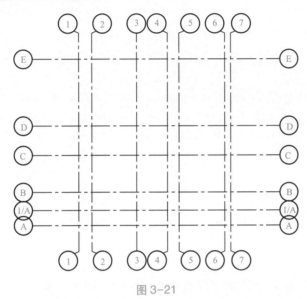

图 3-21

3.2.4　编辑轴网

绘制完轴网后，需要在平面图和立面视图中手动调整轴线标头位置，解决 1 号和 2 号轴线、4 号和 5 号轴线、6 号和 7 号轴线等的标头干涉问题。

添加轴号弯头。选择 2 号轴线，单击靠近轴号位置的"添加弯头"标志 ，出现弯头，拖动蓝色圆点则可以调整偏移的程度。同理，调整 5 号、7 号轴线标头的位置，如图 3-22 所示。

标头位置调整。选中某根轴网，在"标头位置调整"符号（空心圆点）上按住鼠标左键拖拽可整体调整所有标头的位置；如果先单击打开"标头对齐锁"，然后再拖拽即可单独移动一根标头的位置。

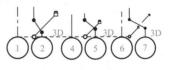

图 3-22

在项目浏览器中双击"立面（建筑立面）"项下的"南立面"进入南立面视图，使用前述编辑标高和轴网的方法，调整标头位置、添加弯头。同样方法调整东立面或西立面视图标高和轴网。

【操作技巧】在框选了所有的轴网后，会在"修改|轴网"选项卡中出现"影响范

围"命令，单击后出现"影响基准范围"的对话框，按住 shift 选中各楼层平面，单击确定后，其他楼层的轴网也会相应的变化。

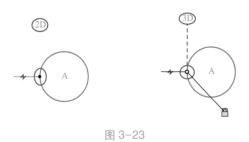

轴网可分为 2D 和 3D 状态，单击 2D 或 3D 可直接替换状态。3D 状态下，轴网端点显示为空心圆；2D 状态下，轴网端点修改为实心点，如图 3-23 所示。2D 与 3D 的区别在于：2D 状态下所做的修改仅影响本视图；在 3D 状态下，所做的修改将影响所有平行视图。在 3D 状态下，若修改轴线

图 3-23

的长度，其他视图的轴线长度对应修改，但是其他的修改均需通过"影响范围"工具实现。仅在 2D 状态下，通过"影响范围"工具能将所有的修改传递给当前视图平行的视图。

标高和轴网创建完成，回到任一平面视图，框选所有轴线，在"修改"面板中单击 图标，锁定绘制好的轴网（锁定的目的是为了使得整个的轴网间的距离在后面的绘图过程中不会偏移）。

3.2.5　案例操作

建模思路：设置样板→新建项目→绘制标高→编辑标高→绘制轴网→编辑轴网→设置影响范围→锁定。

创建过程：

（1）新建项目，单击"应用程序菜单"下拉列表中的"新建"，选择"项目"，在弹出的"新建项目"对话框中选择"别墅样板"作为样板文件，开始项目设计。

（2）在项目浏览器中展开"立面（建筑立面）"项，双击图 3-24 中的视图名称"南立面"，进入南立面视图。

（3）调整"2F"标高，将一层与二层之间的层高修改为 3.5m，可通过直接修改"1F"与"2F"间的临时标注，或在"2F"标头上直接输入高程 3.5。如图 3-25 所示。

图 3-24

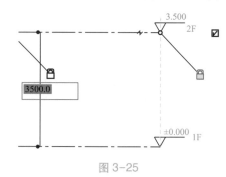

图 3-25

（4）选择"建筑"选项卡中→"基准"面板→"标高"命令 标高，绘制标高"3F"，修改临时尺寸标注，使其间距"2F"为 3200mm；绘制标高"4F"，修改临时尺寸标注，使其间距"3F"为 2800mm，选择标高名称"4F"改为"RF"，如图 3-26

所示。

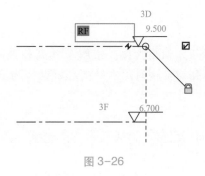

图 3-26

（5）利用"复制"命令，创建地坪标高。选择标高"1F"，单击"修改｜标高"上下文选项卡下"修改"面板中的"复制"命令，移动光标在标高"1F"上单击捕捉一点作为复制参考点，然后垂直向下移动光标，输入间距值 450，单击鼠标放置标高，同上，修改标高名称为"0F"。

（6）如果直接从"1F"楼层直接复制，则复制出来的标高都是±0.00，需要将属性中的零标高 [标高 GB-零标高符号] 改为上、下标高才会出现标高值。完成后的标高如图 3-27 所示。

（7）单击选项卡"视图"→"平面视图"下拉列表→"楼层平面"命令，打开"新建平面"对话框，如图 3-28 所示。从下拉列表中选择标高"0F"，单击"确定"后，在项目浏览器中创建了新的楼层平面"0F"，从项目浏览器中打开"0F"作为当前视图。

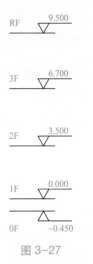

图 3-27

图 3-28

（8）在项目浏览器中双击"立面（建筑立面）"项下的"南立面"立面视图，回到南立面中，发现标高"0F"标头变成蓝色显示。

（9）轴网则按照第 3.2.3 和 3.2.4 节绘制，至此建筑的各个标高、轴网就创建完成，保存为文件"标高轴网.rvt"。

3.2.6　小结

本节以小别墅模型的标高和轴网为例，讲解了标高和轴网的常用创建和编辑方法，并可根据项目需要自定义标高与轴网对象。标高和轴网作为 Revit 进行项目设计的基础，请读者务必掌握本节所学内容，从下节开始将创建首层平面墙体等建筑构件。

3.3　墙体的绘制和编辑

概述：墙体作为建筑设计中的重要组成部分，在实际工程中墙体根据材质、功能也分多种类型，例如隔墙、防火墙、叠层墙、复合墙、幕墙等，因此在绘制时，需要综合考虑墙体的高度、厚度、构造做法、图纸粗略或精细程度、内外墙体区别等。随着高层建筑的不断涌现，幕墙以及异形墙体的应用越来越多，而通过 Revit 能有效建立出三维模型。

3.3.1　绘制墙体

进入平面视图中，单击“建筑”选项卡→“构建”面板→“墙”的下拉按钮，如图 3-29 所示。有“建筑墙”、“结构墙”、“面墙”、“墙饰条”、“墙分隔缝”五种选择，“墙饰条”和“墙分隔缝”只有在三维的视图下才能使用，用于墙体绘制完成后添加。其他墙可以从字面上来理解，建筑墙主要是用于分割空间，不承重；结构墙用于承重以及抗剪作用；面墙主要用于体量或常规模型创建墙面，详见第 5 章。

墙
门
墙:建筑
墙:结构
面墙
墙:饰条
墙:分隔缝

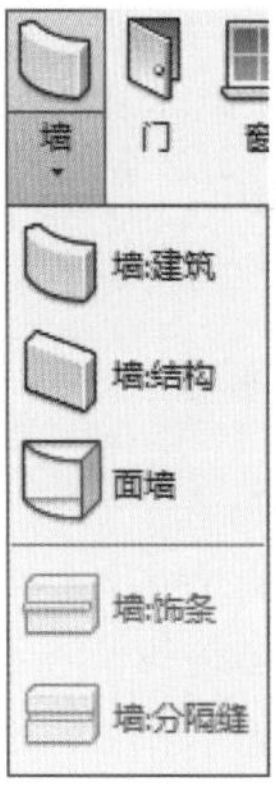

图 3-29

【操作技巧】快捷键“WA”可快速进入到建筑墙体的绘制模式，学会快捷键的应用，有效提高建模效率。

单击选择“建筑墙”后，在选项卡中出现 修改 | 放置 墙 上下文选项卡，面板中出现墙体的绘制方式如图 3-30 所示，属性栏将由视图“属性”框转变为墙“属性”，如图 3-31 所示，以及选项栏也变为墙体设置选项，如图 3-32 所示。

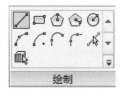

绘制

图 3-30

属性
基本墙
常规 - 200mm
新建 墙
编辑类型

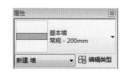

图 3-31

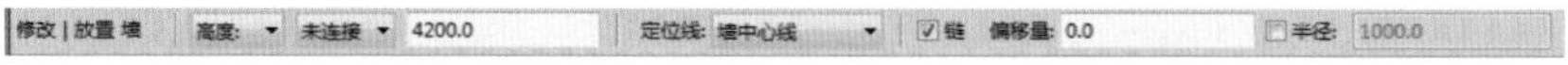

修改 | 放置 墙
高度:
未连接
4200.0
定位线: 墙中心线
链
偏移量: 0.0
半径:
1000.0

图 3-32

绘制墙体需要先选择绘制方式，例如直线、矩形、多边形、圆形、弧形等，如果有导入的二维 CAD 图纸作为底图，可以先选择"拾取线/边"命令，鼠标拾取 CAD 图纸的墙线，自动生成 Revit 墙体。除此以外，还可利用"拾取面"功能拾取体量的面生成墙。

1. 选项栏参数设置

在完成绘制方式的选择后，要设置有关墙体的参数属性。

（1）在"选项栏"中，"高度"与"深度"分别指从当前视图向上还是向下延伸墙体。

（2）"未连接"选项中还包含各个标高楼层；"4200"为该墙顶部距底部 4200mm。

（3）勾选"链"表示可以连续绘制墙体。

（4）"偏移量"表示绘制墙体时墙体距离捕捉点的距离，如图 3-33 所示设置的偏移量设置为 200mm，则绘制墙体时捕捉绿色虚线（即参照平面），绘制的墙体距离参照平面 200mm。

（5）"半径"表示两面直墙的端点相连接处不是折线，而是根据设定的半径值，自动生成圆弧墙，如图 3-34 所示，设定的半径为 1000mm。

2. 实例参数设置

如图 3-35 所示，该属性为墙的实例属性，主要设置墙体的墙体定位线、高度、底部和顶部的约束与偏移等，有些参数为暗显，该参数可在更换为三维视图、选中构件、附着时或改为结构墙等情况下亮显。

图 3-33

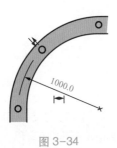

图 3-34

图 3-35

（1）定位线：共分为墙中心线、核心层、面层面与核心面四种定位方式。在 Revit 软件术语中，墙的核心层是指其主结构层。在简单的砖墙中，"墙中心线"和"核心层中心线"平面将会重合，然而它们在复合墙中可能会不同。顺时针绘制墙时，其外部面

（面层面：外部）默认情况下位于顶部。

【提示】放置墙后，其定位线便永久存在，即使修改其类型的结构或修改为其他类型也是如此。修改现有墙的"定位线"属性的值不会改变墙的位置。

图 3-36 为基本墙，右侧为基本墙的结构构造。通过选择不同的定位线，从左向右绘制出的墙体与参照平面的相交方式是不同的，如图 3-37 所示。选中绘制好的墙体，单击"翻转控件" ⬚可调整墙体的方向。

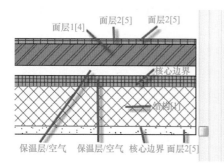

	功能	材质	厚度	包络	结构材质
1	面层 2 [5]	涂层 - 外部	25.0	☑	☐
2	面层 2 [5]	涂层 - 外部	25.0	☑	☐
3	面层 1 [4]	砖石建筑 -	102.0	☑	☐
4	保温层/空气	其他通风层	50.0	☑	☐
5	保温层/空气	隔热层/热障	50.0	☑	☐
6	涂膜层	防潮层/防水	0.0	☑	☐
7	核心边界	包络上层	0.0		
8	结构 [1]	砖石建筑 -	190.0	☐	☑
9	核心边界	包络下层	0.0		
1	面层 2 [5]	涂层 - 内部	12.0	☑	☐

图 3-36

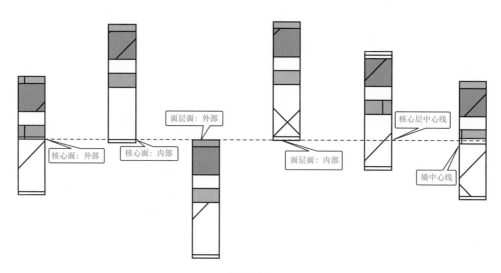

图 3-37

【操作技巧】Revit 中的墙体有内、外之分，因此绘制墙体选择顺时针绘制，保证外墙侧朝外。

（2）底部限制条件/顶部约束：表示墙体上下的约束范围。

（3）底/顶部偏移：在约束范围的条件下，可上下微调墙体的高度，如果同时偏移 100mm，表示墙体高度不变，整体向上偏移 100mm。+100mm 为向上偏移，-100mm 为向下偏移。

（4）无连接高度：表示墙体顶部在不选择"顶部约束"时高度的设置。

（5）房间边界：在计算房间的面积、周长和体积时，Revit 会使用房间边界。可以在平面视图和剖面视图中查看房间边界。墙则默认为房间边界。

（6）结构：结构表示该墙是否为结构墙，勾选后，可用于做后期受力分析。

3. 类型参数设置

在绘制完一段墙体后，选择该面墙，单击"属性"栏中的"编辑属性"，弹出"类型属性"对话框，如图 3-38 所示。

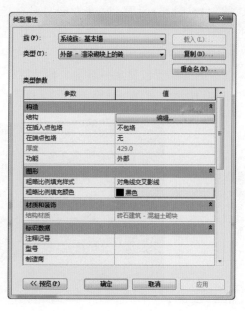

图 3-38

（1）复制：可复制"系统族：基本墙"下不同类型的墙体，例如复制新建：普通砖 200mm，复制出的墙体为新的墙体。新建的不同墙体还需编辑结构构造。

（2）重命名：可将"类型"中的墙名称修改。

（3）结构：用于设置墙体的结构构造，单击"编辑"，弹出"编辑部件"对话框，如图 3-39 所示。内/外部边表示墙的内外两侧，可根据需要添加墙体的内部结构构造。

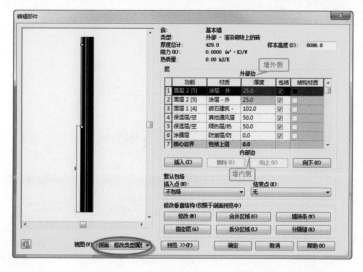

图 3-39

（4）默认包络："包络"指的是墙非核心构造层在断开点处的处理办法，仅是对编辑部件中勾选了"包络"的构造层进行包络，且只在墙开放的断点处进行包络。

（5）修改垂直结构：主要用于复合墙、墙饰条与分隔缝的创建。

复合墙：在"编辑部件"对话框中，添加一个面层，"厚度"改为 20mm。创建复合墙，通过利用"拆分区域"按钮拆分面层，放置在面层上会有一条高亮显示的预览拆分线→放置好高度后单击鼠标左键→在"编辑部件"对话框中再次插入新建面层→修改面层材质→单击该新建面层前的数字，选中新建的面层→单击"指定层"，在视图中单击拆分后的某一段面层，选中的面层蓝色显示→点击"修改"→新建的面层指定给了拆分后的某一段面层，如图 3-40 所示。实现一面墙在不同高度有几个材质的要求。

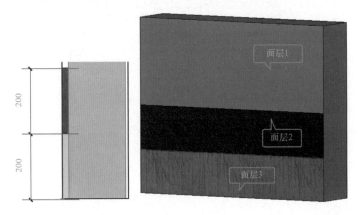

图 3-40

【提示】拆分区域后，选择拆分边界会显示蓝色控制箭头↑，可调节拆分线的高度。

墙饰条：墙饰条主要是用于绘制的墙体在某一高度处自带墙饰条，单击"墙饰条"，如图 3-41 所示，在弹出的"墙饰条"对话框中，单击"添加"轮廓可选择不同的轮廓

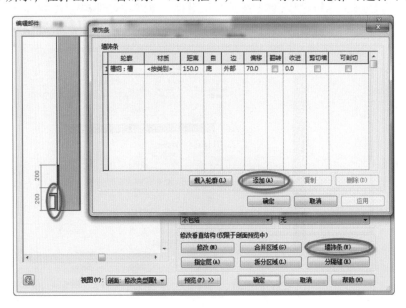

图 3-41

族，如果没有所需的轮廓，可通过"载入轮廓"载入轮廓族，设置墙饰条的各参数，则可实现绘制出的墙体直接带有墙饰条。

分隔缝类似于墙饰条，只需添加分隔缝的族并编辑参数即可，在此不加以赘述。

4. 墙族分类

上述所讲的墙，均以"基本墙"为例讲述。但是墙除了"基本墙"，还包括"叠层墙"和"幕墙"。

（1）"叠层墙"：要绘制叠层墙，首先需要在"属性"栏中选中叠层墙的案例，编辑其类型，如图 3-42 所示。叠层墙由不同的材质、类型的墙在不同的高度叠加而成，墙1、墙2均来自"基本墙"，因此没有的墙类型要在"基本墙"中新建墙体后，再添加到叠层墙中。

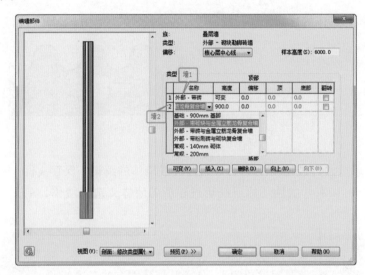

图 3-42

【常见问题剖析】为什么在叠层墙上放置门窗时没有临时尺寸标注？

答：因为叠层墙的上下墙体类型和墙体厚度不一致，有时候软件不能很好地识别临时尺寸要标注在哪一个边界，所以无法出现临时尺寸标注。

（2）幕墙：主要用于绘制玻璃幕墙，详见 3.7 节。

3.3.2　编辑墙体

在定义好墙体的高度、厚度、材质等各参数后，按照 CAD 底图或设计要求绘制墙体的过程中，如需要对墙体进行编辑，可利用"修改"面板下的"移动、复制、旋转、阵列、镜像、对齐、拆分、修剪、偏移"等编辑命令，也可进行编辑墙体轮廓、附着/分离墙体，使所绘墙体与实际设计保持一致，具体操作参加 2.5.9。

1. 编辑墙体轮廓

选择绘制好的墙后，自动激活"修改|墙"选项卡，单击"修改|墙"下"模式"面板中的"编辑轮廓"，如图 3-43 所示。如果在平面视图进行了轮廓编辑操作，此时弹

出"转到视图"对话框，选择任意立面或三维进行操作，进入绘制轮廓草图模式。

图 3-43

【提示】如果在三维中编辑，则编辑轮廓时的默认工作平面为墙体所在的平面。

在三维或立面中，利用不同的绘制方式工具，绘制所需形状，如图 3-44 所示。其创建思路为：创建一段墙体→修改｜墙→编辑轮廓→绘制轮廓→修剪轮廓→完成绘制模式。

【提示】弧形墙体的立面轮廓不能编辑。

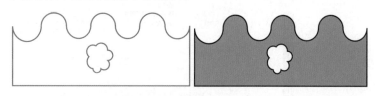

图 3-44

完成后，单击"完成编辑模式" ✔即可完成墙体的编辑，保存文件。

【操作技巧】如需一次性还原已编辑过轮廓的墙体，选择墙体，单击"重设轮廓"命令即可实现。

2. 附着/分离墙体

如果墙体在多坡屋面的下方，需要墙和屋顶有效快速连接，依靠编辑墙体轮廓的话，会花费很多时间，此时通过"附着/分离"墙体能有效解决问题。

如图 3-45 所示，墙与屋顶未连接，用 Tab 键选中所有墙体，在"修改墙"面板中选择"附着顶部/底部"，在选项卡 附着墙：◉顶部 ○底部 中选择顶部或底部，再单击选择屋顶，则墙自动附着在屋顶下，如图 3-46 所示。再次选择墙，单击"分离顶部/底部"，再选择屋顶，则墙会恢复原样。

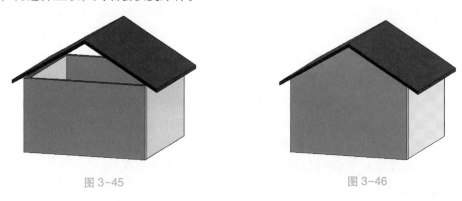

图 3-45 　　　　　　　　　　　　　　　　图 3-46

【提示】墙不仅可以附着于屋顶，还包括楼板、天花板、参照平面等。

【常见问题剖析】刚已学习墙体附着的命令，但是如果要将编辑过轮廓的墙体附着，会出现什么样的情况？

答：此处以墙附着到屋顶为例，可以正常附着，但只有和参照标高重合的墙才能附着，不重合则不附着，如图 3-47 所示，在参照平面下方的墙体均未附着。但是，如果将编辑过轮廓的墙体再次编辑，将所有墙体顶部均拖至参照平面下方，如图 3-48 所示，则软件会弹出如图 3-49 所示的警告，因为没有墙和参照平面同高度，此时如果将墙体附着到屋顶上，则软件会弹出"不能保持墙和目标相连接"的错误。

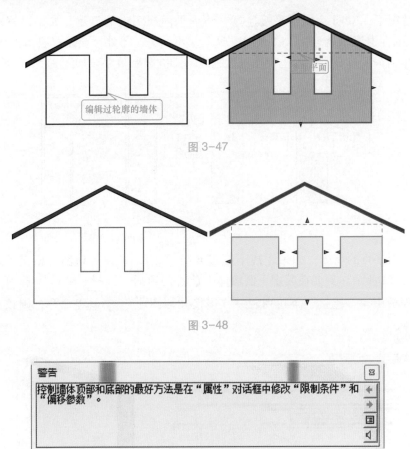

图 3-47

图 3-48

图 3-49

3. 墙体连接方式

墙体相交时，可有多种连接方式，例如平接、斜接和方接三种方式，如图 3-50 所示。单击"修改"选项卡→"几何图形"面板→"墙连接" 功能，将鼠标光标移至墙上，然后在显示的灰色方块中单击，即可实现墙体的连接。

在设置墙连接时，可设置墙连接在识图中如何处理，在"墙连接"命令下，将光标移至墙连接上，然后在显示的灰色方块中单击。在"选项栏"中的"显示"有"清理连接"、"不清理连接"和"使用视图设置"三个显示设置，如图 3-51 所示。

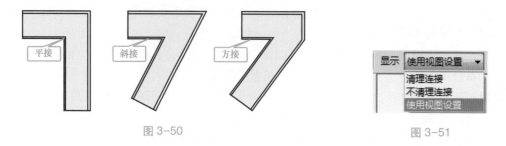

图 3-50　　　　　　　　　　　　　图 3-51

默认情况下，Revit 会创建平接连接并清理平面视图中的显示，如果设置成"不清理连接"，则在退出"墙连接"工具时，这些线不消失。另外，在设置墙体连接方式时，不同视图详细程度与显示设置也会在很大程度上影响显示效果。如图 3-52 所示。

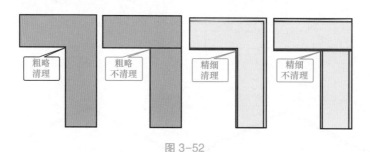

图 3-52

对于两面平行的墙体，如果距离不超过 6 英寸，Revit 会自动创建相交墙之间的连接，如图 3-53 所示。例如在其中一面墙体上放置门窗后，选择"修改"选项卡→"几何图形"面板中→"连接"下拉列表→"连接几何图形" 连接命令，则该门窗会剪切两面墙体。

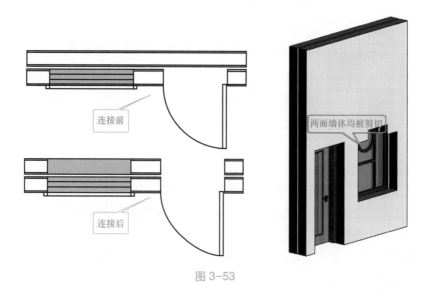

图 3-53

3.3.3　案例操作

上节完成了标高和轴网等定位设计，下面将从首层平面开始，分层逐步完成小别墅三维模型的设计。本节将创建首层平面的墙体构件。

建模思路："建筑"选项卡→"构建"面板→"墙"→墙：建筑→新建墙类型→设置墙参数→绘制墙体，先外墙后内墙→编辑墙体。

创建过程：

（1）打开上节保存的"标高轴网.rvt"文件，在项目浏览器中双击"楼层平面"项下的"0F"，打开首层平面视图。

（2）单击"建筑"选项卡→"墙"下拉列表→"墙：建筑"命令，或快捷键：WA。在"属性"框中的"类型选择器"中选择"基本墙"的"外墙-奶白色石漆饰面150"墙类型，如图 3-54 所示。

【提示】：首层墙体应为叠层墙，由于叠层墙放置门、窗时临时尺寸无法标注问题，先以基本墙代替，门、窗放置完成后再修改墙体类型为叠层墙。

（3）在墙"属性"框中，设置实例参数"底部限制条件"为"0F"，"顶部约束"为"直到标高 2F"，如图 3-55 所示。

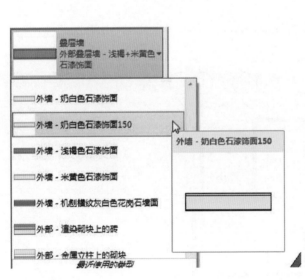

图 3-54

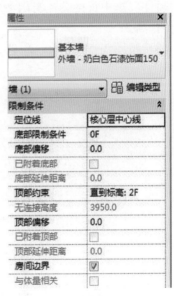

图 3-55

（4）选择"绘制"面板下"直线"命令，选项栏中"定位线"选择"墙中心线"，移动光标，单击鼠标左键捕捉 E 轴和 2 轴交点为绘制墙体起点，按照图 3-56 所示顺时针方向绘制外墙轮廓，顺时针绘制可使得绘制的墙体外面层朝外。

（5）完成后的首层外墙如图 3-57 所示，保存文件。

（6）单击选项卡"建筑"→"墙"命令，在类型选择器中选择"基本墙：普通砖—180mm"类型。

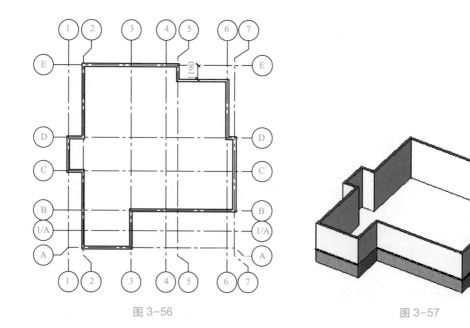

图 3-56　　　　　　　　　　　　　　　　图 3-57

（7）在"绘制"面板选择"直线"命令，选项栏中"定位线"选择"墙中心线"，在"属性"框中直接设置实例参数"基准限制条件"为"0F"，"顶部限制条件"为"直到标高 2F"。

（8）按图 3-58 所示内墙轮廓，捕捉轴线交点，绘制"普通砖—180mm"地下室内墙。

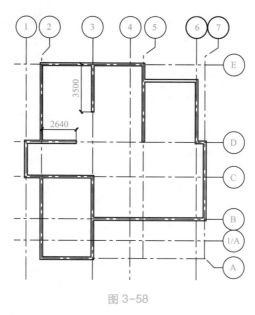

图 3-58

【操作技巧】每绘制完一段，按下 ESC 键则可重新绘制另一段墙，按两次的话则退出墙编辑模式。

（9）在类型选择器中选择"基本墙：普通砖—100mm"，选项栏中"定位线"选择

"核心面-外部"，单击"属性"框，设置实例参数"基准限制条件"为"0F"，"顶部限制条件"为"直到标高 2F"。

（10）按图 3-59 所示内墙位置捕捉轴线交点，绘制"普通砖—100mm"地下室内墙。标注均为墙中线与墙中线、轴网的间距。

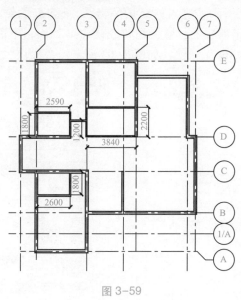

图 3-59

（11）完成后的首层墙体如图 3-60 所示，保存为文件"首层墙.rvt"。

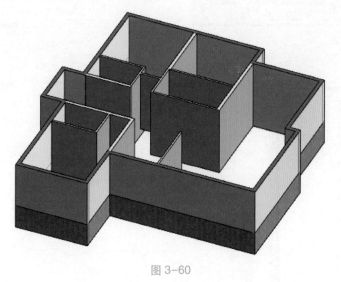

图 3-60

3.3.4　拓展练习

1. 建"带踢板复合墙"模型，各面层做法按照图 3-61 中所示，使用现有材质，提供"踢板轮廓"族。设置为包络；墙饰条使用踢板。

建模思路：充分提取题中信息，注意各面层厚度、材质、包络设置，以及在"墙饰条"处添加踢板。

创建过程:

（1）在"建筑"选项卡中，单击"构建"面板下"墙：建筑墙"按钮，选择"常规—200mm—实心"类型的墙，单击"编辑类型"，选中"复制"，重新定义一个"带踢板复合墙"如图 3-62 所示，进入"结构编辑"，插入新的结构层，使用"向上"或者"向下"的命令来确定面层的位置，在"默认包络"面板下面，分别单击"插入点"和"结束点"设置为"外部"包络，如图 3-63 所示。

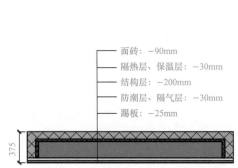

面砖：−90mm
隔热层、保温层：−30mm
结构层：−200mm
防潮层、隔气层：−30mm
踢板：−25mm

375

图 3-61

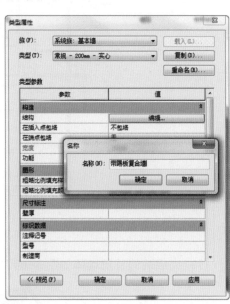

图 3-62

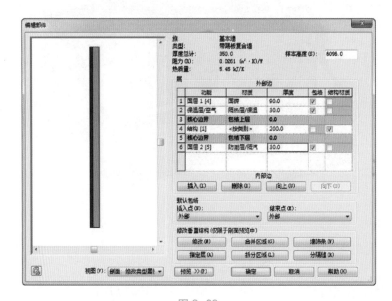

图 3-63

【知识点解析】a. 包络：外面层（非核心层）在断开点处包住核心层，包络：

![包络示意图]，不包络：![不包络示意图]。

b. 核心结构："核心边界"之间的功能层。

c. 非核心结构："核心边界"之外的功能层。以"砖墙"为例，"砖"结构是墙的核心结构，而"砖"结构层之外的，如抹灰、防水、保温等功能层，为墙的"非核心结构"。

【提示】先载入要添加的"踢板轮廓"族，如图 3-64 所示。

（2）添加踢板：在上图中有"墙饰条"按钮，单击"载入轮廓"，进入添加"踢板轮廓"族。

（3）墙转角：墙转角有三种方式，平接、斜接和方接。

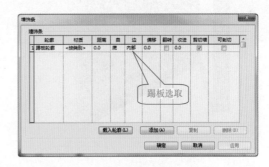

图 3-64

选中要修改转角方式的墙体，单击 "几何图形"的面板下"墙连接" ![墙连接图标] 命令，在方形框内选中两个要连接的墙体，在选项栏 ⚪平接 ⚪斜接 ⦿方接 中勾选"方接"，结果如图 3-65、图 3-66 所示。

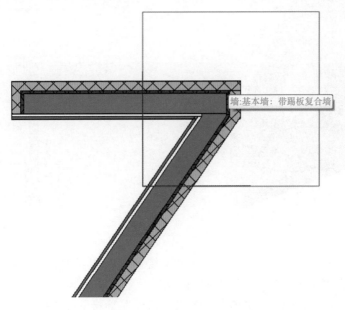

墙:基本墙：带踢板复合墙

图 3-65

（4）墙体轮廓编辑：在墙体绘制结束之后，还可以对墙体轮廓进行编辑。选中要编辑的墙，然后在"修改"选项卡中选择"编辑轮廓"命令，对墙体轮廓可以自行编辑，如图 3-67 所示，完成后如图 3-68 所示。

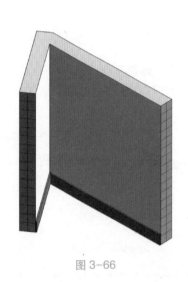

图 3-66

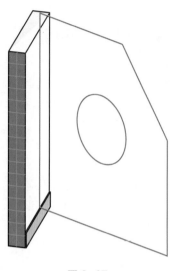

图 3-67

2. 建一个如图 3-69 尺寸的叠层墙模型，上部为"混凝土砌块 225mm"，下部为"带踢板复合墙"（固定高度为 1200mm）。

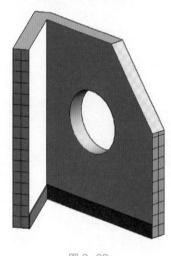

图 3-68

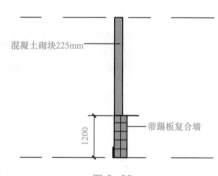

混凝土砌块225mm

带踢板复合墙

1200

图 3-69

建模思路：叠层墙是由若干个子墙（基本墙类型）相互堆叠在一起而组成的主墙，利用叠层墙可以沿墙的不同高度定义不同的墙厚、复合层和材质。

创建过程：选择"建筑"选项卡，单击"构建"面板下的墙按钮，从类型选择器中选择"叠层墙"，单击"编辑类型"，进入"类型属性"对话框，复制后命名为"混凝土砌块叠层墙"，再单击"结构"面板下的"编辑"按钮，进入"编辑部件"对话框，如图 3-70 所示，设置上部为"混凝土砌块 225mm"，高度为"可变"，下部"带踢板复合墙"，高度 1200mm。

【提示】绘制时设置叠层墙内边对齐。

图 3-70

3.3.5　小结

　　本节以复杂、灵活的复合墙和叠层墙为例，介绍了如何在项目模型中创建最基础的构件——墙。通过对各类墙体的创建、属性设置，掌握各类墙体绘制、编辑和修改的方法。在定义各墙体类型时，合理命名族类型是更好地管理建筑信息模型的前提基础。对于复杂墙体，可利用内建族、体量等方式来创建，下一节将介绍门、窗和楼板等构件。

3.4　创建首层门窗和楼板

　　概述：门、窗和楼板是建筑设计中最常用的构件。在 Revit 软件中，有其自带的门、窗族，可直接放置于墙、屋顶等主体图元，这种依赖主体图元而存在的构件成为"基于主体的构件"。普通的门窗可通过修改族类型参数实现，例如门窗的宽度、高度、材质等。

　　楼板的创建不仅可以是楼面板，还可以是坡道、楼梯休息平台等，对于有坡度的楼板，通过"修改子图元"命令修改楼板的空间形状，通过设置楼板的构造层找坡，可以实现楼板的内排水和有组织排水的分水线绘制。

3.4.1　插入门窗

　　门、窗是基于主体的构件，可添加到任何类型的墙体上，在平、立、剖以及三维视图中均可添加门、窗，且门会自动剪切墙体放置。

　　单击"建筑"选项卡→"构建"面板下→"门""窗"命令，在类型选择器下，选择所需的门、窗类型，如果需要更多的门、窗类型，通过"载入族"命令从族库载入或者和新建墙一样新建不同尺寸的门窗。

1. 标记门、窗

放置前，在"选项栏"中选择"在放置时进行标记"，则软件会自动标记门窗，选择"引线"可设置引线长度，如图 3-71 所示。门窗只有在墙体上才会显示，在墙主体上移动光标，参照临时尺寸标注，当门位于正确的位置时，单击鼠标确定。

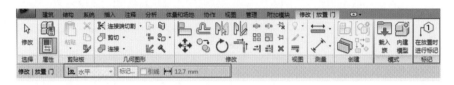

图 3-71

在放置门窗时，如果未勾选"在放置时进行标记"，还可通过第二种方式对门窗进行标记。选择"注释"选项卡中的"标记"面板，单击"按类别标记"，将光标移至放置标记的构件上，待其高亮显示时，单击鼠标则可直接标记；或者单击"全部标记"，在弹出的"标记所有未标记的对象"对话框，选中所需标记的类别后，单击"确定"即可，如图 3-72 所示。

图 3-72

2. 尺寸标注

放置完门窗时，根据临时尺寸可能很难快速定位放置，则可通过大致放置后，调整临时尺寸标注或尺寸标注来精准定位；如果放置门窗时，开启方向放反了，则可和墙一样，选中门窗，通过"翻转控件"来调整。

对于门、窗放置时，可调节临时尺寸的捕捉点。单击"管理"选项卡→"设置"面板→"其他设置"下拉列表→"临时尺寸标注"命令，弹出"临时尺寸标注属性"对话框，如图 3-73 所示。

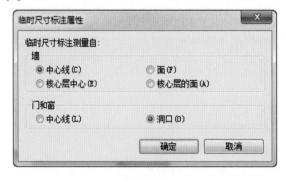

图 3-73

对于"墙",选择"中心线"后,则在墙周围放置构件时,临时尺寸标注自动会捕捉"墙中心线";对于"门、窗",则设置成"洞口",表示"门和窗"放置时,临时尺寸捕捉到的为距门、窗洞口的距离。

【操作技巧】在放置门窗时输入"SM",可自动捕捉到中点插入。

【常见问题剖析】在一面墙上,门、窗会默认的拾取该面墙体,但是如果门窗放置在两面不同厚度(100mm 与 200mm 为例)的墙中间,那门窗附着主体是谁呢?

答:门窗只能附着在单一的主体上,但可替换主体。因此以窗为例,需要选中"窗",在"修改 | 窗"的上下文选项卡中,单击"主体"面板中的"拾取主要主体"命令,可更换放置窗的主体,如图 3-74 所示。

图 3-75 表示窗在不同厚度墙体中间,通过"拾取主要主体"功能,既可以左边墙体,又可以右边墙体为主体。

图 3-74　　　　　　　　　　　　　　　图 3-75

【提示】"拾取新主体"则可使门窗脱离原本放置的墙上,重新捕捉到其他的墙上。

3.4.2　编辑门窗

1. 实例属性

在视图中选择门、窗后,视图"属性"框则自动转成门/窗"属性",如图 3-76 所示,在"属性"框中可设置门、窗的"标高"以及"底高度",该底高度即为窗台高度,顶高度为门窗高度+底高度。该"属性"框中的参数为该扇门窗的实例参数。

2. 类型属性

在"属性"框中,单击"编辑类型",在弹出的"类型属性"对话框中,可设置门、窗的高度、宽度、材质等属性,也可复制出新的门、窗,以及对当前的门、窗重命名。

设置窗的底标高,除了在类型属性处修改,还可切换至立面视图,选择窗,移动临时尺寸界线,修改临时尺寸标注值。如图 3-77 所示,有一面东西走向墙体,则进入项目浏览器,鼠标单击"立面(建筑立面)",双击"南立面",从而进入南立面视图。在南立面视图中,如图 3-78 所示选中该扇窗,移动临时尺寸控制点至±0 标高线,修改临时尺寸标注值为"900"后，按"Enter"键确认修改。

图 3-76

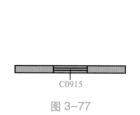

图 3-77

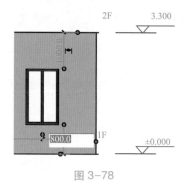

图 3-78

3.4.3　创建楼板

楼板共分为建筑板、结构板以及楼板边缘，建筑板与结构板的区别同样是在于是否进行结构分析。楼板边缘多用于生成住宅外的小台阶。

单击"建筑"选项卡→"构建"面板→"楼板"→"楼板：建筑"，在弹出的"修改丨创建楼层边界"上下文选项卡中，如图 3-79 所示，可选择楼板的绘制方式，本教材以"直线"与"拾取墙"两种方式来讲解。

使用"直线"命令绘制楼板边界，则可绘制任意形状的楼板，"拾取墙"命令可根据已绘制好的墙体快速生成楼板。

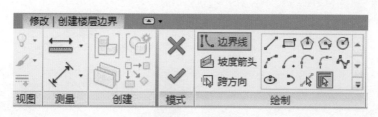

图 3-79

1. 属性设置

在使用不同的绘制方式绘制楼板时，在"选项栏"中是不同的绘制选项，如图 3-80 所示，其"偏移"功能也是提高效率的有效方式，通过设置偏移值，可直接生成距离参照线一定偏移量的板边线。

图 3-80

【提示】顺时针绘制板边线时，偏移量为正值，在参照线外侧；负值则在参照线内侧。

楼板的实例与类型属性主要设置板的厚度、材质以及楼板的标高与偏移值。

2. 绘制楼板

偏移量设置为 200mm，用"直线"命令方式绘制出如图 3-81 所示的矩形楼板，标高为"2F"，内部为"200mm"厚的常规墙，高度为 1F 至 2F，绘制时捕捉墙的中心线，顺时针绘制楼板边界线。

【提示】如果用"拾取墙"命令来绘制楼板，则生成的楼板会与墙体发生约束关系，墙体移动楼板会随之发生相应变化。

【操作技巧】使用 Tab 键切换选择，可一次选中所有外墙，单击生成楼板边界。如出现交叉线条，使用"修剪"命令编辑成封闭楼板轮廓。

边界绘制完成后，单击✔完成绘制，此时会弹出"是否希望将高达此楼层标高的墙附着到此楼层的底部"，如图 3-82 所示，如果单击"是"，将高达此楼层标高的墙附着到此楼层的底部；单击"否"，将高达此楼层标高的墙将未附着，与楼板同高度，如图 3-83 所示。

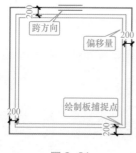

图 3-81

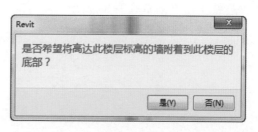

图 3-82

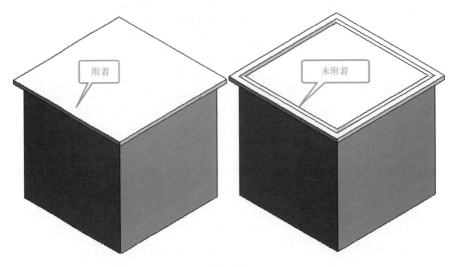

图 3-83

通过"边界线"绘制完楼板后，在"绘制"面板中还有"坡度箭头"的绘制，其主要用于斜楼板的绘制，可在楼板上绘制一条坡度箭头，如图 3-84 所示，并在"属性"框中设置该坡度线的"最高/低处的标高"。

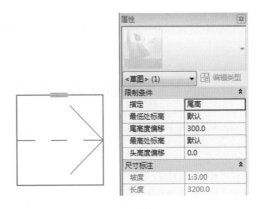

图 3-84

3.4.4 编辑楼板

如果楼板边界绘制不正确，则可再次选中楼板，单击"修改 | 楼板"选项卡中的"编辑边界"命令，如图 3-85 所示，可再次进入到编辑楼板轮廓草图模式。

图 3-85

1. 形状编辑

除了可编辑边界，还可通过"形状编辑"编辑楼板的形状，同样可绘制出斜楼板，如图 3-86 所示。单击"修改子图元"选项后，进入编辑状态，单击视图中的绿点，出现"0"文本框，其可设置该楼板边界点的偏移高度，例如"500"，则该板的此点向上抬升 500mm。

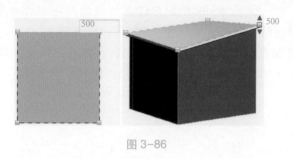

图 3-86

2. 楼板洞口

楼板开洞，除了"编辑楼板边界"可开洞外，如图 3-87 所示，还有专门的开洞的方式。

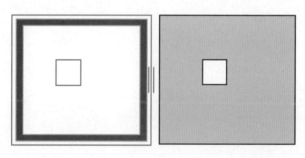

图 3-87

在"建筑"选项卡中的"洞口"面板，有多种的"洞口"挖取方式，有"按面""竖井""墙""垂直""老虎窗"几种方式，针对不同的开洞主体选择不同的开洞方式，在选择后，只需在开洞处，绘制封闭洞口轮廓，单击完成，即可实现开洞。详见 3.9 节。

3.4.5　案例操作

建模思路："建筑"选项卡→"构建"面板→"门、窗"命令→放置门窗→编辑门、窗位置与高度→"楼板"：建筑命令绘制楼板→编辑楼板。

创建过程：

（1）接上节练习，打开"1F"视图，单击选项卡"建筑"→"门"命令，或使用快捷键：DR，在类型选择器下拉列表中选择"硬木装饰门 M1"类型。

（2）在"修改 | 放置门"选项卡中单击"在放置时进行标记"命令，便对门进行自动标记。要引入标记引线，选择"引线"并指定长度 12.7mm，如图 3-88 所示。

图 3-88

（3）将光标移动到 B 轴线 3、4 号轴线之间的墙体上，此时会出现门与周围墙体距离的蓝色相对临时尺寸，如图 3-89 所示。这样可以通过相对尺寸大致捕捉门的位置。在平面视图中放置门之前，敲击"空格键"控制门的开启方向。

（4）在墙上合适位置单击鼠标左键以放置门，调整临时尺寸标注蓝色的控制点，拖动蓝色控制点移动到 4 轴，修改距离值为"615"，得到"大头角"的距离，如图 3-90 所示。"硬木装饰门 M1"修改后的位置如图 3-91 所示。

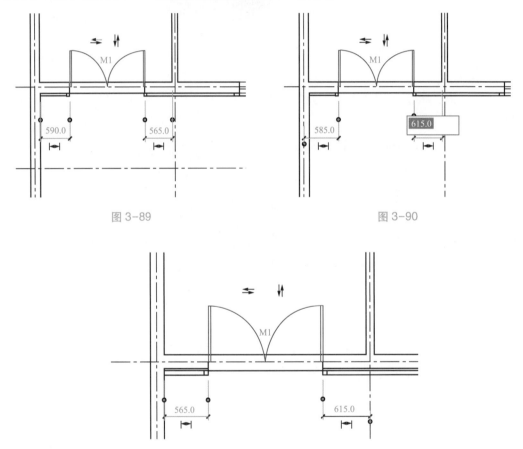

图 3-89

图 3-90

图 3-91

（5）同理，在类型选择器中分别选择"硬木装饰门 M1""铝合金玻璃推拉门 M2""双扇推拉门 M3""装饰木门 M4""装饰木门 M5"门类型，按图 3-92 所示位置插入到首层墙体上。

（6）继续在"1F"视图，单击选项卡"建筑"→"窗"命令或快捷键：WN。在类型选择器中分别选择"跨层窗 C1""玻璃推拉窗 C4""双扇推拉窗 C6"类型，按图 3-92 所示窗 C1、C4、C6 的位置，在墙上单击将窗放置在对应位置。

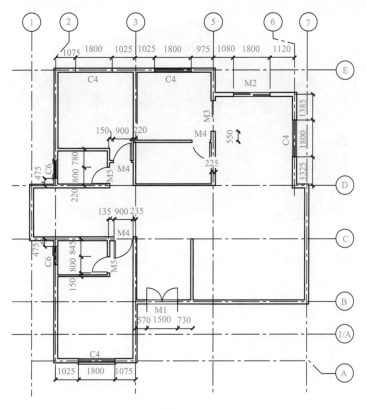

图 3-92

（7）本案例中窗台底高度不全一致，因此在插入窗后需要手动调整窗台高度。几个窗的底高度值为：C4—900mm、C6—900mm。在任意视图中选择"双扇推拉窗 C6"，"属性"框中直接修改"底高度"值为 900，如图 3-93 所示。

（8）同样编辑其他窗的底高度，编辑完成后的首层门窗。

（9）在项目浏览器中双击"楼层平面"项下的"1F"，打开一层平面视图。移动光标到外墙上，按

图 3-93

Tab 键，当所有外墙链亮显时单击鼠标选择所有外墙，在类型选择器中选择"叠层墙"的"外部叠层墙——浅褐+米黄色石漆饰面"墙类型，修改首层墙的类型，如图 3-94 所示，保存文件。

（10）单击选项卡"建筑"→"楼板"命令，进入楼板绘制模式。在"属性"中选择楼板类型为"楼板—常规—200mm"。

（11）在"绘制"面板中，单击"拾取墙"命令，在选项栏中设置偏移为"-20"，如图 3-95 所示，移动光标到外墙外边线上，依次单击拾取外墙外边线，自动创建如图 3-96 所示的楼板轮廓线。

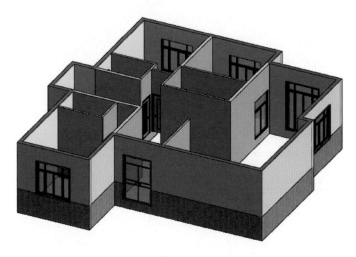

图 3-94

图 3-95

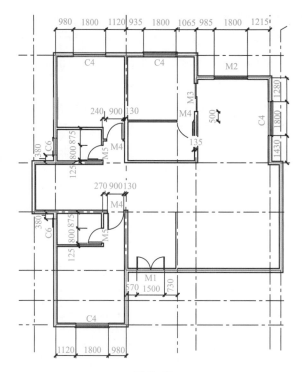

图 3-96

（12）单击"完成"按钮 ✔，完成创建首层楼板。如图 3-97 所示弹出的对话框中选择"否"。创建的首层楼板如图 3-98 所示。

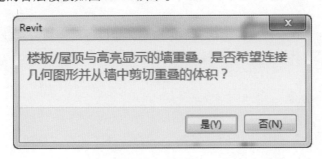

图 3-97

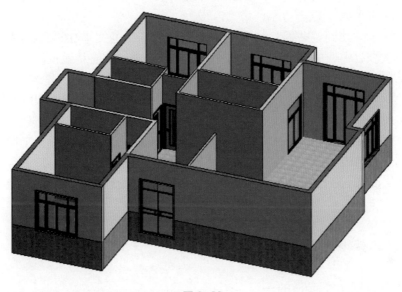

图 3-98

（13）至此，本案例首层的构件都已经绘制完成，保存文件"首层模型 .rvt"。

3.4.6　小结

在本节中主要学习了门窗的放置、参数设置以及楼板的创建编辑过程，至此小别墅模型首层构件已基本绘制完成。门窗属于外部族，要在项目中创建门窗必须先载入门窗族，并设置好族类型和族参数，由于每个图元都在样板文件中已事先创建并定义好，所以减少了新建族文件的过程。本节中介绍的各种图元绘制方法，不仅适用于墙、楼板轮廓边界线等绘制操作，也适用于所有类型图元的绘制操作，在绘制时灵活利用对象捕捉功能可以提高绘图的精确性和效率。下一节将讲述后两层构件的创建，其创建过程和首层一致，但可通过复制和局部修改的方式来快速完成。

3.5　创建二层墙、门、窗和楼板

概述：在实际工程中一般都包括多个标准层，建模过程需要分层绘制，可利用复制功能快速生成楼层及其构件，提高整体建模效率。

3.5.1　复制的功能

复制除了"修改"选项卡中的"复制" 命令外，还有"修改"选项卡"剪贴板"面板中的"复制到剪贴板" 工具，二者的使用功能是不一样的。

（1）"复制"命令：其可在同一视图中将选中的单个或多个构件，从 A 处复制后放置在同一视图的 A 或 B 处。

（2）"复制/剪切到剪贴板"命令：其类似于 word 中的文本/图片的复制/剪切，其是在 A 视图或项目中选中单个或多个构件，可粘贴至 A、B 或其他视图或其他项目中。即如果需要在放置副本之前切换视图，"复制到剪贴板"工具可将一个或多个图元复制到剪贴板中，然后使用"从剪贴板中粘贴"工具将图元的副本粘贴到其他项目或视图中，从而实现多个图元的传递。

因此，可以看出复制的两种方式所使用范围的不同，"复制"适用于同一视图中，"复制/剪切到剪贴板"命令适用于粘贴至不同项目、视图中的任意位置。

由此如果要将下一层的全部构件复制到上一层去，要通过"复制到剪贴板"命令来实现。

3.5.2　过滤器的使用

过滤器顾名思义在选择的一批构件中，通过过滤，过滤出所需的构件。

过滤器是按构件类别快速选择一类或几类构件最方便快捷的方法。过滤选择集时，当类别很多，需要选择的很少时，可以先单击"放弃全部"，再勾选"墙"等需要的类别，如图 3-99 所示；当需要选择的很多，而不需要选择的相对较少时，可以先单击"选择全部"，再取消勾选不需要的类别，提高选择效率。

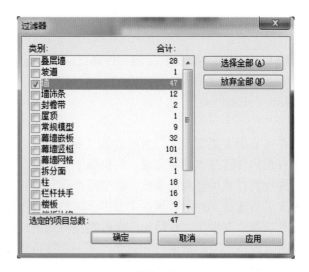

图 3-99

3.5.3　案例操作

建模思路：选中所有首层外墙→利用"复制到剪贴板"命令→选择粘贴方式→利用"过滤器"过滤不需要的图元→参照首层，绘制并编辑墙体→放置并编辑二层门、窗→绘制并编辑二层楼板。

创建过程：

（1）接上节练习，切换到三维视图，将光标放在首层的外墙上，高亮显示后按 Tab键，所有外墙将全部高亮显示，单击鼠标左键，首层外墙将全部选中，构件蓝色亮显，如图 3-100 所示。

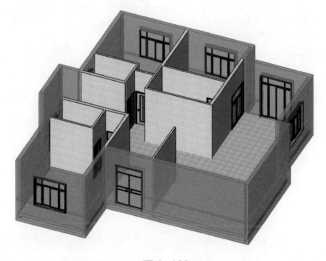

图 3-100

（2）单击"修改｜叠层墙"选项卡→"剪贴板"面板→"复制到剪贴板" 命令，将所有构件复制到粘贴板中备用。

（3）单击"剪贴板"面板→"粘贴"→"与选定的标高对齐"命令，打开"选择标高"对话框，如图 3-101 所示。选择"2F"，单击"确定"。

【提示】复制上来的二层外墙高度和首层相同，但是由于首层层高高于二层，所以二层的外墙的高度尽管是顶部约束到标高：2F，但是在"属性框"中顶部偏移为 750mm，需要改为 0。

（4）首层平面的外墙都被复制到二层平面，同时由于门窗默认为是依附于墙体的构件，所以一并被复制，如图 3-102 所示。

（5）在项目浏览器中双击"楼层平面"项下的"2F"，打开二层平面视图。如图 3-103所示，框选所有构件，单击右下角的漏斗状按钮 ，打开"过滤器"对话框，如图 3-104所示，取消勾选"叠层墙"，单击"确定"选择所有门窗。按 Delete 键，删除所有门窗。

（6）移动光标到复制的外墙上，按 Tab 键，当所有外墙链亮显时单击鼠标选择所有外墙，在类型选择器中选择"叠层墙：外部叠层墙——米黄 1200+奶白色石漆饰面"，修

图 3-101

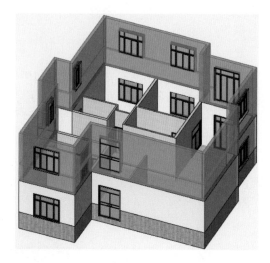

图 3-102

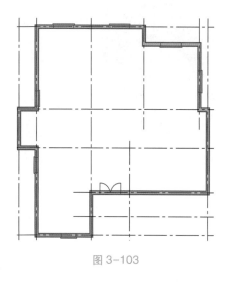

图 3-103

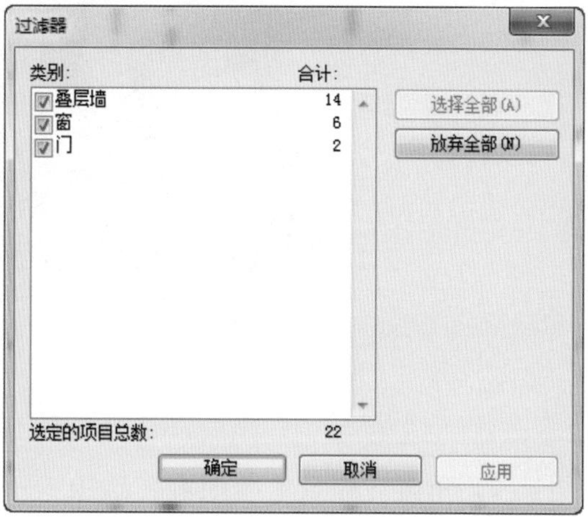

图 3-104

改二层墙的类型。

【操作技巧】Tab 键的妙用

1）切换选择对象来帮助快速捕捉选取，如选中的是墙中心线，可通过 Tab 键来选取墙外边线。

2）可选取头尾相连的多面墙体。

3）在幕墙中可切换选取到幕墙网格或嵌板。总之，Tab 键在选择图元中是必不可少的。

（7）选中 A 号轴线上 2、3 轴线之间的叠层墙，按 Delete 键删除，选中 2 号轴线上 A、C 轴线之间的叠层墙，向上拖动端部蓝色圆点，将其长度修改为 4200，如图 3-105 所示。

（8）选择"建筑"选项卡→"墙"→"叠层墙：外部叠层墙——米黄 1200+奶白色石漆饰面"，在上述墙的拖曳端点单击鼠标，水平向右移动绘制墙，至与右侧的墙相交，如图 3-106 所示。

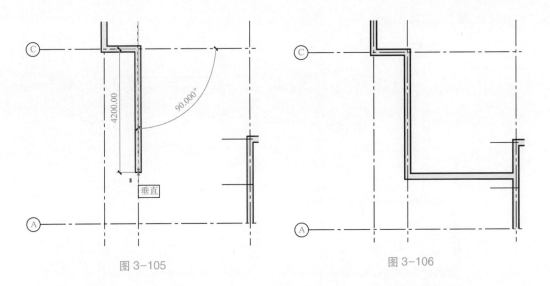

图 3-105　　　　　　　　　　　　　　　　图 3-106

（9）选择"修改"选项卡→"修改"面板→"修剪"命令，快捷键：TR。依次单击上述新绘制的墙体和 3 轴上的墙 B、1/A 轴之间墙体，结果如图 3-107 所示。

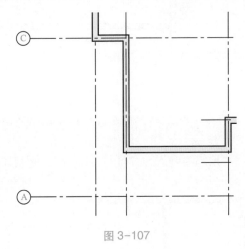

图 3-107

【提示】在绘制墙的时候，墙一边会出现双向箭头，代表墙的内外，如图 3-108 所示，单击可改变墙的内外位置。

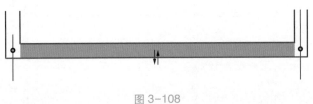

图 3-108

（10）单击"建筑"选项卡→"墙"命令，在类型选择器中选择"基本墙：普通砖—180mm"，"绘制"面板中选择"直线"命令，选项栏中"定位线"选择"墙中心线"。在"属性"栏中，设置实例参数"底部限制条件"为"2F"，"顶部约束"为

"直到标高 3F"，如图 3-109 所示，绘制 180mm 内墙。

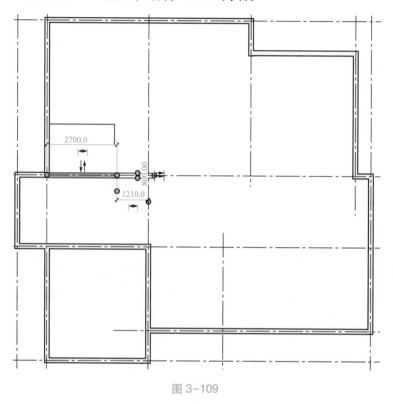

图 3-109

（11）在类型选择器中选择"基本墙：普通砖—100mm"类型，"绘制"面板中选择"直线"命令，选项栏中"定位线"选择"墙中心线"。在"属性"框中，设置实例参数"底部限制条件"为"2F"，"顶部约束"为"直到标高 3F"，绘制如图 3-110 所示的内墙。

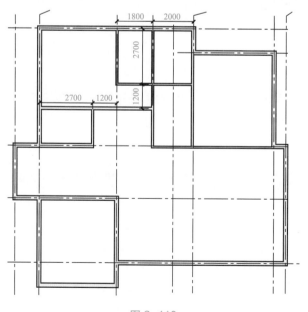

图 3-110

【操作技巧】如果内墙与外墙的墙体方向平行，可利用对齐命令 ⬚，快捷键 AL，使内墙的墙面与外墙的墙面对齐。

【常见问题剖析】为什么上一层墙体与下一层墙体一起挪动（联动）？

答：上下层墙体发生重叠，需要调整墙体的标高或者偏移量。

完成后的二层墙体如图 3-111 所示，保存文件。

编辑完成二层平面内外墙体后，即可创建二层门窗。门窗的插入和编辑方法同前述首层门窗的创建相同。

（12）放置门：接前面练习，在"项目浏览器"→"楼层平面"项下双击"2F"，打开二层楼层平面。单击选项卡"建筑"→"门"命令，在类型选择器中分别选择门类

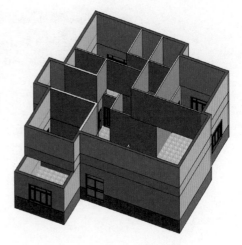

图 3-111

型："铝合金玻璃推拉门 M2""装饰木门 M4""装饰木门 M5"，按图 3-112 所示位置移动光标到墙体上单击放置门，并编辑临时尺寸，按图 3-112 所示尺寸位置精确定位。

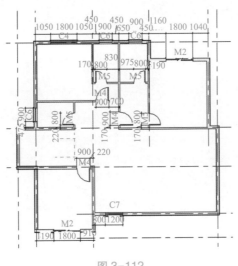

图 3-112

（13）放置窗：单击选项卡"建筑"→"窗"命令，在类型选择器中分别选择窗类型："玻璃推拉窗 C4""双扇推拉窗 C6""凸形装饰窗 C7"，按图 3-112 所示位置移动光标到墙体上单击放置窗，并编辑临时尺寸，按图 3-112 所示尺寸位置精确定位。

（14）编辑窗台高：在平面视图中选择窗，在"属性"栏中，修改"底高度"参数值，调整窗户的窗台高。各窗的窗台高为 C4：900mm、C6：900mm、C7：1300mm。

上图的尺寸标注部分到墙体中心线的距离。

（15）下面给小别墅模型创建二层楼板。Revit 可以根据墙来创建楼板边界轮廓线自动创建楼板，在楼板和墙体之间保持关联关系，当墙体位置改变后，楼板也会自动更新。

（16）打开二层平面 2F。单击选项卡"建筑"→"楼板：建筑"命令，如图 3-113 所示。

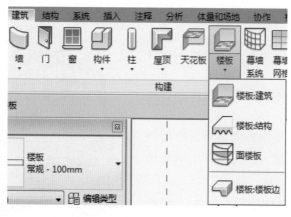

图 3-113

（17）单击"拾取线"命令，移动光标到外墙内边线上，依次单击拾取外墙外边线自动创建楼板轮廓线，如图 3-114 所示，最上方的轮廓线距下方的墙中心线为 1805mm，最下方的轮廓线距上方的墙中心线为 1695mm，拾取墙创建的轮廓线自动和墙体保持关联关系。

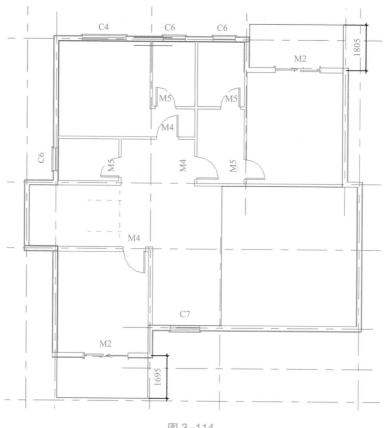

图 3-114

（18）检查确认轮廓线完全封闭。可以通过工具栏中"修剪" 命令，修剪轮廓线使其封闭，也可以通过光标拖动迹线端点移动到合适位置来实现，Revit 将会自动捕捉附近的其他轮廓线的端点。当完成楼板绘制时，如果轮廓线没有封闭，系统会自动提示。

（19）也可以单击绘制栏"拾取线" 或"直线"命令，绘制封闭楼板轮廓线。单击"完成绘制"绿色按钮创建二层楼板，结果如图 3-115 所示，保存文件为"二层模型.rvt"。

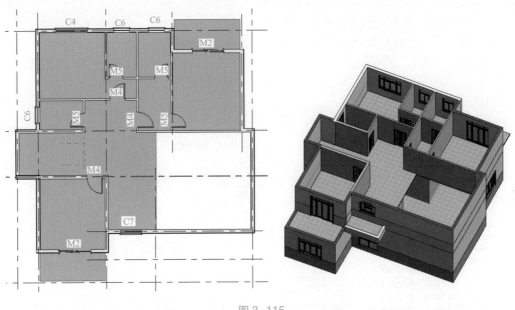

图 3-115

【提示】连接几何图形并剪切重叠体积后，在剖面图上可看到墙体和楼板的交接位置将自动处理。

【操作技巧】当使用拾取墙时，可以在选项栏勾选"延伸到墙中（至核心层）"，设置到墙体核心的"偏移"量参数值，然后再单击拾取墙体，直接创建带偏移的楼板轮廓线。与绘制好边界后再使用偏移工具的作用是一样的。

3.5.4　小结

本节学习了整体复制、对齐粘贴命令的使用，以及墙的常用编辑方法，更加便捷的创建多层楼房的墙体，并且复习了墙体的绘制方法，门窗的插入和编辑方法，以及楼板的创建方法。若墙体完全相同，可在复制粘贴后，直接修改底层墙体实例参数中的"顶部限制条件"实现墙体创建；若外墙相同，墙外侧材质有所区别，仍需另外新建墙体。从下节开始创建三层平面主体构件。

3.6　创建三层墙、门、窗和楼板

概述：三维设计和二维设计在设计过程存在较大差异，在三维设计过程中，需要隐藏构件、查看某一构件或创建剖面视图等来查看模型，掌握建模过程中的技巧对提高工作效率有很大的帮助。

3.6.1 视图范围、隐藏与可见性

在不同的楼层平面，如果要看到其他楼层的构件，此时该如何处理呢？假如在此楼层，只想看到某一类构件，又该如何处理呢？

1. 视图范围

假如要在 2F 平面上看到 1F 平面上的构件，有两个方法：

（1）在"属性"栏中，基线设置为 1F，如图 3-116 所示，则可看到 1F 的构件暗显在 2F 处。

图 3-116

（2）在"属性"栏中，单击"视图范围"的"编辑…"按钮，在弹出的"视图范围"对话框中调整主要范围及视图深度，如图 3-117 所示。

图 3-117

视图范围的调整在项目建模过程中是常用命令，经常会出现放置的某个构件在该层看不到的情况，但是在三维中看的到，此时可能的原因是视图范围设置不合理。

图 3-118 所示为 1F 的"视图范围"设置表，顶、底以及剖切面均以 1F 为相关标高，并在相关标高上进行偏移。图 3-119 所示为"视图范围"设置的立面表示情况，通过该图可以清楚地分辨出"主要范围"与"视图深度"的区别。

图 3-118

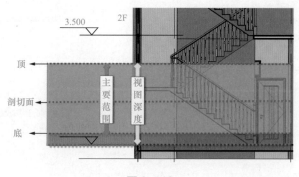

图 3-119

【提示】剖切面的标高是默认设置，不能修改。如果直接在"项目浏览器"中的"楼层平面"中复制楼层 1F，复制出来的重命名为 3F，则 3F"剖切面"的默认相关标高为 1F。

2. 可见性

在平面、立面或三维视图中，如果要对某个构件单独拿出来分析，或是需要在该视图中隐藏图元，可通过两种方式来实现：

（1）"视图控制栏"中的"临时隐藏/隔离"功能。该功能共分为隐藏和隔离两种方式、图元和类别两种范围。只有选中某一图元后，"临时隐藏/隔离"功能按钮才能亮显。如图 3-120 所示。

如果临时隐藏了某一图元或类别，则"绘图区域"中会出现"临时隐藏/隔离"的蓝色矩形框，表示该视图有图元被隐藏或隔离。

要去除"临时隐藏/隔离"的绿色矩形框：

1）可以单击"临时隐藏/隔离"按钮中的"重设临时隐藏/隔离"，则是取消掉了

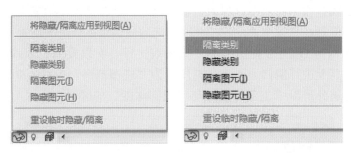

图 3-120

隐藏或隔离。

2）可以单击"将隐藏/隔离应用到视图"，其可将临时隐藏/隔离改为永久隐藏。

【提示】设置的临时隐藏，如果关闭文件则不会保存，只有永久隐藏才能保存。

（2）可见性/图形替换功能（快捷键 VV）。可见性/图形替换可控制所有图元在各个视图中的可见性，其主要用于控制某一类别的所有图元的可见性。如图 3-121 所示，只勾选了"墙"类别，则该视图中只显示墙。

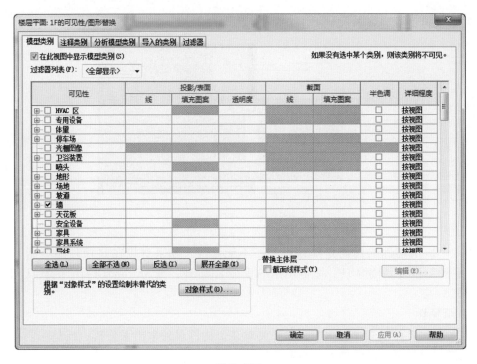

图 3-121

"可见性/图形替换"功能中除了"模型类别"外，还包括"注释类别""分析模型类别""导入的类别"和"过滤器"，其中"过滤器"可根据各过滤条件，过滤出不同类别的图元。如要区分给水管道和排水管道，通过过滤器设置成不同颜色，可快速区分。

【提示】上述讲的永久隐藏，则正是取消了图元的可见性。

3.6.2 创建剖面视图

单击"视图"选项卡→"创建"面板→"剖面"命令→绘制剖面线→处理剖面位置→重命名剖面视图。如图 3-122 所示。

图 3-122

（1）剖切范围：通过视图宽度和视图深度控制剖切模型的视图范围。

（2）线段间隙：单击线段间隙符号，可在有隙缝的或连续的剖面线样式之间切换。

（3）翻转控件：单击查看翻转控件可翻转视图查看方向。

（4）显示此剖面定义的视图：单击可弹出该剖面视图。

（5）循环剖面线末端：控制剖面线末端的可见性与位置。

剖面线只可绘制直线，但可通过"修改 | 视图"上下文选项卡的"剖面"面板中的"拆分线段"命令，修改直线为折线，形成阶梯剖面，如图 3-123 所示。

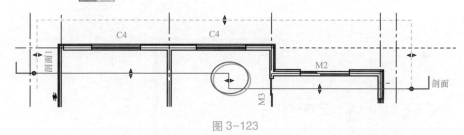

图 3-123

【操作技巧】鼠标拖拽线段位置控制柄到与相邻的另一段平行线段对齐时，松开鼠标，两条线段合并成一条。

绘制了剖面视图后，软件自动给该剖面命名。通过在"项目浏览器"中"剖面"视图中，选择所需的剖面，右击鼠标，选择"重命名"，可重命名该剖面视图。

3.6.3 案例操作

建模思路：打开三层平面→绘制墙体→放置门窗→绘制楼板。

创建过程：

（1）打开上节保存的"二层模型.rvt"文件，展开"项目浏览器"下"楼层平面"项，双击"3F"，进入"楼层平面：3F"视图。

（2）绘制墙：输入快捷键 WA，在类型选择器中选择"基本墙——外墙——奶白色石漆饰面",直接在墙"属性"栏中,设置实例参数"底部限制条件"为"3F","顶部约束"为"直到标高:RF"。绘制如图 3-124 所示的外墙。

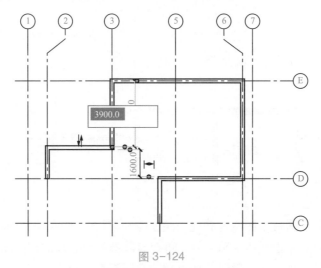

图 3-124

(3)类似地,在类型选择器中选择"叠层墙:外部叠层墙——米黄 1000+奶白色石漆饰面",直接在墙"属性"栏中,设置实例参数"底部限制条件"为"3F","顶部约束"为"直到标高:RF"。添加如图 3-125 所示的外墙。

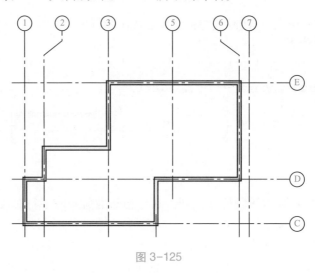

图 3-125

(4)同样方法,在类型选择器中选择"基本墙:普通砖—180mm",直接在墙"属性"栏中,设置实例参数"底部限制条件"为"3F","顶部约束"为"直到标高:RF"。添加如图 3-126 所示的内墙。

(5)同理,如图 3-127 所示,添加内墙"基本墙:普通砖—100mm"。其标注值为到轴线的距离。

【操作技巧】从左上角位置向右下角位置框选与从右上角位置向左下角位置框选是两个不同的结果,从左向右选择的是全部包含在选择框内的构件,但是从右向左选择时,

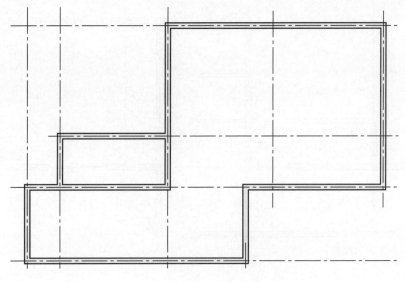

图 3-126

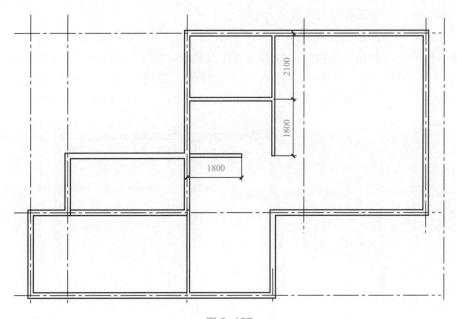

图 3-127

只框选到了构件的一部分也会被选中。结合使用过滤器,可以快速选择所需的图元。

(6)编辑完成三层平面内外墙体后,即可创建三层门窗。门窗的插入和编辑方法同前述小节,本节不再详述。在项目浏览器"楼层平面"→鼠标双击"3F",进入楼层平面:3F。

(7)放置门:选择选项卡"建筑"→"门"命令,在类型选择器中选择"装饰木门 M4""装饰木门 M5""双扇平开门 M6""铝合金玻璃推拉门 M7",按图 3-128 所示位置,移动光标到墙体上单击放置门,并编辑临时尺寸位置精确定位。

(8)放置窗:选择选项卡"建筑"→"窗"命令。在类型选择器中选择"双扇推

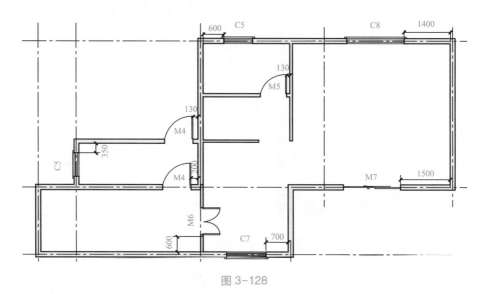

图 3-128

拉窗 C5""凸形装饰窗 C7""玻璃推拉窗 C8",按图 3-128 所示位置,移动光标到墙体上单击放置窗,并编辑临时尺寸位置精确定位。

（9）编辑窗台高:在平面视图中选择窗,在"属性"栏中,修改"底高度"参数值,调整窗户的窗台高。各窗的窗台高为 C5:900mm、C7:1000mm、C8:900mm。

（10）绘制板:单击选项卡"建筑"→"楼板:建筑"命令,进入楼板绘制模式后,在属性栏中选择"楼板:常规—100mm",绘制如图 3-129 所示的楼板轮廓。

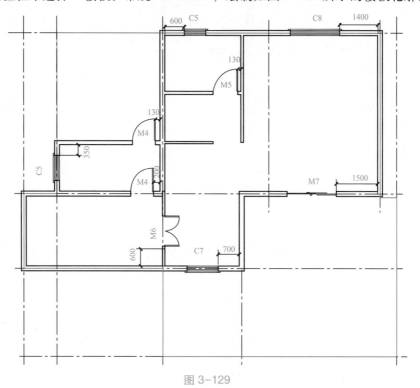

图 3-129

（11）完成轮廓绘制后，单击"完成绘制"命令创建三层楼板，结果如图 3-130 所示。

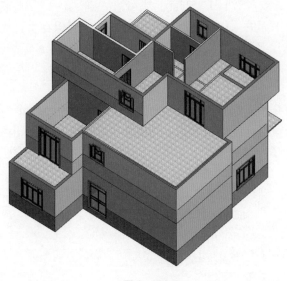

图 3-130

【提示】楼板轮廓必须是闭合回路，假如编辑后无法完成楼板，检查轮廓线是否有未闭合或重叠的情况。

（12）单击"项目浏览器"中的"楼层平面"下的"3F"，打开三层平面，绘制剖面视图。

（13）单击"视图"选项卡→"创建"面板→"剖面"命令，在 C、D 轴线中间绘制一根剖面线，调整剖面的可视范围，如图 3-131 所示。

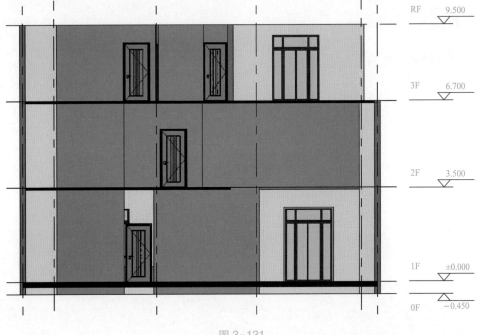

图 3-131

（14）在"项目浏览器"中，在新建的"剖面（建筑剖面）"视图中，将"剖面1"重命名为"1-1"，双击"1-1"剖面，则可进入到"1-1"剖面视图。

至此本案例三层平面的主体都已经绘制完成，完成后保存文件为"三层模型.rvt"。

3.6.4　小结

本节深入浅出地介绍了 Revit 软件中视图范围、可见性的功能，在模型创建过程中，设置好视图范围、隐藏与可见性可大大提高建模效率。Revit 模型根据建模细度可实现不同的效果，需要控制好一定的工作细度，太细会造成工作的任务的加大，太粗则无法有效呈现 BIM 的效果。二维中需单独绘制立面视图，但在 Revit 中直接绘制剖面线后，可直接生成剖面，如果达到设计要求，则可直接用于出剖面视图。下一节将介绍幕墙的设计及编辑。

3.7　幕墙设计

概述：幕墙是现代建筑设计中被广泛应用的一种建筑外墙，由幕墙网格、竖梃和幕墙嵌板组成。其需附着于建筑结构上，但不承担建筑的楼板或屋顶荷载。在 Revit 中，根据幕墙的复杂程度分常规幕墙、规则幕墙系统和面幕墙系统三种创建幕墙的方法。

常规幕墙是墙体的一种特殊类型，其绘制方法和常规墙体相同，并具有常规墙体的各种属性，可以像编辑常规墙体一样用"附着""编辑立面轮廓"等命令编辑常规幕墙。规则幕墙系统和面幕墙系统可通过创建体量或常规模型来绘制，主要对于幕墙数量、面积较大或不规则曲面时使用。此小节主要讲常规幕墙的创建。

3.7.1　创建玻璃幕墙、跨层窗

幕墙四种默认类型：幕墙、外部玻璃、店面与扶手，如图 3-132 所示。

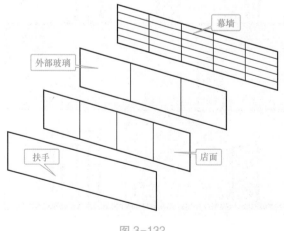

图 3-132

对于上述四种类型的幕墙类型，均可通过幕墙网格、竖梃以及嵌板三大组成元素来进行设置，本节主要以幕墙为例。

单击"建筑"选项卡→"构建"面板→"墙：建筑"→"属性"框中选择"幕墙"类型→绘制幕墙→编辑幕墙。幕墙的绘制方式和墙体绘制相同，但是幕墙比普通墙多了部分参数的设置。

1. 类型属性

绘制幕墙前，单击"属性"框中的"编辑类型"，在弹出的"类型属性"对话中设置幕墙参数，如图 3-133 所示。主要需要设置"构造""垂直网格样式""水平网格样式""垂直竖梃"和"水平竖梃"几大参数。"复制"和"重命名"的使用方式和其他构件一致，可用于创建新的幕墙以及对幕墙重命名。

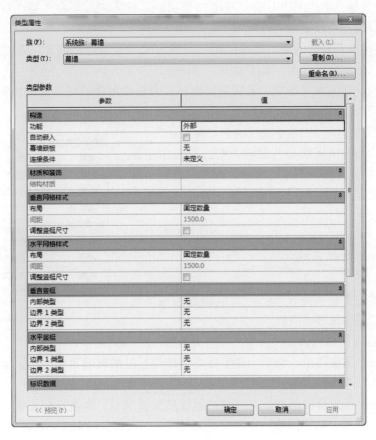

图 3-133

（1）构造：主要用于设置幕墙的嵌入和连接方式。勾选"自动嵌入"，则在普通墙体上绘制的幕墙会自动剪切墙体，如图 3-134 所示。

"幕墙嵌板"中，单击"无"中的下拉框，可选择绘制幕墙的默认嵌板，一般幕墙的默认选择为"系统嵌板：玻璃"。

（2）垂直网格与竖直网格样式：用于分割幕墙表面，用于整体分割或局部细分幕墙嵌板。根据其"布局方式"可分为"无""固定数量""固定距离""最大间距"和"最小间距"五种方式。

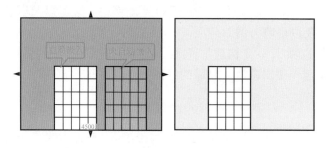

图 3-134

1）无：绘制的幕墙没有网格线，可在绘制完幕墙后，在幕墙上添加网格线。

2）固定数量：不能编辑幕墙"间距"选项，可直接利用幕墙"属性"框中的"编号"来设置幕墙网格数量。

3）固定距离、最大间距、最小间距：三种方式均是通过"间距"来设置，绘制幕墙时，多用"固定数量"与"固定距离"两种。

（3）垂直竖梃与水平竖梃：设置的竖梃样式会自动在幕墙网格上添加，如果该处没有网格线，则该处不会生成竖梃。

2. 实例属性

玻璃幕墙的实例属性与普通墙类似，只是多了垂直/水平网格样式，如图 3-135 所示。编号只有网格样式设置成"固定距离"时才能被激活，编号值即等于网格数。

垂直网格样式	⋀
编号	4
对正	起点
角度	0.000°
偏移量	0.0
水平网格样式	⋀
编号	4
对正	起点
角度	0.000°
偏移量	0.0

图 3-135

3.7.2　编辑玻璃幕墙

编辑玻璃主要包括两方面：一是编辑幕墙网格线段与竖梃；二是编辑幕墙嵌板。

1. 编辑幕墙网格线段。

在三维或平面视图中，绘制一段带幕墙网格与竖梃的玻璃幕墙，样式自定，转到三维视图中，如图 3-136 所示。

将光标移至某根幕墙网格处，待网格虚线高亮显示时，单击鼠标左键，选中幕墙网格，则出现"修改｜幕墙网格"上下文选项卡，单击"幕墙网格"面板中的"添加/删除线段"。此时，单击选中幕墙网格中需要断开的该段网格线，再单击删除网格线的地方又可添加网格线，如图 3-137 所示。类型属性中设置了幕墙竖梃后，添加或删除幕墙网格线，同步会添加/删除幕墙竖梃。

不选中幕墙，同样可以添加幕墙网格，单击"建筑"选项卡→"构建"面板→"幕墙网格"或"竖梃"命令，在弹出的"修改｜放置 幕墙网格（竖梃）"上下文选项卡的"放置"面板中，如图 3-138 和图 3-139 所示，可以选择网格或竖梃的放置方式。

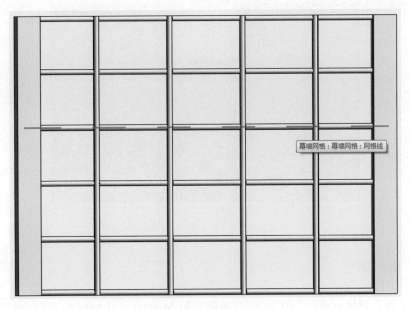

图 3-136

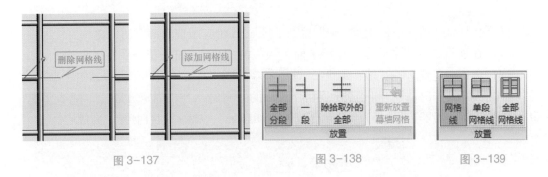

图 3-137 图 3-138 图 3-139

（1）放置幕墙网格：

1）全部分段：单击添加整条网格线。

2）一段：单击添加一段网格线，从而拆分嵌板。

3）除拾取外的全部：单击先添加一条红色的整条网格线，再单击某段删除，其余的嵌板添加网格线。

（2）放置幕墙竖梃：

1）网格线：单击一条网格线，则整条网格线均添加竖梃。

2）单段网格线：在每根网格线相交后，形成的单段网格线处添加竖梃。

3）全部网格线：全部网格线均加上竖梃。

2. 编辑幕墙嵌板。

将鼠标放在幕墙网格上，通过多次切换 Tab 键选择幕墙嵌板，如图 3-140 所示，选中后，在"属性"框中的"类型选择器"，可直接修改幕墙嵌板类型，如果没有所需类型，可通过载入族库中的族文件或新建族载入到项目中。

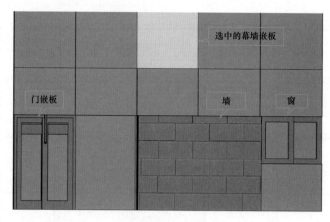

图 3-140

3.7.3　案例操作

建模思路：打开幕墙绘制楼层→"建筑"选项卡→"构建"面板→"墙"下拉按钮→"墙：建筑"命令→"属性"框中选择幕墙→绘制幕墙→重命名幕墙→编辑幕墙。

创建过程：

打开上节保存的"三层模型.rvt"文件，下面开始应用玻璃幕墙的创建。

（1）在项目浏览器中双击"楼层平面"项下的"1F"，打开首层平面视图。

（2）单击"建筑"→"墙：建筑"，选择幕墙类型"幕墙C2"，单击"编辑类型"命令，设置"垂直网格样式"和"水平网格样式"的"布局"为"固定数量"，"垂直竖梃"和"水平竖梃"类型全部选择为"矩形竖梃：50×100mm"，如图3-141所示，完成后确定。

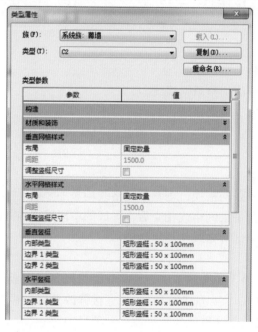

图 3-141

（3）在属性栏设置相应参数，如图 3-142 所示。在 7 轴与 B 轴和 D 轴相交处的墙上单击一点，拖动鼠标向上移动，使幕墙宽度为 1500，调整幕墙位置使幕墙间距 B 轴线距离为 900mm，单击双向箭头调整幕墙的外方向。

【知识点解析】幕墙属性栏中的"垂直网格样式""水平网格样式"项中的"编号"分别表示幕墙垂直网格线和水平网格线的数目（不包含外边界）。

（4）编辑幕墙。切换到三维视图，上述步骤完成后的幕墙如图 3-143 所示，将鼠标移动到幕墙的竖梃上，循环单击 Tab 键，至出现"幕墙网格：幕墙网格：网格线"的提示，单

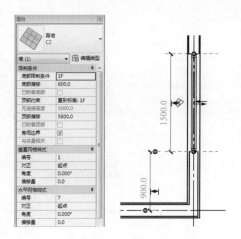

图 3-142

击鼠标选中网格线，出现"修改 | 幕墙网格"选项卡，单击"添加/删除线段"命令，再单击需要删除的网格线，则网格线和相应的竖梃同时被删除。

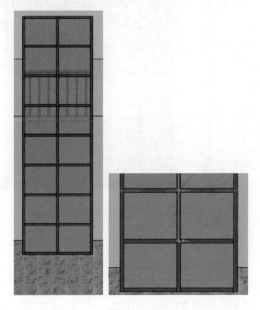

图 3-143

【常见问题剖析】如何修改幕墙竖梃的空间尺寸？

答：幕墙中的竖梃都是基于网格的基础上的，要调整竖梃的空间尺寸要用 Tab 键切换到网格，然后调整网格的临时尺寸，这样，竖梃的尺寸也随之修改好了。

【提示】出现下图所示警告时，可直接忽略关掉窗口。最后完成的幕墙如图 3-144 所示。

（5）切换到 2F 楼层平面视图，选择上述绘制的幕墙，单击"修改"面板的复制命令，制定幕墙的下端点为复制基点，垂直向上移动鼠标 2400mm 后单击放置幕墙。完成后，两块幕墙的三维效果如图 3-145 所示。

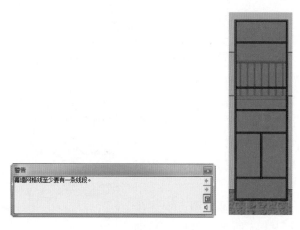

图 3-144

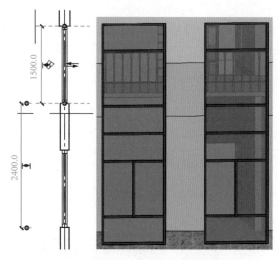

图 3-145

（6）放置西立面幕墙。选择幕墙类型"幕墙 C3"，在 1 轴与 C 轴和 D 轴相交处的墙上单击放置幕墙，并在属性栏调整位置，如图 3-146 所示。

（7）放置正立面跨层窗。单击"建筑"→"窗"，进入到 1F 平面中，选择窗类型"跨层窗 C1"，在 B 轴与 4 轴和 7 轴相交处的墙上单击放置跨层窗，并在属性栏修改参数"底高度：600"，如图 3-147 所示。

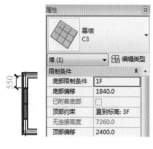

图 3-146

图 3-147

完成后的幕墙如图 3-148 所示。保存文件为"幕墙 . rvt"。

图 3-148

3.7.4　拓展练习

根据所给出的幕墙的尺寸，建立一个幕墙模型，中间门使用"幕墙嵌板—双开门"族，最终模型如图 3-149 所示。

建模思路：此题中的双开门使用"幕墙嵌板—双开门"替代幕墙嵌板。"建筑"选项卡→"构建"面板→"墙：建筑"命令→修改属性类型→布置幕墙网格和竖梃→替换嵌板。

创建过程：

（1）选择"建筑"选项卡下"墙"命令，画一道 10m×4m 的基本墙。然后在"属性栏"中选择幕墙，打开"类型属性"对话框，在构造下拉栏中勾选"自动嵌入"，如图 3-150 所示，在它的基础上建立一个尺寸为 4m×3m（长×高）的幕墙，如图 3-151所示。

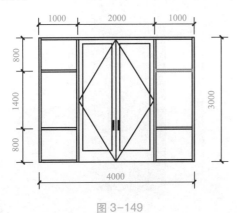

图 3-149

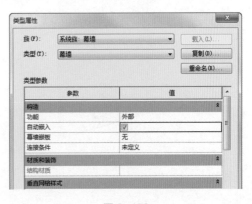

图 3-150

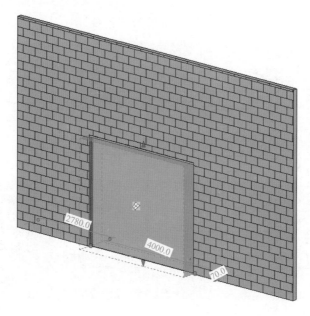

图 3-151

【提示】1）此处确定具体尺寸需要对临时尺寸进行修改。

2）自动嵌入：幕墙可自动嵌入到基本墙内。

【常见问题剖析】为什么在三维视图中无法绘制墙？

答：因为墙体需要基于一个面来绘制，在没有拾取一个工作平面之前，三维中无法确定此时基于哪个平面，通过"建筑"选项卡下"工作平面"面板中的"设置"，拾取需要绘制墙体的平面，再进行墙体绘制。

（2）进入"建筑"选项卡，根据原图的尺寸对幕墙进行网格和竖梃的布置，单击"幕墙网格"命令，按照题目所给尺寸建立网格，结果如图 3-152 所示。

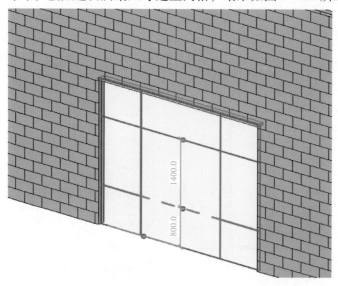

图 3-152

　　添加幕墙网格：删除中间段网格，将鼠标放置于网格附近，循环单击 Tab 键至选中网格（底部的状态栏会有提示），在屏幕正上方会出现 ⊟ 命令，单击鼠标删除选中删除的网格，完成后如图 3-153 所示。

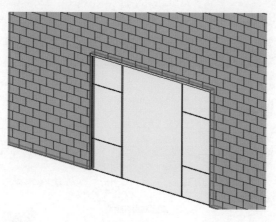

图 3-153

　　添加竖梃：竖梃是添加在网格上，选择"建筑"选项卡下的"竖梃"命令，单击上述绘制的网格即可成功添加竖梃，如图 3-154 所示。

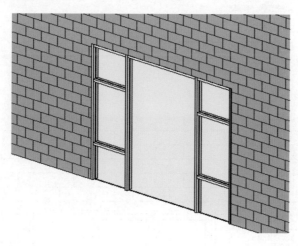

图 3-154

　　（3）将幕墙玻璃嵌板替换为门或窗：通过载入外部标准幕墙嵌板门窗族文件（已给定），先载入"幕墙嵌板—双开门"族文件，载入后用 Tab 键选中要替换的幕墙嵌板，注意查看左下角状态栏文字变化为 幕墙嵌板：系统嵌板：玻璃 表示选中幕墙嵌板，在"实例属性"中选择刚刚载入的"幕墙嵌板—双开门"族文件，如图 3-155 所示。最后的模型如图 3-156 所示。

　　【提示】将幕墙玻璃嵌板替换为门或窗，门窗必须使用幕墙嵌板门窗族来替换，与常规门窗不同。

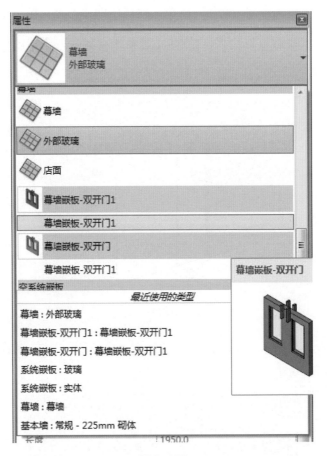

图 3-155

图 3-156

3.7.5　小结

本节以详细的案例操作步骤介绍了幕墙的各种绘制方式，幕墙主要是通过设置幕墙网格、幕墙嵌板和幕墙竖梃来进行设计。对于幕墙网格，可采用手动编辑和自动生成幕墙网格两种方式，对幕墙的造型进行各种编辑。灵活使用幕墙工具，可以创建任意复杂形式的幕墙样式，并可以使用幕墙创建诸如弧形窗等复杂造型构件。下一节将介绍屋顶的创建。

3.8　屋顶的创建

屋顶是房屋最上层起覆盖作用的围护结构，功能是用于抵御自然界的风雪霜雨、太阳辐射、气温变化以及其他不利因素。根据屋顶排水坡度的不同，常见的有平屋顶、坡屋顶两大类，坡屋顶具有更好的排水效果。在 Revit 中提供了多种建模工具，例如迹线屋顶、拉伸屋顶、面屋顶、玻璃斜窗等。此外，对于一些特殊造型的屋顶，还可以通过内建模型的工具来创建。

3.8.1　创建迹线屋顶

对于大部分的屋顶绘制，均是通过"建筑"选项卡→"构建"面板→"屋顶"下拉列表→选择绘制命令，如图 3-157 所示。其包括"迹线屋顶""拉伸屋顶"和"面屋顶"三种屋顶的绘制方式。

选择"迹线屋顶"，迹线屋顶即是通过绘制屋顶的各条边界线，为各边界线定义坡度的过程。

1. 上下文选项卡设置

选择"迹线屋顶"命令后，进入绘制屋顶轮廓草图模式。绘图区域自动跳转至"创建屋顶迹线"上下文选项卡，如图 3-158 所示。其绘制方式除了边界线的绘制，还包括坡度箭头的绘制。

（1）边界线绘制方式。选项栏设置：屋顶的边界线绘制方式

图 3-157

和其他构件类似，在绘制前，在"选项栏"中勾选"定义坡度"，如图 3-159 所示，则绘制的每根边界线都是定义了坡度值，或选中边界线，在"属性"中单击角度值设置坡度值。"偏移量"是相对于拾取线的偏移值；"悬挑"是用于"拾取墙"命令，是对于拾取墙线的偏移。

图 3-158

图 3-159

【操作技巧】使用"拾取墙"命令时，使用 Tab 键切换选择，可一次选中所有外墙绘制楼板边界。

（2）坡度箭头绘制方式。除了通过边界线定义坡度来绘制屋顶，还可通过坡度箭头绘制。其边界线绘制方式和上述所讲的边界线绘制一致，但用坡度箭头绘制前需取消勾选"定义坡度"，通过坡度箭头的方式来指定屋顶的坡度，如图 3-160 所示。

上图所绘制的坡度箭头，需在坡度"属性"框中设置坡度的"最高/低处标高"以及"头/尾高度偏移"，如图 3-161 所示。完成后勾选"完成编辑模式"，完成后的屋顶平面与三维视图，如图 3-162 所示。

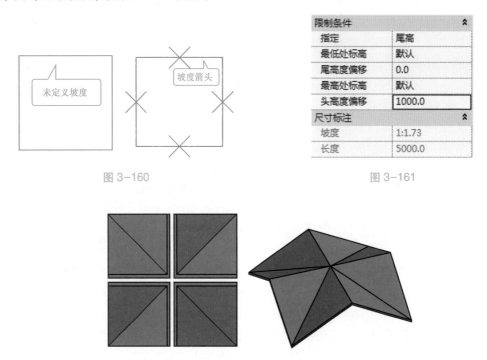

图 3-160　　　　　　　　　　　　　　图 3-161

图 3-162

2. 实例属性设置

对于用"边界线"方式绘制的屋顶，在"属性"框中与其他构件不同的是，多了截断标高、截断偏移、椽截面以及坡度四个概念，如图 3-163 所示。

【知识点解析】

（1）截断标高：指屋顶顶标高到达该标高截面时，屋顶会被该截面剪切出洞口，例如 2F 标高处截断。

（2）截断偏移：截断面在该标高处向上或向下的偏移值，例如 100mm。

（3）椽截面：指的是屋顶边界处理方式，包括垂直截面、垂直双截面与正方形双截面。

（4）坡度：各根带坡度边界线的坡度值。

图 3-164 为绘制的屋顶边界线，单击坡度箭头可调整坡度值，图 3-165 为所生成的屋顶。根据整个的屋顶的生成过程，可以看出，屋顶是根据所绘制的边界线，按照坡度值形成一定角度向上延伸而成。

图 3-163

图 3-164

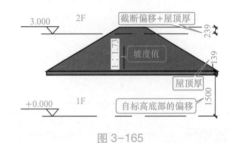

图 3-165

3.8.2　编辑迹线屋顶

绘制完屋顶后，还可选中屋顶，在弹出的"修改丨屋顶"上下文选项卡中的模式面板中，选中"编辑迹线"命令，可再次进入到屋顶的迹线编辑模式。对于屋顶的编辑，还可利用"修改"选项卡下→"几何图形"面板→"连接/取消连接屋顶" 命令，连接屋顶到另一屋顶或墙上，如图 3-166 所示。

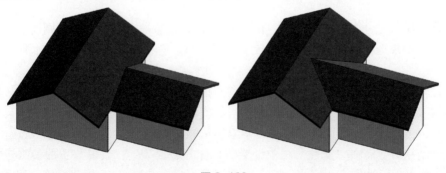

图 3-166

【提示】需先选中需要去连接的屋顶边界，再去选择连接到的屋顶面。

3.8.3　创建拉伸屋顶

拉伸屋顶主要是通过在立面上绘制拉伸形状，按照拉伸形状在平面上拉伸而形成，拉伸屋顶的轮廓是不能在楼层平面上进行绘制。

建模思路：绘制参照平面→点击拉伸屋顶命令→选择工作平面→绘制屋顶形状线→完成屋顶→修剪屋顶。

创建过程：单击"建筑"选项卡→"构建"面板→"屋顶"下拉列表→"拉伸屋顶"命令，如果初始视图是平面，则选择"拉伸屋顶"后，会弹出"工作平面"对话框，如图 3-167 所示。

拾取平面中的一条直线，则软件自动跳转至"转到视图"界面，如图 3-168 所示，在平面中选择不同的线，软件弹出的"转到视图"中供选择的立面是不同的。

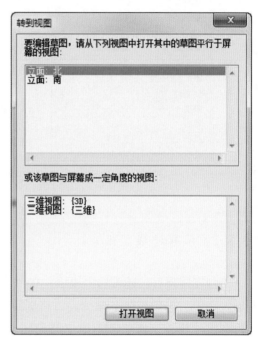

图 3-167　　　　　　　　　　　　　　　图 3-168

如果选择水平直线，则跳转至"南、北"立面；如果选择垂直线，则跳转至"东、西"立面；如果选择的是斜线，则跳转至"东、西、南、北"立面，同时三维视图均可跳转。

选择完立面视图后，软件弹出"屋顶参照标高和偏移"对话框，在对话框中设置绘制屋顶的参照标高以及参照标高的偏移值，如图 3-169 所示。

此时，可以开始在立面或三维视图中绘制屋顶拉伸截面线，无需闭合，如图 3-170 所示。绘制完后，需在"属性"框中设置"拉伸的起点/终点"（其设置的参照与最初弹出的"工作平面"选取有关，均是以"工作平面"为拉伸参照）、椽截面等，如图 3-171

所示；同时在"编辑类型"中设置屋顶的构造、材质、厚度、粗略比例填充样式等类型属性，完成后的屋顶平面图，如图 3-172 所示。

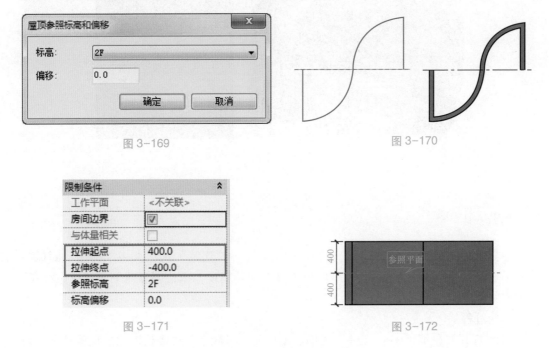

图 3-169　　　　　　　　　　　　　　　　　图 3-170

图 3-171　　　　　　　　　　　　　　　　　图 3-172

【操作技巧】对于屋顶的水平拉伸起点和拉伸终点的设置，可参照图 3-173。如果为竖直拉伸，向上拉为正，向下拉为负。

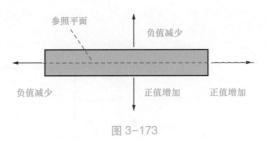

图 3-173

3.8.4　编辑拉伸屋顶

修剪屋顶功能是用于屋顶延伸到最远处的墙体时，修剪屋顶至一定长度，则需利用"连接/取消连接屋顶"命令 调整屋顶的长度，如图 3-174 所示。

3.8.5　创建面屋顶

面屋顶的创建，需要拾取体量图元或常规模型族的面生成屋顶。对于体量和常规模型的创建详见第五章。

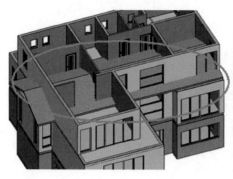
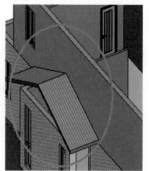

图 3-174

3.8.6 案例操作

建模思路：根据屋顶样式，选择屋顶绘制方式→"建筑"选项卡→"构建"面板→"屋顶"下拉列表→迹线屋顶，绘制屋顶边界（拉伸屋顶，则绘制参照平面与拉伸轮廓）→编辑屋顶。

创建过程：

（1）打开"幕墙．rvt"文件，在创建屋顶前，将最后一块楼板即顶层楼板补上。在项目浏览器中双击"楼层平面"项下的"RF"，打开顶层平面视图。

（2）单击"建筑"→"楼板：建筑"命令，在顶层平面视图中绘制图 3-175 所示的顶层楼板轮廓，在属性栏中选择"楼板 常规—100mm"，点击完成编辑按钮，完成绘制。

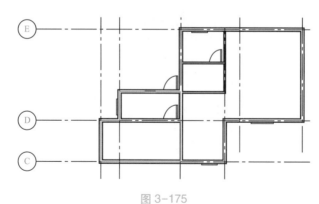

图 3-175

（3）按住"Ctrl"键，选中与上述所绘制楼板相交的五面墙（除去右边纵向的一面墙），修改"顶部偏移"为"400"。

（4）在 RF 平面中，选择"建筑"选项卡→"构建"面板→"屋顶"下拉列表→"迹线屋顶"命令，在"绘制"面板中选择"拾取线"命令，在选项栏中勾选"定义坡度"，设置"偏移量"为"500"，即 ☑定义坡度　偏移量: 500 在属性栏中选择"基本屋顶：常规—100mm”，并修改限制条件"自标高的底部偏移"参数值为"400"，绘制迹线轮廓图，如图 3-176 所示。完成后在属性栏中设置"坡度"为"1：2"，单击完成编辑按钮，完成屋顶绘制，切换到三维视图中，结果如图 3-177 所示。

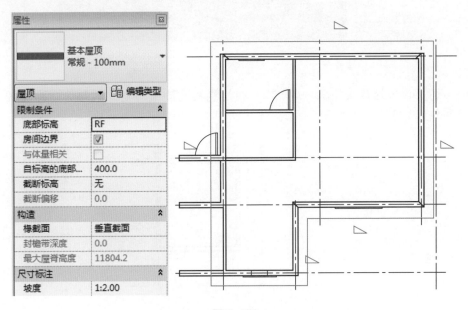

图 3-176

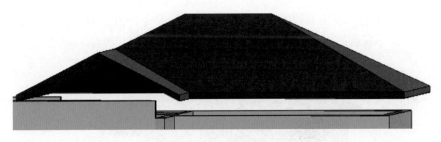

图 3-177

【提示】绘制 C 轴上的屋顶迹线（图 3-176 中最下方的水平迹线）时，取消勾选定义坡度。有坡度的线会在线上出现一个红色三角形，取消坡度后红色三角形会消失。

（5）观察上述所创建的屋顶，发现屋顶并没有同下方墙体连接，不符合现实情况。按住"Ctrl"键，选中上述所绘制屋顶包络住的墙，单击"修改墙"面板的"附着顶部/底部"命令后，在选项栏中选择"顶部"　附着墙：⦿顶部 ○底部　，再单击上述绘制的屋顶，则墙顶部发生偏移而附着到屋顶上，如图 3-178 所示。

（6）接上节练习，在项目浏览器中双击"楼层平面"项下的"3F"，打开三层平面视图。单击"建筑"选项卡"屋顶"下拉菜单选择"迹线屋顶"命令，进入绘制屋顶轮廓迹线草图模式。

（7）屋顶类型仍选择"基本屋顶：常规—100mm"。在"绘制"面板选择"拾取线"命令，同之前操作，在选项栏中设置偏移量 500，在绘制纵向迹线时勾选"定义坡

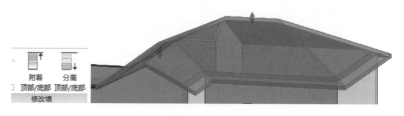

图 3-178

度"选项，并设置坡度大小为"1：2"。在绘制横向迹线时则取消勾选"定义坡度"，屋顶迹线轮廓如图 3-179 所示。

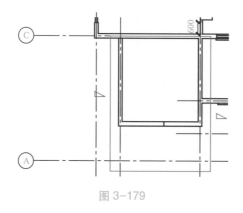

图 3-179

（8）同前所述选择屋顶下的墙体，选择"附着"命令，拾取刚创建的屋顶，将墙体附着到屋顶下。完成后的屋顶如图 3-180 所示，保存文件为"屋顶.rvt"。

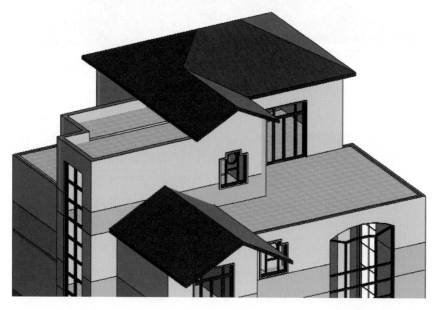

图 3-180

上述屋顶也可通过"拉伸"功能创建，读者可自行尝试。

3.8.7　拓展练习

根据给定的投影尺寸创建如图 3-181 所示屋顶，屋顶板厚度取 200mm。

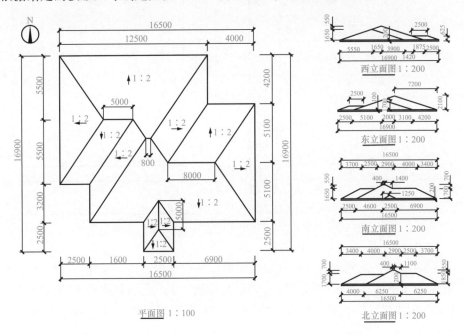

图 3-181

建模思路：本题要求绘制一个多面的斜坡屋顶，使用"迹线屋顶"绘制，屋顶各边长度及坡度已知，横向的屋顶坡度均为 1∶3，纵向的屋顶坡度均为 1∶2。

创建过程：

（1）在项目浏览器中：点击展开"视图—楼层平面"，双击"2F"，进入 2F 楼层平面，选择"建筑"选项卡下的"屋顶"下拉三角形中的"迹线屋顶"如图 3-182 所示，按照题目给的尺寸绘制屋顶轨迹，结果如图 3-183 所示。

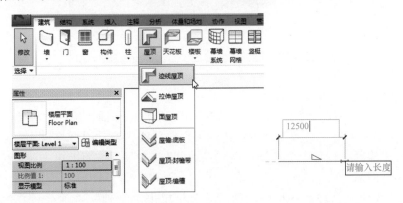

图 3-182

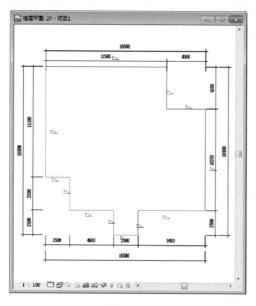 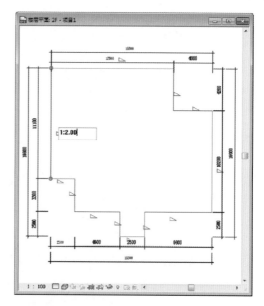

图 3-183　　　　　　　　　　　　　图 3-184

（2）设置坡度：按照题目所示意的坡度给每条边添加坡度。选中一条屋顶迹线，会有对应坡度的显示（状态栏中默认勾选"定义坡度"），点击数值做出相应修改，横向为 1∶3，竖向则为 1∶2，如图 3-184 所示。点击"完成"命令 ✔，退出编辑模式，三维效果如图 3-185 所示。

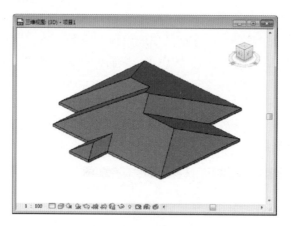

图 3-185

（3）添加尺寸标注：转到屋顶的平面视图即 2F 楼层平面，选择"注释"选项卡下"尺寸标注"面板中的"对齐"命令，选择屋顶轮廓线，拖动鼠标将尺寸标记放置到合适位置。在"注释"选项卡下选择"高程点坡度"，在屋顶坡面上单击放置标记。完成后如图 3-186 所示。

【提示】系统默认坡度的单位为度"°"，可单击"管理"选项卡→"项目单位"，打开"项目单位"对话框，如图 3-187 所示，单击坡度后的示例数值，进入格式对话框，依次将"单位""舍入""单位符号"分别改为"1∶比""0 个小数位""1∶"，如

图 3-188 所示。

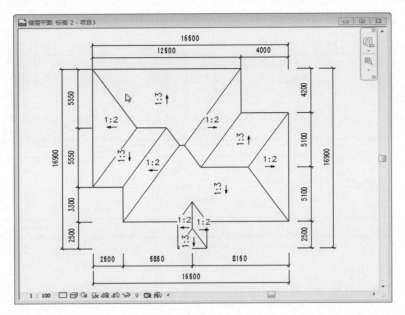

图 3-186

图 3-187

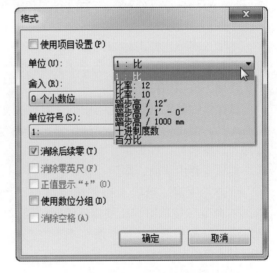

图 3-188

（4）检验作图的准确性：点击进入立面视图，可以和题中对应的立面视图进行对照，检验作图的准确性如图 3-189 所示。

3.8.8　小结

本节以小别墅模型的屋顶以及拓展练习为案例，详细介绍了屋顶的创建方法。对于屋顶，可采用迹线、拉伸屋顶的方法绘制。其中对于迹线屋顶，除了常用的指定轮廓边

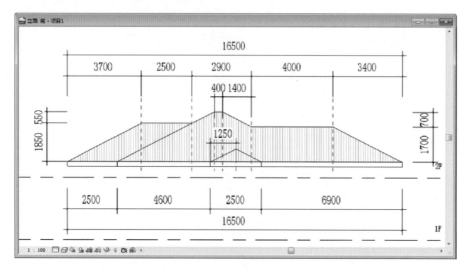

图 3-189

界线坡度生成复杂坡屋顶，使用拉伸屋顶可生成任意形状的屋顶模型外，还可使用坡度箭头工具生成带坡度的斜楼板。下一节开始讲解扶手、楼梯、台阶和坡道的创建。

3.9　扶手、楼梯、台阶和坡道的创建

概述：本节主要讲述如何在 Reivt 软件中用多种方法创建扶手、楼梯、台阶以及坡道，并根据项目实际需要，定义不同的扶手、楼梯、坡道的类型，生成不同形式的扶手、楼梯、坡道构件。

楼梯作为建筑垂直交通当中的主要解决方式，高层建筑尽管采用电梯作为主要垂直交通工具，但是仍然要保留楼梯供紧急时逃生之用。楼梯按梯段可分为单跑楼梯、双跑楼梯和多跑楼梯；梯段的平面形状有直线的、折线的和曲线的，楼梯的种类和样式多样。楼梯主要由踢面、踏面、扶手、梯边梁以及休息平台组成，如图 3-190 所示。

单击"建筑"选项卡→"楼梯坡道"面板→"楼梯"下拉列表→"楼梯（按草图）"命令（按草图相比按构件绘制的楼梯修改更灵活），进入绘制楼梯草图模式，自动激活"修改｜创建楼梯草图"上下文选项卡，选择"绘制"面板下的"梯段"命令，即可开始直接绘制楼梯。

1. 实例属性

在"属性"框中，主要需要确定"楼梯类型""限制条件"和"尺寸标高"三大内容，如图 3-191 所示。根据设置的"限制条件"可确定楼梯的高度（1F 与 2F 间高度为 4m），"尺寸标注"可确定楼梯的宽度、所需踢面数以及实际踏板深度，通过参数的设定软件可自动计算出实际的踏步数和踢面高度。

2. 类型属性

单击"属性"框中的"编辑类型"，在弹出的"类型属性"对话框中，主要设置楼梯的"踏板""踢面"与"梯边梁"等参数，如图 3-192 所示。

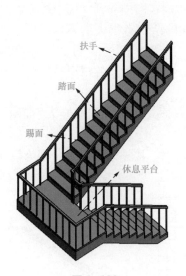

图 3-190

图 3-191

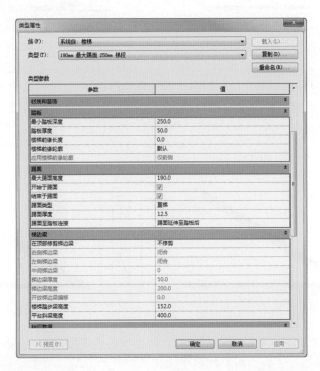

图 3-192

【提示】如果"属性"框中指定的实际踏板深度值小于"最小踏板深度",将显示一条警告。

(1)开始于踢面:如果选中,将向楼梯开始部分添加踢面。请注意,如果清除此复选框,则可能会出现有关"实际踢面数超出所需踢面数"的警告。要解决此问题,请选中"结束于踢面",或修改所需的踢面数量。

(2)结束于踢面:如果选中,则将向楼梯末端部分添加踢面。如果清除此复选框,则会删除末端踢面,勾选后需要设置"踢面厚度"才能在图中看到结束于踢面。

勾选与不勾选"开始/结束于踢面"对整个楼梯的绘制有很大的不同,以下四幅图中,板 1 和板 2 相距 3500mm,"最小踏板深度"为 250mm,"最大踢面高度"为 160mm,踢面数设为 22,在勾选或不勾选"开始/结束于踢面"的情况下,对楼梯的影响情况:

1)最开始均不勾选,绘制有 23 个踏面,22 个踢面,楼梯可升至板 2,如图 3-193 所示。

2)勾选开始于踢面,绘制有 22 个踏面,22 个踢面,楼梯第一个台阶则为踢面,则楼梯升不到板 2 处,如图 3-194 所示。

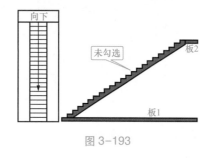
图 3-193

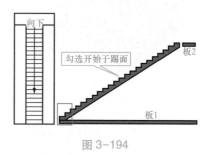
图 3-194

3)仅勾选结束于踢面,需要设置踢面和踏面的厚度,才能看到楼梯结束于踢面,绘制有 22 个踏面,其未升至板 2,原因是当前的踢面数已达到 22,如图 3-195 所示。

4)勾选两者,楼梯第一个台阶则为踢面,最后以踢面结束,21 个踏面,22 个踢面,如图 3-196 所示。

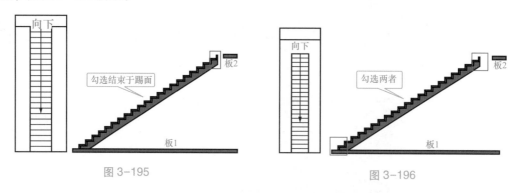

图 3-195　　　　　　　　　　　　图 3-196

【提示】"最大踢面高度"设置不同时,所生成的楼梯踢面数也不同。

完成楼梯的参数设置后,可直接在平面视图中开始绘制。单击"梯段"命令,捕捉平面上的一点作为楼梯起点,向上拖动鼠标后,梯段草图下方会提示"创建了 10 个踢面，剩余 13 个"。

　　单击"修改 | 楼梯>编辑草图"上下文选项卡→"工作平面"面板→"参照平面"命令，在距离第 10 个踢面 1000mm 处绘制一根水平参照平面，如图 3-197 所示。捕捉参照平面与楼梯中线的交点继续向上绘制楼梯，直到梯段草图下方提示"创建了 23 个踢面，剩余 0 个"。

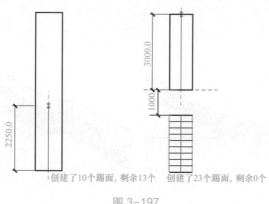

图 3-197

　　完成草图绘制的楼梯如图 3-198 所示，勾选"完成编辑模式"，楼梯扶手自动生成，即可完成楼梯。

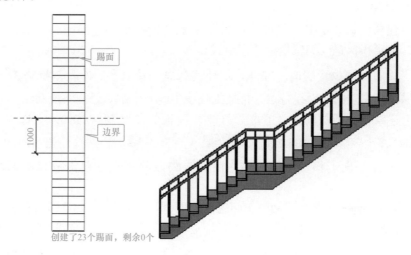

图 3-198

　　楼梯扶手除了可以自动生成，还可单独绘制。单击"建筑"选项卡→"楼梯坡道"面板→"扶手栏杆"下拉列表→"绘制路径"／"放置在主体上"。其中放置在主体上主要是用于坡道或楼梯。

　　对于"绘制路径"方式，绘制的路径必须是一条单一且连接的草图，如果要将栏杆扶手分为几个部分，请创建两个或多个单独的栏杆扶手。但是对于楼梯平台处与梯段处的栏杆是要断开的，如图 3-199 所示。

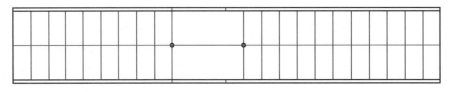

图 3-199

对于绘制完的栏杆路径，需要单击"修改 | 栏杆扶手"上下文选项卡→"工具"面板→"拾取新主体"，或设置偏移值，才能使得栏杆落在主体上，如图 3-200 所示。

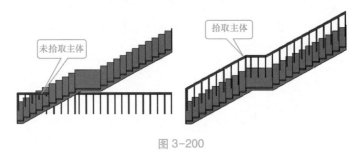

图 3-200

3.9.1　编辑楼梯和栏杆扶手

1. 编辑楼梯

选中"楼梯"后，单击"修改 | 楼梯"上下文选项卡→"模式"面板→"草图绘制"命令，又可再次进入编辑楼梯草图模式。

单击"绘制"面板"踢面"命令，选择"起点—终点—半径弧"命令，单击捕捉第一跑梯段最右端的踢面线端点，再捕捉弧线中间一个端点绘制一段圆弧。

选择上述绘制的圆弧踢面，单击"修改"面板的"复制"按钮，在选项栏中勾选"约束"和"多个"，修改 | 编辑草图　☑约束　☐分开　☑多个 。选择圆弧踢面的端点作为复制的基点，水平向上移动鼠标，在之前直线踢面的端点处单击放置圆弧踢面，如图 3-201 所示。

在放置完第一跑梯段的所有圆弧踢面后，按住 Ctrl 键选择第二跑梯段所有的直线踢面，按 Delete 键删除，如图 3-202 所示。单击"完成编辑"命令，即创建圆弧踢面楼梯。

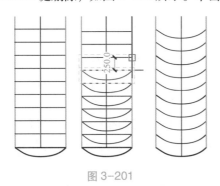

图 3-201

图 3-202

【提示】楼梯采用按草图的方法绘制时，楼梯按踢面来计算台阶数，楼梯的宽度不包含梯边梁，边界线为绿线，可改变楼梯的轮廓，踏面线为黑色，可改变楼梯宽度。

对于楼梯边界，类似地单击"绘制"面板上的"边界"命令进行修改，如图 3-203 所示。

2. 编辑栏杆扶手

完成楼梯后，自动生成栏杆扶手，选中栏杆，在"属性"栏的下拉列表中可选择其他扶手替换。如果没有所需的栏杆，可通过"载入族"的方式载入。

选择扶手后，单击"属性"框→"编辑类型"→"类型属性"，如图 3-204 所示。

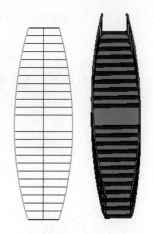

图 3-203

（1）扶栏结构（非连续）：单击扶栏结构的"编辑"按钮，打开"编辑扶手"对话框，如图 3-205 所示。可插入新的扶手，"轮廓"可通过"轮廓族"载入选择，对于各扶手可设置其名称、高度、偏移、材质等。

类型属性		
族(F)：	系统族：栏杆扶手 ▼	载入(L)...
类型(T)：	1100mm 圆管 ▼	复制(D)...
		重命名(R)...

类型参数

参数	值
构造	
栏杆扶手高度	1100.0
扶栏结构(非连续)	编辑...
栏杆位置	编辑...
栏杆偏移	-25.0
使用平台高度调整	否
平台高度调整	0.0
斜接	添加垂直/水平线段
切线连接	无连接件
扶栏连接	修剪
顶部扶栏	
高度	1219.2
类型	无
扶手 1	
侧向偏移	
高度	
位置	无
类型	无
扶手 2	
侧向偏移	
高度	
位置	无
类型	无

设置栏杆扶手，用以新增扶手

《 预览(P)　　　确定　　取消　　应用

图 3-204

（2）栏杆位置：单击栏杆位置"编辑"按钮，打开"编辑栏杆位置"对话框，如

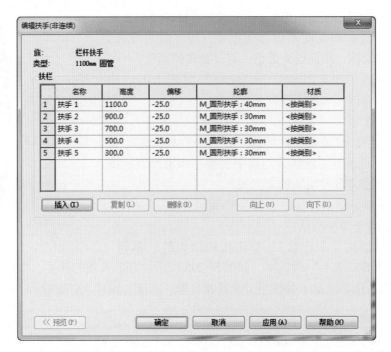

图 3-205

图 3-206 所示。可编辑 1100mm 圆管的"栏杆族"的族轮廓、偏移等参数。

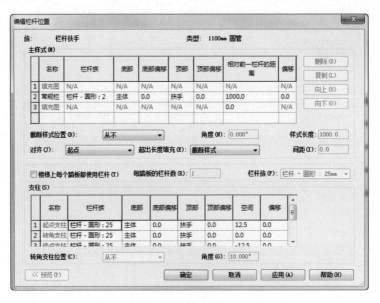

图 3-206

（3）栏杆偏移：栏杆相对于扶手路径内侧或外侧的距离。如果为-25mm，则生成的栏杆距离扶手路径为 25mm，方向可通过"翻转箭头"控件控制，如图 3-207 所示。

【常见问题剖析】在绘制楼梯时自动生成的扶手问题。

答：选中要连接的扶手，进行编辑操作，将扶手路径拉长，再在楼梯踏板和楼板交界处用拆分命令将扶手路径切断，这样延长一段的扶手可自动落在楼梯上。

图 3-207

3.9.2　案例操作

建模思路：确定楼梯的踢面、踏面数、梯段宽等→绘制参照平面→"建筑"选项卡→"楼梯坡道"→"楼梯"下拉列表→"楼梯（按草图）"→绘制楼梯→编辑楼梯与栏杆。

创建过程：

（1）"梯段"命令是创建楼梯最常用的方法，本案例以绘制 U 形楼梯为例，详细介绍楼梯的创建方法。接上节练习，在项目浏览器中双击"楼层平面"项下的"1F"，打开首层平面视图。

（2）单击"建筑"选项卡"楼梯坡道"面板"楼梯（按草图）"命令，进入绘制草图模式。

（3）绘制参照平面：在 2-3 与 C-D 轴网之间绘制，单击"工作平面"面板"参照平面"命令或快捷键 RP，如图 3-208 所示，在一层楼梯间绘制三条参照平面，并用临时尺寸精确定位参照平面与墙边线的距离。其中，上下两条水平参照平面到墙边线的距离 590mm，其为楼梯梯段宽度的一半。

（4）楼梯实例参数设置：在"属性"框中选择楼梯类型为"整体式楼梯"，设置楼梯的"基准标高"为1F，"顶部标高"为2F，梯段"宽度"为1180、"所需踢面数"为21、"实际踏板深度"为260，如图 3-209 所示。

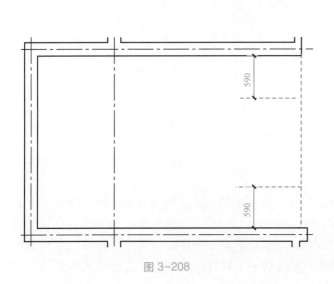

图 3-208

图 3-209

（5）楼梯类型参数设置：在"属性"栏中单击"编辑类型"打开"类型属性"对话框，在"梯边梁"项中设置参数"楼梯踏步梁高度"为80，"平台斜梁高度"为100。在"材质和装饰"项中设置楼梯的"整体式材质"参数为"大理石抛光"。在"踢面"项中设置"最大踢面高度"为180，勾选"开始于踢面"，不勾选"结束于踢面"。完成后单击"确定"关闭对话框。

（6）单击"梯段"命令，默认选项栏选择"直线"绘图模式，移动光标至下方水平参照平面右端位置，单击捕捉参照面与墙的交点作为第一跑起跑位置。

（7）向左水平移动光标，在起跑点下方出现灰色显示的"创建了11个踢面，剩余11个"的提示字样和蓝色的临时尺寸，如图3-210所示，表示从起点到光标所在尺寸位置创建了11个踢面，还剩余11个。单击捕捉该交点作为第一跑终点位置，自动绘制第一跑踢面和边界草图。

创建了11个踢面，剩余11个

图 3-210

（8）垂直向上移动光标到上方水平参照平面左端位置（此时会自动捕捉与第一跑终点平齐的点），单击捕捉作为第二跑起点位置。向右水平移动光标到矩形预览图形之外单击捕捉一点，系统会自动创建休息平台和第二跑梯段草图，如图3-211所示。

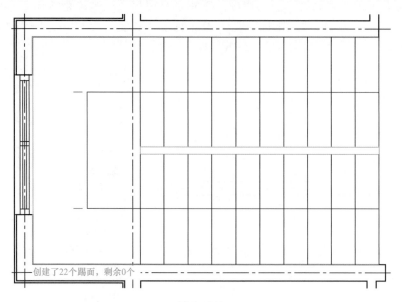

创建了22个踢面，剩余0个

图 3-211

（9）单击选择楼梯顶部的绿色边界线，鼠标拖拽其和左边的墙体内边界重合。单击"完成编辑"按钮，创建U形等跑楼梯。

（10）扶手类型。在创建楼梯的时候，Revit 会自动为楼梯创建栏杆扶手。要修改栏杆扶手，可选择上述创建楼梯时形成的栏杆扶手，从属性栏中选择需要的扶手类型（若没有，则可以用编辑类型命令，新建符合要求的类型）。这里，直接选用默认附带的栏杆扶手。同时选择靠近墙体内边界的栏杆扶手，按 Delete 键删除。

（11）其他层楼梯：接上节练习，在项目浏览器中双击"楼层平面"项下的"2F"，打开二层平面视图。类似于首层楼梯的创建，使用"楼梯（按草图）"→"梯段"命令，选择"楼梯 整体式楼梯"类型，修改"底部标高""顶部标高"和"所需踢面数"的参数设置，如图 3-212 所示。在与首层楼梯相同的平面位置，采用相同方法绘制 2F 到 3F 楼层的楼梯。

（12）从项目浏览器中双击"楼层平面 2F"进入 2F 平面视图，依次选择"建筑"选项卡→"楼梯坡道"面板→"栏杆扶手"→"绘制路径"。

（13）从属性栏类型选择器中选择"栏杆扶手：楼层"，设置"底部标高"为"2F"。选择"直线"绘制命令，以 4 轴和 D 轴上墙段的交点为起点，垂直向下移动至 B 轴上墙面边界单击结束，如下图 3-213 所示，单击绿色的"完成编辑"按钮。完成后的三维图如图 3-214 所示。

图 3-212

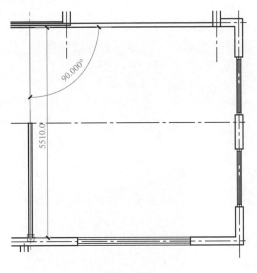

图 3-213

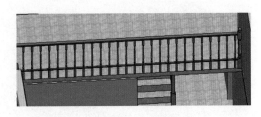

图 3-214

（14）切换到 3F 楼层平面视图，依次选择"建筑"选项卡→"楼梯坡道"面板→"栏杆扶手"命令→"绘制路径"，从"属性"框中的类型选择器中选择"栏杆扶手：中式扶手顶层"，设置"底部标高"为"3F"，在如图 3-215 所示的位置绘制直线（图中粉红色线段）。完成后的结果如图 3-216 所示。

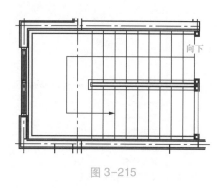

向下

图 3-215

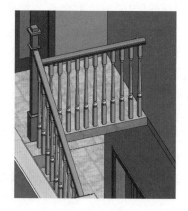

图 3-216

3.9.3　绘制洞口

绘制洞口时，除了部分构件，例如墙、楼板可"编辑边界"绘出洞口，还可使用"洞口"工具在墙、楼板、天花板、屋顶、结构梁、支撑和结构柱上剪切洞口。

单击"建筑"选项卡→"洞口"面板，洞口绘制的命令包括"按面""竖井""墙""垂直"和"老虎窗"。

1. 按面、垂直、竖井

主要用于创建一个垂直于屋顶、楼板或天花板选定面的洞口，均为水平构件。按面是针对某个平面，需在楼板、天花板或屋顶中选择一个面；垂直是也是针对选择整个图元；竖井则是在某个平面的垂直距离上均可被剪切，如图 3-217 所示。

对于用"竖井"命令，可通过"拉伸柄"拉伸竖井的剪切长度。

2. 墙

主要用于创建墙洞口，如图 3-218 所示。

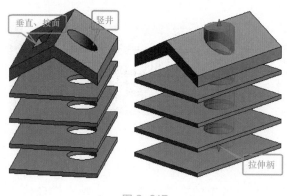

垂直、按面　竖井

拉伸柄

图 3-217

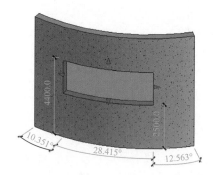

4400.0

2500.0

10.351°　28.415°　12.563°

图 3-218

选中绘制的"墙洞口"，可通过"拉伸柄"控制洞口的大小。

3. 老虎窗

可以用于剪切屋顶，主要用于生成老虎窗。

3.9.4　入口台阶与坡道

Revit 中没有专用的"台阶"命令，可以采用创建在位族、外部构件族、楼板边缘、甚至楼梯等方式创建各种台阶模型。本节讲述用"楼板边缘"命令创建台阶的方法。

1. 绘制入口台阶

单击"建筑"选项卡→"构建"面板→"楼板"下拉列表→"楼板边"命令。直接拾取绘制好的板边界即可生成"台阶"。可通过"载入族"的方式载入所需的"楼板边缘族"，如图 3-219 所示。

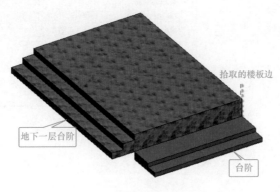

图 3-219

2. 绘制坡道

在 3.4.3 节中介绍了如何绘制带有坡度的楼板，此节将讲述如何绘制坡道，方法与绘制楼梯一致。可以在平面视图或三维视图绘制一段坡道或绘制边界线和踢面线来创建坡道。与楼梯类似，可以定义直梯段、L 形梯段、U 形坡道和螺旋坡道。还可以通过修改草图来更改坡道的外边界。

单击"建筑"选项卡→"楼梯坡道"面板→"坡道"命令，则在弹出的"修改 | 创建坡道草图"上下文选项卡中，可和楼梯一样，通过"梯段""边界"和"踢面"三种方式来创建坡道。

（1）实例属性。在"属性"对话框中，可设置坡道的"底部/顶部标高与偏移"以及坡道的宽度，如图 3-220 所示。"顶部标高"和"顶部偏移"属性的默认设置可能会使坡道太长。建议将"顶部标高"和"基准标高"都设置为当前标高，并将"顶部偏移"设置为较低的值。

（2）类型属性。单击"属性"框中"编辑类型"按钮，弹出"类型属性"对话框，如图 3-221 所示。

1）厚度：厚度只有在"造型"为"结构板"时才会亮显设置，如果为实体，则灰显。

2）最大斜坡长度：指定要求平台前坡道中连续踢面高度的最大数量。

图 3-220

图 3-221

3）坡道最大坡度（1/X）：设置坡道的最大坡度。

3.9.5　案例操作

建模思路：绘制楼板→进入到楼层平面→"建筑"选项卡→"洞口"面板→选择洞口绘制方式，绘制洞口→利用楼板边，绘制楼梯台阶→利用"楼梯坡道"面板中的"坡道"命令绘制坡道。

创建过程：

"竖井"命令是创建楼梯洞口最常用的方法，本节以绘制案例中的二、三层楼板的洞口为例，详细介绍楼梯洞口的创建方法。

（1）接上节练习，在项目浏览器中双击"楼层平面"选项下的"1F"，打开首层平面视图，找到楼梯间（即上述绘制楼梯的位置）。

（2）单击"建筑"选项卡→"洞口"面板→"竖井"命令，进入竖井边界绘制模式。如图 3-222 所示，在"属性"中设置竖井的"无连接高度"为 7000（这个高度只需达到三层板的高度，但不要超出三层屋顶的高即可），底部限制条件为 1F。绘制如图 3-223 的边界。

（3）单击"完成编辑"命令，切换到三维视图，在"属性"中的"范围"选项中，勾选"剖面框"，如图 3-224 所示，小别墅视图窗口出现如图 3-225 所示的线框，单击选中线框，拖动两个相对的三角形可以调整剖面框的范围，可以看到内部的楼梯，如图 3-226 所示。

图 3-222

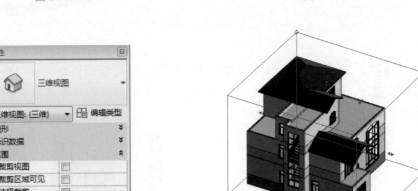

图 3-223

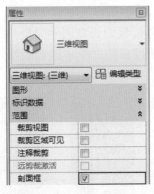

图 3-224

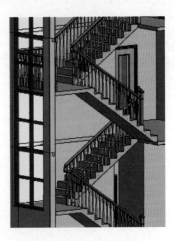

图 3-225

（4）在项目浏览器中双击"楼层平面"项下的"0F"，打开"楼层平面：0F"平面视图。首先绘制北面主入口处的室外楼板。单击"建筑"→"构建"→"楼板"命令 ，在"属性"栏中，选择楼板类型为"常规—450mm"，"自标高的高度偏移"设置为450，用"直线"命令绘制如图 3-227 所示楼板的轮廓，楼板左边界与墙外边界平齐，右边界与 4 号轴线平齐，宽度为1000mm。单击"完成编辑"，完成室外楼板。

（5）添加台阶。单击"建筑"选项卡"楼板"命令下拉菜单"楼板：楼板边"命令，从类型选择器中选择"楼板边缘—台阶"类型。

图 3-226

（6）移动光标到上述所绘制楼板的水平下边缘处，边线高亮显示时单击鼠标放置楼板边缘。用"楼板边缘"命令生成的台阶如图 3-228 所示。

【提示】如果楼板边的线段在角部相遇，它们会相互拼接。

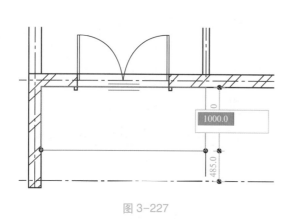

图 3-227　　　　　　　　　　　　　图 3-228

（7）类似地，创建北面的入口台阶。先绘制楼板，楼板的长宽边界参照与之紧密相邻的墙的外边界，如图 3-229 所示，完成绘制后，采用同样的命令"楼板边缘"放置台阶，结果如图 3-230 所示。

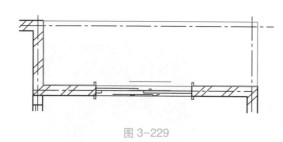

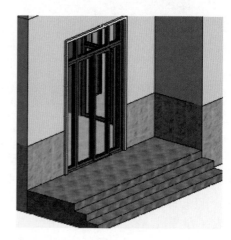

图 3-229　　　　　　　　　　　　　图 3-230

（8）接上节练习，在项目浏览器中双击"楼层平面"项下的"0F"，打开"楼层平面：0F"平面视图。

（9）单击"建筑"选项卡→"楼梯坡道"面板→"坡道"命令，进入绘制模式。在"属性"框中，设置参数"底部标高"为"0F"，"顶部标高"为"1F"，"底部偏移"和"顶部偏移"均为"0"，"宽度"为"900"，如图 3-231 所示。

（10）单击"编辑类型"按钮，打开坡道"类型属性"对话框，设置参数"最大斜坡长度"为"6000"，"坡道最大坡度（1/X）"为"10"，"造型"为"实体"，如图 3-232 所示。设置完成后单击"确定"关闭对话框。

（11）单击"工具"面板"栏杆扶手"命令，弹出图 3-233 所示的"栏杆扶手"对话框，在下拉菜单中选择"1100mm"，单击"确定"。

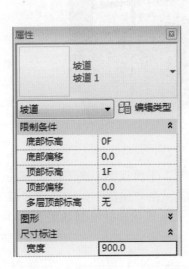

图 3-231

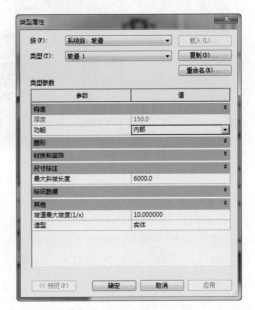

图 3-232

图 3-233

（12）单击"绘制"面板"梯段"命令，选项栏选择"直线"工具 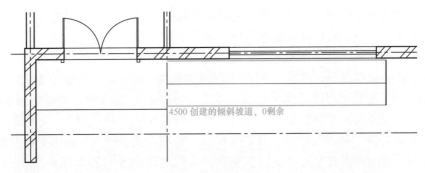，移动光标到绘图区域中，从右向左拖曳光标绘制坡道梯段，如图 3-234 所示（框选所有草图线，将其移动到图示位置）。单击"完成坡道"命令，创建的坡道如图 3-235 所示。

图 3-234

图 3-235

（13）在项目浏览器中双击"0F"进入"楼层平面：0F"平面视图，在"建筑"选项卡→"构建"面板→单击"墙"下拉列表→"墙：建筑"，在"属性"框中选择"基本墙：挡土墙"，"无连接高度"设置为"4000"，如图 3-236 所示，并绘制如图 3-237 所示的挡土墙。

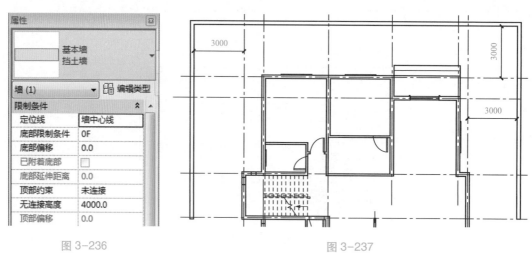

图 3-236　　　　　　　　　　　　　　　图 3-237

3.9.6　拓展练习

按照给出的双跑楼梯平、立面图，创建楼梯模型，结果以"双跑楼梯 . rvt"为文件名保存。台阶、扶手、栏杆以及休息平台按图 3-238 中给出的尺寸建模。其他建模所需尺寸可参考立面如图 3-239 所示。

建模思路：根据题意，要求绘制一个踏面宽度为 1000mm，高度为 1620+2340mm。梯井为 160mm，梯边梁厚度及扶手栏杆宽度为 50mm 的 U 形楼梯。楼梯前缘长度为 0，由平面图与立面图对比可以看出，左边楼梯踏面数量比踢面数量少 1，说明第一级梯面被删除，于是要将"属性"中的"开始于梯面"选项勾选。同理，右边的踢面数量与踏面数量相同，说明不需将最后一级踏面删除，所以要将属性中的"结束于踢面"选项

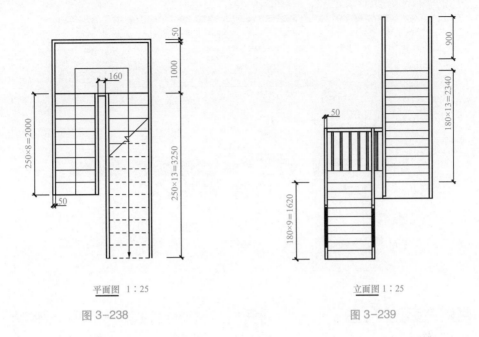

平面图 1：25

图 3-238

立面图 1：25

图 3-239

取消勾选。

创建过程：

（1）定位：在楼层平面绘制两个相距 1260 的参照平面如图 3-240 所示（提示：此处假定楼梯踏面宽度为 1000，参照平面的距离为半个踏面宽×2+梯边梁×2+梯井宽度，即 500×2+50×2+160＝1260）。

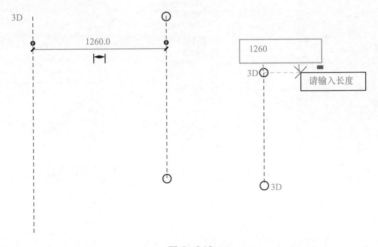

图 3-240

（2）绘制梯段：选择"建筑"选项卡中的"楼梯"下拉三角形中的"楼梯（按草图）"如图 3-241 所示，默认的绘制方式为"梯段"如图 3-242 所示。

在左侧"属性"栏中将楼梯"底部标高"设置为 1F，"顶部偏移"设置为 3960mm，如图 3-243 所示（即两段楼梯高度之和 1620+2340＝3960mm），"宽度"改成 1000，"所需踢面数"改成 22，单击"编辑类型"，勾选"开始于踏面"，如图 3-244 所示。

图 3-241

图 3-242

图 3-243

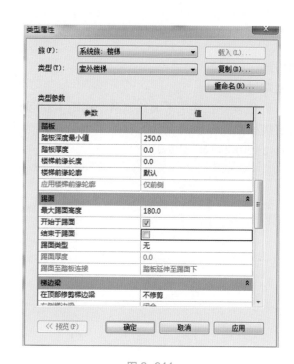

图 3-244

　　然后在上述所绘制的左边参照平面上向上开始绘制第一段踢面数为 9（随着鼠标向上移动，会有相应关于踢面数的提示）的踢面如图 3-245 所示，水平移动鼠标在右边的参照平面上向下绘制剩下的 13 个踢面，如图 3-246 所示。单击完成命令 ✔。

　　（3）修改扶手类型：在楼层平面图或者 3D 视图中选中楼梯扶手，在左侧的"属性"栏如图 3-247 所示，可以修改楼梯扶手类型。单击"编辑类型"命令，在顶部扶栏中的类型中选择"矩形 50×50mm"如图 3-248 所示，完成楼梯及扶手的绘制。完成楼梯的

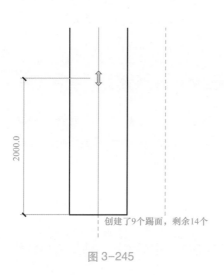

图 3-245

创建了9个踢面，剩余14个

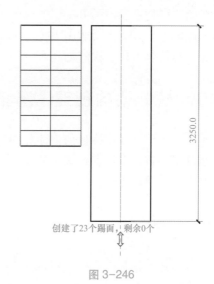

图 3-246

创建了23个踢面，剩余0个

图 3-247

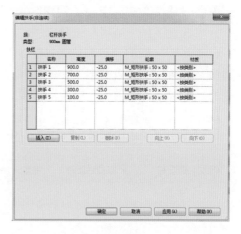

图 3-248

绘制如图 3-249 所示。

【提示】选中扶手后，周围会出现双向箭头 的控制符，单击可翻转楼梯扶手方向。

3.9.7　小结

本节分别讲解了扶手、楼梯、台阶和坡道的绘制，楼梯和坡道的绘制方式类似，均可通过绘制梯段方式生成楼梯或坡道图元。楼梯作为常见考题，读者应熟练掌握各类楼梯及休息平台的绘制方法。台阶主要通过楼板边缘工具实现，扶手的绘制相对简单，但是扶手族包含了很多学习内容。

图 3-249

至此，已初步学习了 Revit 构件的创建方法，对于每个构件都需有所了解，才能深入学习该软件。只有灵活运用 Revit 中的各类构件，才可以满足各种复杂的构件建模要求。下一节将学习柱、梁的创建。

3.10　柱、梁的创建

概述：本节主要讲述如何创建和编辑建筑柱、结构柱，以及梁、梁系统、结构支架等。使读者了解建筑柱和结构柱的应用方法和区别。根据项目需要，某些时候需要创建结构梁系统和结构支架，例如对楼层净高产生影响的大梁等。

3.10.1　创建柱

柱分为建筑柱与结构柱，建筑柱主要是用于砖混结构中的墙垛、墙上突出结构，不用于承重。

单击"建筑"选项卡→"构建"面板→"柱"下拉列表→"建筑柱"／"结构柱"命令，或者直接在"结构"选项卡→"结构"面板→"柱"命令。

在"属性"框的"类型选择器"中选择适合尺寸规格的柱子类型，如果没有相应的柱类型，可通过"编辑类型"→"复制"功能创建新的柱，并在"类型属性"框中修改柱的尺寸规格。如果没有柱族，则需通过"载入族"功能载入柱子族。

放置柱前，需在"选项栏"中设置柱子的高度，勾选"放置后旋转"，则放置柱子后，可对放置柱子直接旋转，如图 3-250 所示。

图 3-250

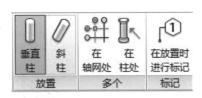

图 3-251

特别对于"结构柱"，在弹出的"修改 | 放置 结构柱"上下文选项卡会比"建筑柱"多出"放置"、"多个"以及"标记"面板，如图 3-251 所示。

【提示】对于结构柱，一般选择"垂直柱"，在绘制"斜柱"时，需要点击两下确定上下两点的位置。

绘制多个结构柱：在轴网的交点处以及在建筑柱中可以创建结构柱。进入到"结构柱"绘制界面后，选择"垂直柱"放置，单击"多个"面板中的"在轴网处"，在"属性"对话框中的"类型选择器"中选择需放置的柱类型，从右下向左上框选或交叉框选轴网，如图 3-252 所示。则框选中的轴网交点自动放置结构柱，单击"完成"则在轴网中放置多个同类型的结构柱，如图 3-253 所示。

除此以外，还可在建筑柱中放置结构柱，单击"多个"面板中的"在柱处"，在"属性"对话框中的"类型选择器"中选择需放置的柱类型，按住 Ctrl 键可选中多根建筑柱，单击"完成"，则完成在多根建筑柱中放置结构柱。

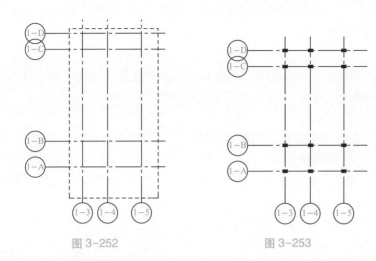

图 3-252　　　　　　　　　　　　　　　　图 3-253

3.10.2　创建梁

单击"结构"选项卡→"结构"面板→"梁"命令，则进入到梁的绘制界面中，如果没有梁族，则需通过"载入族"方式从族库中载入。一般梁的绘制可参照 CAD 底图，新建不同的尺寸，单击并捕捉起点和终点来绘制梁。

在选项栏中可选择梁的放置平面，还可从"结构用途"下拉箭头中选择梁的结构用途或让其处于自动状态，结构用途参数可以包括在结构框架明细表中，这样便可以计算大梁、托梁、檩条和水平支撑的数量，如图 3-254 所示。

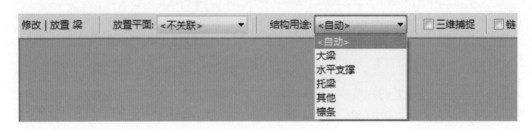

图 3-254

【提示】放置平面如果是在三维中，可选择各轴网所在的平面；平面中只可选择各标高所在的平面。

勾选"三维捕捉"选项，通过捕捉任何视图中的其他结构图元，可以创建新梁。这表示可以在当前工作平面之外绘制梁和支撑。例如，在启用了三维捕捉之后，不论高程如何，屋顶梁都将捕捉到柱的顶部。勾选"链"后，可绘制多段连接的梁。

也可使用"多个"面板中的"轴网"命令，拾取轴网线或框选、交叉框选轴网线，点"完成"，系统自动在柱、结构墙和其他梁之间放置梁。

▌3.10.3　案例操作

建模思路："建筑"或"结构"选项卡→选择"建筑柱"或"结构柱"→定义柱参数→放置柱→编辑柱。

创建过程：

（1）打开上节保存的文件，在项目浏览器中双击"楼层平面"项下的"0F"，打开"楼层平面：0F"平面视图。

（2）单击"建筑"选项卡→"构建"面板→"柱"命令下拉菜单→选择"柱：建筑柱"，在类型选择器中选择柱类型"矩形柱-顶部扩宽 350×350"，如图 3-255 所示，在 A 轴与 2、3 号轴的交点处单击放置柱（可先放置柱，然后编辑临时尺寸调整其位置）。

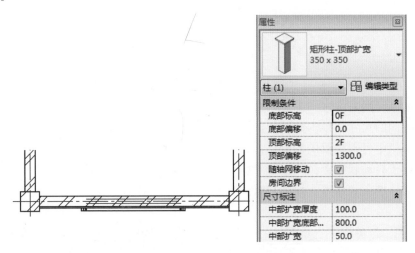

图 3-255

（3）选择上述放置的建筑柱，在属性栏中依次调整各参数："顶部标高""顶部偏移""中部扩宽厚度""中部扩宽底部偏移量"，其中"中部扩宽"为 2F、1300、100、800、50。

（4）同样方法，选择"矩形柱 250×250"类型，在上述位置处依次单击放置两根建筑柱，如图 3-255 所示，在属性栏调整"底部标高""底部偏移""顶部标高"分别为 2F、1300、3F，结果如图 3-256 所示。

（5）按住 Ctrl 键，选择上述刚绘制的两根建筑柱"矩形柱 250×250"，在"修改柱"面板中选择"附着顶部/底部"命令，在选项栏中"附着柱"设置为"顶"，"附着对正"设置为"最大相交"，附着柱：◉顶 ○底　附着样式：剪切柱　▼　附着对正：最大相交，最后效果如图 3-257 所示。

（6）添加正面入口台阶处的建筑柱，选择"柱"→"柱：建筑"命令，仍然选择"矩形柱—顶部扩宽 350×350"类型，在入口台阶的两边单击放置柱，使柱的角点和台阶的角点重合，如图 3-258 所示。在属性栏中，修改柱的各个参数值（顶部标高、顶部偏移等）如图 3-259 所示。

图 3-256

图 3-257

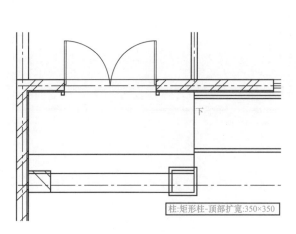

图 3-258

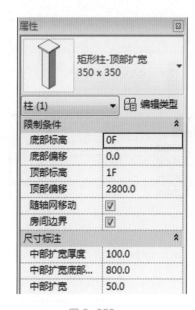

图 3-259

（7）选择建筑柱类型为"矩形柱 250×250mm"，在上述绘制的两根建筑柱中心分别单击进行放置（光标移到附近时会有相应提示），之后在属性栏统一修改柱的参数，具体参数设置如图 3-260 所示。结果如图 3-261 所示。

（8）切换到 2F 楼层平面视图，选择同样类型的建筑柱，设置属性栏参数如图 3-262 所示。将鼠标移到 C7 左边附近，至出现如图 3-263 所示的横向和纵向虚线，即"延伸和最近点"提示时，单击放置柱。同理，在 C7 的右边"延伸和最近点"位置放置柱。

图 3-260

图 3-261

图 3-262

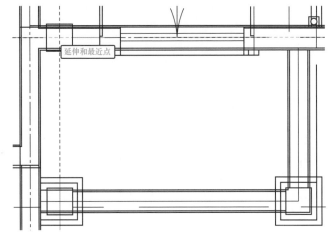

图 3-263

（9）同理，在 C7 的右边"延伸和最近点"位置，如图 3-264 所示，放置柱。

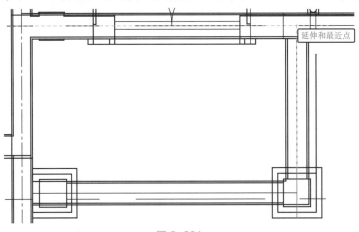

图 3-264

（10）选择绘制的建筑柱，单击"对齐"命令，使柱的上边界和墙的内边界对齐，如图 3-265 所示。

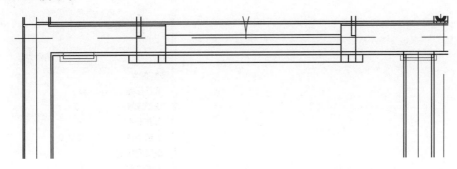

图 3-265

（11）切换到 3F 楼层平面，同样选择建筑柱类型为"矩形柱 250×250mm"，属性栏参数设置如图 3-266 所示。分别在 3 轴与 C 轴的交点、4 轴与 C 轴 的交点单击放置柱，并如图 3-267 所示调整对齐位置。

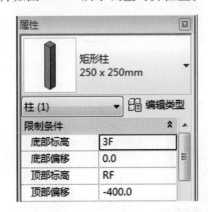

图 3-266

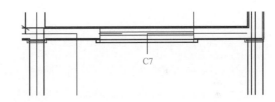

图 3-267

（12）添加正面三层阳台的建筑柱。从项目浏览器中双击"3F"进入三层平面视图，同上操作方法，选择"矩形柱—顶部扩宽 500×500"类型，先在 7 轴与 B 轴的交点附近单击放置柱，再采用修改面板"移动"命令调整位置，使柱的右下角点同 7 轴与 B 轴的交点重合，如图 3-268 所示。按照图 3-269 在属性栏中修改柱的各个参数值，注意取消勾选"中部扩展可见性"。

选择放置完成的柱，单击"修改"面板的"复制"按钮，单击柱的中心点作为复制基点，向上移动光标，输入值"5000"，单击鼠标放置柱；再重新选择原来的柱，同样以柱的中心为复制基点，水平向左移动光标，输入值"5300"，单击鼠标放置柱。

背面建筑柱：接上节练习，在项目浏览器中双击"楼层平面"项下的"0F"，创建背面建筑柱。

（13）添加背面入口处的建筑柱。同上操作，选择"矩形柱—顶部扩宽 350×350"类型，在入口台阶处单击放置柱，调整柱的位置，使柱的角点同台阶的角点重合，如图 3-270 所示。按照如图 3-271 所示，在属性栏中修改柱的各个参数值。

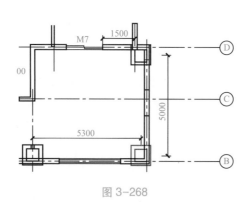

图 3-268

图 3-269

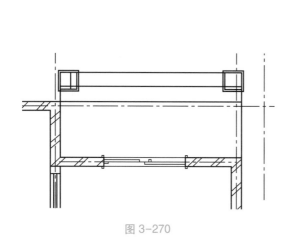

图 3-270

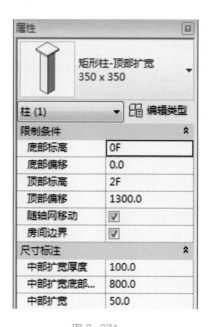

图 3-271

（14）添加背面三层阳台的建筑柱。选择"矩形柱—顶部扩宽 500×500"类型，在 1 轴和 E 轴的交点处单击放置柱，调整柱的位置，使柱的左上角点同墙的外边界交点重合，如图 3-272 所示。参照正面三层阳台建筑柱的参数，在属性栏中设置此柱的参数，同样注意取消勾选"中部扩展可见性"。

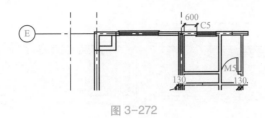

图 3-272

阳台扶手栏杆：接上节练习，在项目浏览器中双击"楼层平面"项下的"2F"，打开二层平面视图，创建首层阳台扶手栏杆。

（15）添加首层正面阳台的栏杆扶手。单击"建筑"选项卡→"楼梯坡道"面板→"栏杆扶手"命令下拉菜单→选择"绘制路径"命令，进入绘制草图模式。

（16）在"属性"栏中选择"栏杆扶手中式扶手—葫芦形"，设置底部标高为"2F"。在"绘制"面板选择"直线"命令，先绘制如图 3-273 所示的路径，单击"完成"命令，栏杆扶手变为蓝色双线显示，点击双箭头，可以"翻转栏杆扶手方向"，如图 3-274 所示。

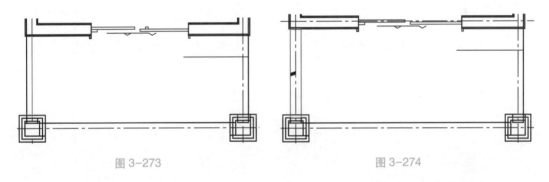

图 3-273　　　　　　　　　　　　　　图 3-274

（17）同样操作，依次绘制另外两处的栏杆扶手，平面图和三维图如图 3-275 所示。

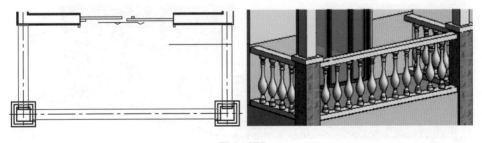

图 3-275

（18）添加首层背面阳台的栏杆扶手。同上操作，进入栏杆扶手绘制模式后，依次绘制三条栏杆路径，并分别单击"完成"命令，再采用"修改"面板的"对齐"命令分别调整栏杆位置使栏杆边界和楼板外边界对齐，如图 3-276 所示。最后结果如图 3-277 所示。

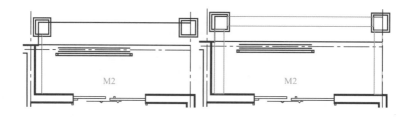

图 3-276

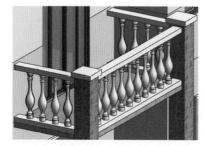

图 3-277

（19）在"项目浏览器"中双击"楼层平面"项下的"3F"，打开"三层平面"视图，创建三层阳台的扶手栏杆。同上述绘制栏杆扶手步骤，采用同样的栏杆扶手类型，依次先绘制出一条栏杆路径，如图 3-278 所示，再绘制另外两条栏杆路径，如图 3-279 所示，最后成果如图 3-280 所示。

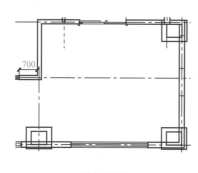

图 3-278

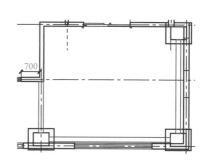

图 3-279

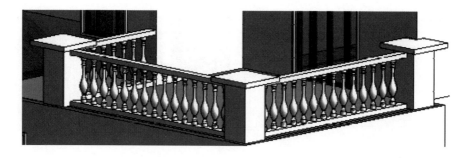

图 3-280

（20）采用同样的方法完成背面阳台的栏杆扶手的绘制，结果如图 3-281 所示。保存文件为"阳台栏杆扶手 . rvt"。

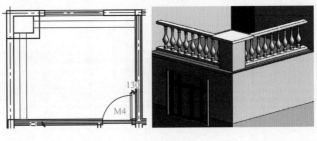

图 3-281

3.10.4 拓展练习

根据图 3-282 所给出的一层平面图一层柱平面图、屋顶平面图和东、南、西、北立面图，一层 QL 240×240，KL 240×400，屋顶端部 WQL 240×150，柱 GZ1 240×240，Z2 300×300，屋顶檩条有提供，创建框架模型。

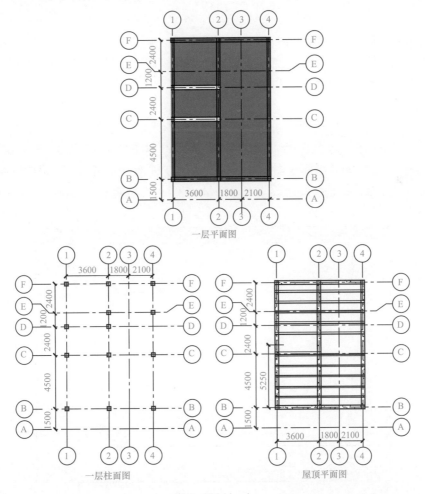

一层平面图

一层柱面图

屋顶平面图

图 3-282（一）

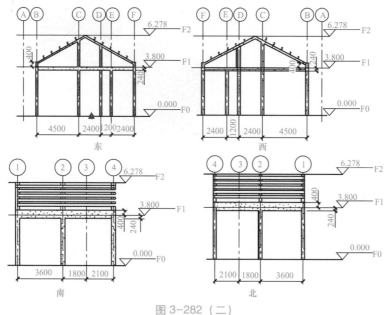

图 3-282（二）

建模思路：创建框架模型要特别注意包括轴网和标高的定位、确定，充分提取图中信息，依次绘制柱、梁、板，注意柱子和斜梁的附着方式；图中的梁系统使用檩条来绘制，注意设置正确的工作面。

创建过程：

（1）创建标高和轴网：进入东立面视图，在"创建"选项卡下的"基准"面板中选择"标高"按钮，建立三个标高分别为 F0：0.000、F1：3.800、F2：6.278，如图 3-283 所示。进入 F0 平面视图，同样的方法绘制轴网，先竖向，再横向（画横向第一条轴线时，注意要把轴线编号改为大写字母"A"，再绘制剩下的部分），如图 3-284 所示。

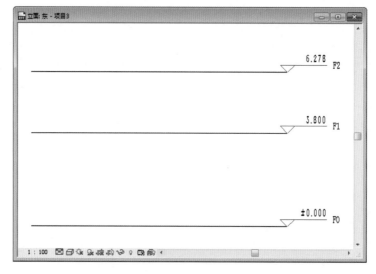

图 3-283

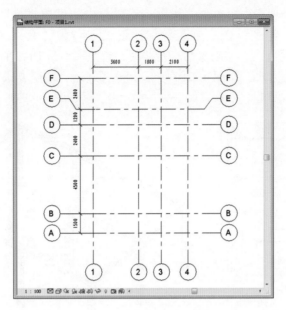

图 3-284

【操作技巧】推荐的流程为先绘制标高，再绘制轴网，这样在立面视图，轴号将显示于最上层的标高的上方，这也就决定了轴网在每一个标高的平面视图都可见。

（2）添加 F0 楼层的结构柱：以 F0 为基准，在"建筑"选项卡的"柱"面板中选择"结构柱"（或"结构"选项卡下的"柱"面板），在"编辑类型"属性里分别复制柱，重命名为 GZ1 和 Z2 尺寸分别为 240×240，300×300，在属性窗口对柱子的参数进行设置，如图 3-285 所示。本例题有 GZ1 和 Z2 类型，在相应轴线相交的位置，单击放置柱 GZ1，再在对应位置单击放置柱 Z2。F0 楼层两种框架柱的平面布置，如图 3-286 所示。

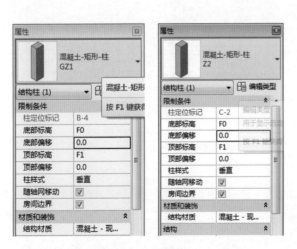

图 3-285

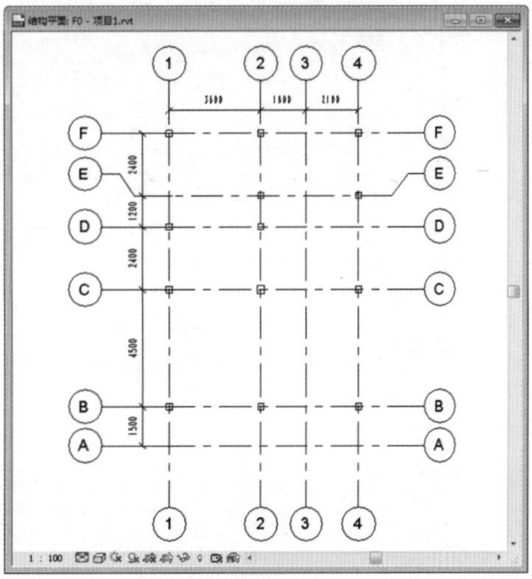

图 3-286

（3）绘制梁：在 F1 楼层添加"混凝土梁—QL（240×240）"。进入到 F1 楼层平面视图，在"结构"选项卡中，单击"梁"命令，单击"编辑类型"进入类型属性对话框，选择复制并修改名称为 QL，在尺寸标注下设 $b = 240$（宽）、$h = 240$（高），单击"确定"。在"实例属性"栏中对参数进行修改，参照平面是 F1，工作平面 F1，"Z 方向对正"选择顶部对齐方式，如图 3-287 所示。设置好后，按照要求沿轴网绘制梁即可，结果如图 3-288 所示。

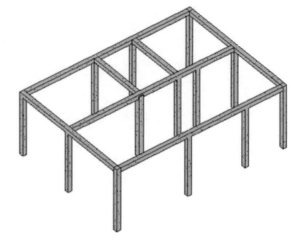

图 3-287   图 3-288

（4）添加 F1 结构板：在"建筑"选项卡下，选择"楼板"→"楼板—结构"命令，单击"编辑类型"，复制并命名新的楼板为"现场浇筑混凝土 110"，如图 3-289 所示。确定后单击构造栏下的结构右侧的编辑按钮，进入编辑部件对话框，修改"结构 [1]"的厚度为 110，如图 3-290 所示。

图 3-289   图 3-290

设置好楼板标高为 F1，如图 3-291 所示，绘制如图 3-292 所示的楼板边界，单击"完成"命令 ✔，生成楼板如图 3-293 所示。

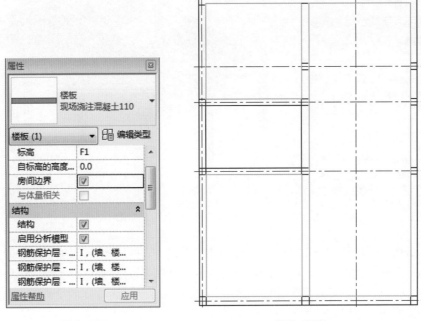

图 3-291　　　　　　　　　　　　　　　图 3-292

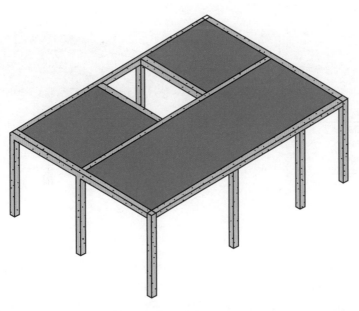

图 3-293

（5）绘制 F1 的梁：在 F1 楼层添加"KL 240×400"。在南北两侧分别加上一根"KL 240×400"的梁，复制和尺寸设置的方法同上 F1 的 QL，注意此处的"Z 方向对正"选择底对齐，如图 3-294 所示，绘制完成如图 3-295 所示。

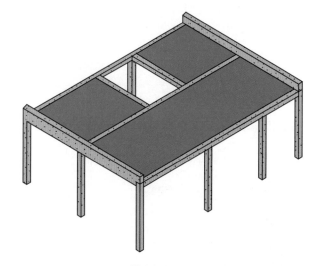

图 3-294　　　　　　　　　　　　　　　　图 3-295

（6）添加 F1 柱子：单击"建筑"选项卡，选择"柱"→"结构柱"（或"结构"选项卡下的"柱"面板）。本层所有柱子均为 GZ1 的矩形柱，底部标高、顶部标高均为F1，底部偏移为 0，顶部偏移为 400，如图 3-296 所示，在梁与梁的交点处添加 GZ1 的柱子，如图 3-297 所示。

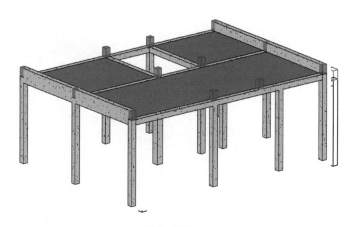

图 3-296　　　　　　　　　　　　　　　　图 3-297

（7）绘制屋顶梁 WQL：以 F2 为基准，以轴线 4—F 交点为起点，沿轴线 4 绘制一根长为 5250mm 的梁 WQL，复制两根同样的梁到①轴和②轴上，梁两侧的标高分别为—2100mm，0.0mm，如图 3-298 所示。复制好之后按住 Ctrl 键选中这三根梁，单击"修改"面板中的"镜像—绘制轴"命令，绘制一条与 F 轴相距 5250mm 的水平直线，将这三根梁镜像复制到结构的另一侧，如图 3-299 所示，完成后的三维图如图 3-300所示。

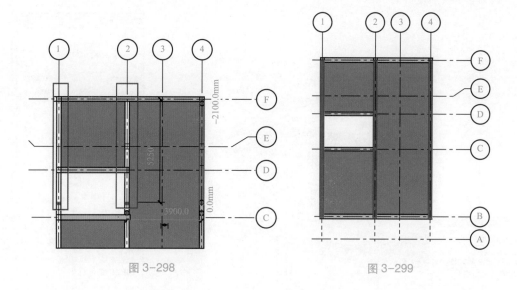

图 3-298　　　　　　　　　　　　　　　图 3-299

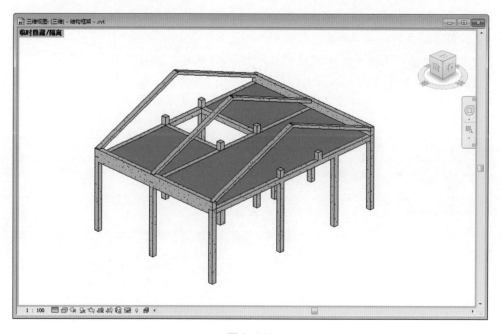

图 3-300

（8）柱子附着在梁 WQL 上：选中要附着的柱子，在右上角出现的"修改柱"面板中，选择"附着顶部/底部"，再调整选项栏中参数："附着柱：顶"，"附着样式：不剪切"，"附着对正：最大相交"。进入绘图区域，选中要附着的目标梁，即完成如图 3-301 所示。

（9）绘制梁系统（檩条绘制）：以 F2 为基准，绘制屋面梁系统，选择"结构"选项卡，单击"梁系统"，在"属性"对话框中更改参数设置：将布局规则改为"固定数量"，线数改为"5"，梁类型改为"檩条"，如图 3-302 所示。

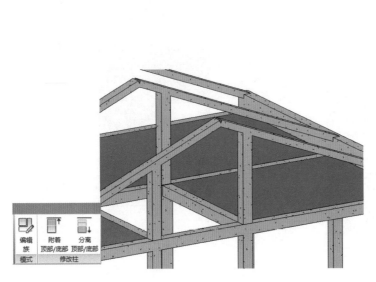

图 3-301　　　　　　　　　　　　　　　　　图 3-302

　　属性设置好之后，在"修改｜创建梁系统边界"选项卡下的"工作平面"面板中单击"设置"，弹出"工作平面"对话框如图 3-303 所示，选择"拾取一个平面"后确定，则将 WQL 所在面作为本次的工作平面，进入工作平面，绘制如图 3-304 所示的梁系统边界，单击完成命令 ✔，结果如图 3-305 所示。梁系统另外一边的绘制同上述方法，此处不再赘述。最终模型如图 3-306 所示。

　　【提示】梁方向： 梁的放置方向，此处梁为横向的搁置。如图 3-305 所示绘制梁系统时拾取的工作面 WQL 所在面为斜面。

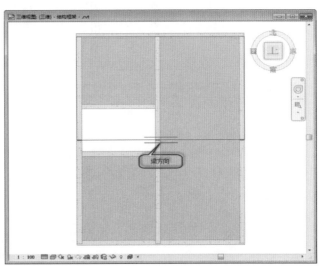

图 3-303　　　　　　　　　　　　图 3-304

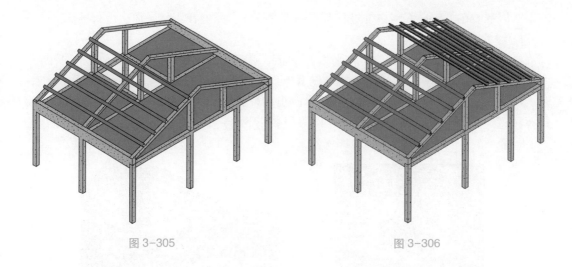

图 3-305　　　　　　　　　　　　　　　　　　　　图 3-306

3.10.5　小结

本节以小别墅模型中简单的建筑柱为例，讲解了柱的创建与放置，再以一个框架模型为拓展练习，详细讲解梁、柱等构件的创建与放置，掌握布置结构构件的方法和步骤。

结构设计是作为 BIM 设计的重要组成部分。通过 Revit 可实现结构工程师的结构模型与其他专业相互参照，协同作业。当前实际项目建模过程中主要采用链接结构或其他专业模型形成完整的 BIM 模型，实现跨专业协同作业。

3.11　入口顶棚和内建模型的创建

概述：对于一些零散构件，例如雨篷、装饰构件等可通过内建模型创建，内建模型是新建族，但该族只能用于该项目中，不能和"可载入族"一样直接载入到其他项目中。如果是将在多个项目中使用的图元，建议将该图元创建为可载入族。

3.11.1　设置工作平面

Revit 中的每个视图都是与工作平面相关联的。在某些视图（例如平面视图、三维视图和绘图视图）以及族编辑器的视图中，工作平面是自动设置的。在其他视图（例如立面视图和剖面视图）中，则必须设置工作平面。执行某些绘制操作（例如创建拉伸屋顶）以及在特殊视图中启用某些工具（例如在三维视图中启用"旋转"和"镜像"）时，也必须设置工作平面。

在视图中设置工作平面时，则工作平面与该视图一起保存。可以根据需要修改工作平面。

【提示】在三维视图中绘制时，有个默认的工作平面，绘制时自动捕捉工作平面网格上，但不能在工作平面网格外进行对齐或尺寸标注，只能在工作平面中进行标注。

1. 设置参照平面

单击"建筑"选项卡→"工作平面"面板，有"设置""显示""参照平面"与"查看器"命令，单击"显示"命令可显示当前的工作平面网格，如图 3-307 所示。通过"工作平面"面板的"设置"命令可修改当前视图的工作平面，可选中任意墙面、链接 Revit 模型中的面、拉伸面、标高、网格和参照平面，如图 3-308 所示。

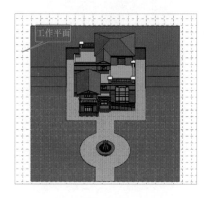

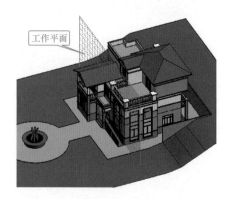

图 3-307　　　　　　　　　　　　　　　图 3-308

【提示】选中工作平面，可在"属性"框或"选项栏"中设置"工作平面网格间距"。

绘图过程中，常是在平面视图中绘制，一般平面图中的默认工作平面为该楼层标高所在平面。可通过在平面图中设置斜工作平面，绘制倾斜构件，例如绘制斜梁。

2. 参照平面的使用

参照平面顾名思义可理解为起参照作用的工作平面，以用作设计准则，例如绘制楼梯常用参照平面定位，同时在创建族时参照平面也是一个非常重要的部分。在平面视图中绘制的参照平面，在该平面中看到的仅是一根直线，但其实是一个平面，也可将参照平面设置成工作平面，如图 3-309 所示。

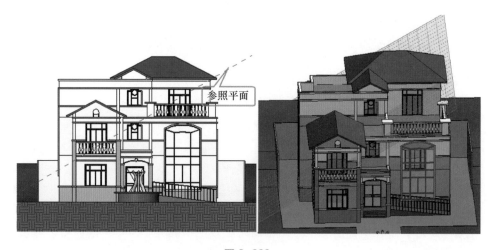

图 3-309

对于绘制的各参照平面，可在"属性"框中，输入参照平面的名称。若要在视图中隐藏参照平面，可在"视图"选项卡"图形"面板的"可见性/图形"命令中，在"注释类别"中不勾选"参照平面"。

3.11.2 创建内建模型

单击"建筑"选项卡→"构建"面板→"构件"下拉列表→"内建模型"命令，在弹出的"族类别与族参数"对话框中，如图3-310所示。选择图元的类别，然后单击"确定"，软件会自动打开族编辑器，如图3-311所示。

【提示】对于选定某一族类别后，内建模型的族将在项目浏览器的该类别下显示，同时也会统计到该类别的明细表中，还可在该类别中控制该族的可见性。

进入到"族编辑器"界面后，与项目界面不同。在"创建"选项卡→"属性"面板中，可编辑族的"族类别和族参数"与"族类型"。

在"族编辑器"界面中，还可通过单击按钮，弹出"族类别和族参数"对话框，修改内建模型的族类别，例如"常规模型"可修改为"屋顶"。选择不同的族类别，族参数也会不同。

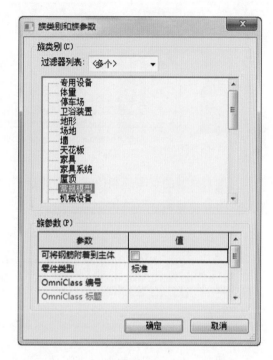

图3-310

图3-311

单击"族类型"按钮，弹出"族类型"对话框，如图3-312所示。可通过参数"添加"按钮，添加该族所需的参数，例如柱的高度、宽度等，具体详见第4章。

在"内建模型"中可通过使用拉伸、融合、旋转、放样、放样融合与空心形状等方法在Revit项目空间中创建造型。

1. 拉伸

定义：单击"形状"面板中的"拉伸"，弹出的"修改 | 拉伸>编辑拉伸"上下文

图 3-312

选项卡，进入模型的草图绘制模式。可选择不同的绘制方式，绘制不同的拉伸轮廓，且轮廓必须闭合，如图 3-313 所示。

图 3-313

在"拉伸"的"属性"框可设置拉伸的起点和终点，或者直接选中模型拉伸，默认生成实心，可在"属性"框中将"实心"改为"空心"，生成空心形状。

2. 融合

定义：融合是将两个不同轮廓融合在一起，拉伸是将轮廓沿着一个方向拉伸，而融合可将两个轮廓融合成一个整体。

单击"形状"面板中的"融合"，在自动弹出的"修改 | 创建融合底部边界"上下文选项卡的"绘制"面板中选择矩形工具，光标移动至绘图区域绘制矩形，绘制完成后使用临时尺寸标注工具将矩形四边长均调整为"8000"，如图 3-314 所示，此为融合模型的底部轮廓。

单击"模式"面板中的"编辑顶部"命令，绘制的矩形轮廓灰显，绘制第二个轮廓。选择"绘制"面板下"拾取线"工具，回到绘图区域，依次单击刚刚绘制的底部轮廓矩形的四个边，拾取创建新的轮廓，拾取完成后按 Esc 键完成拾取。

在绘图区域框选所有拾取的矩形轮廓，单击"修改"面板下"旋转"命令，回到绘图区域，出现旋转中心，光标在中心正上方单击确定旋转起点，光标向右移动，键盘输入"45"按 Enter 键，完成 45°的旋转，完成顶部轮廓的绘制，如图 3-315 所示。勾选"完成绘制"，生成扭曲的融合模型。

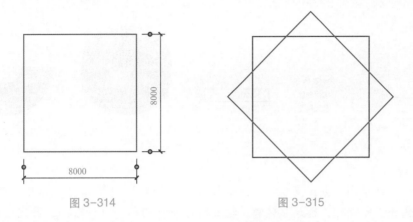

图 3-314　　　　　　　　　　　　　图 3-315

选中生成的模型，在"属性"框中可设置融合的顶部和底部两个端点的高度，如图 3-316 所示。并可将生成模型的修改为实心/空心，如图 3-317 所示。

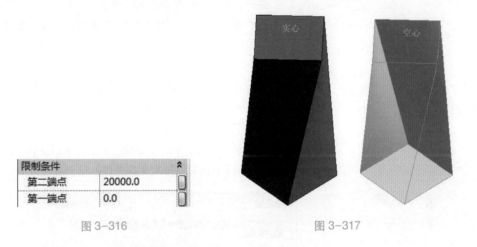

限制条件		
第二端点	20000.0	
第一端点	0.0	

图 3-316　　　　　　　　　　　　　图 3-317

【常见问题剖析】如何制作内陷形状？

答：在融合中，底部轮廓和顶部轮廓可根据实际体量的需求，用拆分命令将整体轮廓拆分开来，这样底部和顶部轮廓之间会形成内陷形状，达到在某些实际体量中所需要的形状。

3. 旋转

定义：通过一根轴线，将模型轮廓线绕着该轴线旋转。

单击"旋转"命令后，在弹出的"修改|创建旋转"上下文选项卡中，单击"边界线"，选择轮廓线的绘制方式绘制一个边长为1000mm 的矩形；单击"轴线"，在距矩形的最右边 100mm 处绘制一根直线，如图 3-318 所示。

在"属性"框中设置旋转的"初始角度"和"结束角度"，如图 3-319 所示，360°为一个圆，180°则为一个半圆，勾选"完成旋转"，单击"完成模型"命令，则生成一个空心圆/半圆，如图 3-320 所示。

【提示】轴的长度对体量的旋转没有任何影响。

图 3-318　　　　　图 3-319　　　　　　　　　图 3-320

4. 放样

定义：放样是用于创建需要绘制或应用轮廓（形状）并沿路径拉伸此轮廓的工具，创建思路为先绘制路径，再绘制轮廓，轮廓按照绘制的路径进行拉伸，最先绘制的路径会出现红十字，则轮廓的绘制平面默认是垂直于该线路径。

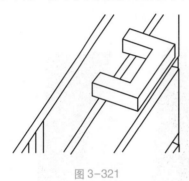

放样有两步骤，分别是绘制路径与轮廓，但常常会弄混应该如何来绘制，例如窗框，是在立面图中绘制路径，在平面图中绘制轮廓；但是抽屉把手是在平面图中绘制路径，在立面图中绘制轮廓，图 3-321 即为抽屉把手。

因此总结放样时，如果构件是垂直放置的，例如窗框，则选择在立面放样，水平面绘制轮廓；如果是水平放置的，则相反，例如抽屉把手。

在平面上绘制路径，路径绘制时绘制的第一条

图 3-321

线会出现红点，则轮廓的绘制平面默认是垂直于该线路径，如图 3-322 所示。

图 3-322

以在水平面上绘制放样路径为例，如果首先画的是竖线，则轮廓绘制平面在前、后立面。但是如果画的先是横线，则轮廓绘制工作平面在左右视图。同理，在立面上绘制放样路径，如图 3-323 所示。

图 3-323

注意：绘制的轮廓大小不要超过路径的一半，并直接在红点上方开始绘制，否则系

统会报错。图3-324中红色为放样路径，绿色矩形中的右边线为轮廓的最大值，如果绘制的轮廓超过最右侧绿线，则系统会报错。

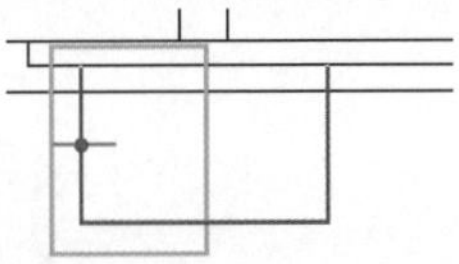

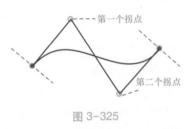

图3-324

5. 放样融合

定义：可以创建具有2个不同轮廓，然后沿路径对2个轮廓进行放样的融合体。放样融合的形状是由绘制或拾取的二维路径以及由绘制或载入的2个轮廓确定的。与放样不同的是两个轮廓将进行融合。

单击"放样融合"命令→单击"模式"面板→"绘制路径"命令，选择"绘制"面板中的"样条曲线"工具，光标移动到绘图区域，单击确定样条曲线端点，光标向右上方移动并在适当位置单击，确定第一个拐点的位置，光标向右下方移动，在适当位置单击，确定第二个拐点的位置，光标向右上方移动，并在合适位置单击，确定终点位置，按Esc键，单击"完成路径"命令，完成样条曲线的绘制，如图3-325所示。

第一个拐点

第二个拐点

图3-325

对于已绘制的样条曲线的拐点位置可通过按住并拖拽拐角处圆圈的图标做适当调整。

【提示】融合放样工具的路径只能是一条单独的样条曲线、线或圆弧，而不能有多条线共同连接组成，而"放样"可以由多条连接的线段组成路径。

"放样融合"面板→单击"选择轮廓1"→"编辑轮廓"命令，在弹出的"进入视图"对话框中选择"立面：东立面"作为绘制的视图，单击"打开视图"按钮。选择"绘制"面板下"圆心—端点弧"工具，在东立面视图绘制半径为300mm的半圆，并使用"线"工具连接半圆两端点，使轮廓1闭合。如图3-326所示，单击"完成轮廓"。

【提示】轮廓也可以在三维视图绘制。

"放样融合"面板→单击"选择轮廓2"→"编辑轮廓"命令，自动进入到轮廓2参照平面视图，选择"矩形"工具，在参照平面内绘制边长为300的矩形，位置如图3-327所示，单击"完成轮廓"。

勾选"完成放样融合"，单击"完成模型"命令，完成融合放样，如图3-328所示。

图3-326　　　图3-327　　　　　　图3-328

6. 空心形状

实心几何形体上剪切一个放样形状，空心形状的工具与实心形状完全相同，同样包含：拉伸、融合、旋转、放样、放样融合5种工具。其创建也可通过上述几种工具，直接在"属性"框中将"实心/空心"修改为空心即可。

3.11.3　编辑内建图元

以放样融合为例,对于利用上述工具已创建完成的模型,在"修改丨常规模型"上下文选项卡中,选择"模型"面板,单击"在位编辑",则软件自动跳到"内建模型"草图绘制模式。再次选中内建模型,单击"修改丨放样融合"上下文选项卡→"模式"面板→"编辑放样融合"命令,则可再次进入"融合放样"草图绘制模式。

3.11.4　案例操作

创建过程:

(1) 打开上节保存的"阳台栏杆扶手.rvt"文件,在项目浏览器中双击"楼层平面"项下的"2F",打开"楼层平面:2F"平面视图。

(2) 选择"墙"→"墙:建筑"命令,在类型选择器中选择"基本墙:外墙—奶白色石漆饰面 150",并参照图 3-329 在属性栏中修改参数。

(3) 以正面入口处"矩形柱 250×250mm"建筑柱的左边线中点为起点,水平向右拖动至另外一个"矩形柱 250×250mm"建筑柱的边界单击结束。再以此建筑柱的上边线的中点为起点,向上拖动至与墙边界相交单击结束。选择绘制的墙,单击墙附近出现的双向箭头修改墙的方向,结果如图 3-330 所示。

图 3-329

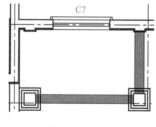

图 3-330

(4) 在类型选择器中选择"基本墙:外墙—米黄色石漆饰面",并参照图 3-331 在属性栏中修改各参数。

(5) 以入口处左面墙的外边界(光标置于附近时拾取中点)为起点,水平向右拖动至另外一个"矩形柱 250×250mm"建筑柱的中心,单击鼠标,再向上拖动至与墙边界相交单击结束,如图 3-332 所示。选择绘制的墙,单击墙附近出现的双向箭头修改墙的方向,结果如图 3-333 所示。

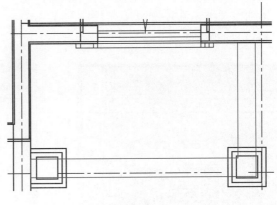

图 3-331　　　　　　　　　　　　图 3-332

（6）添加顶棚的楼板。单击"楼板"→"楼板：建筑"命令，在属性栏中选择"楼板：常规—100mm"，绘制如图 3-334 所示的顶棚楼板轮廓，单击完成命令。

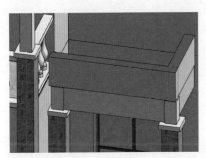
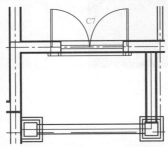
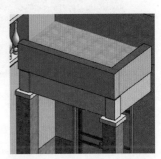

图 3-333　　　　　　　　　　　　图 3-334

（7）编辑顶棚墙体。在项目浏览器中双击"立面（建筑立面）"项下的"南"，打开"立面：南"视图。选中正前方的"基本墙：外墙—奶白色石漆饰面150"墙体，单击"模式"面板的"编辑轮廓"命令，进入编辑模式。选择"绘制"面板的"起点—终点—半径弧"命令 ，单击拾取墙的左下、右下端点后，再向墙体中央上方移动鼠标到合适位置单击，则绘制一段弧线，最后删除下方原有的水平轮廓线，如图 3-335 所示。单击完成命令，结果如图 3-336 所示。

小别墅的入口顶棚处，有一个形状不规则类似于拱形的装饰物，这里采用"内建模型"创建。

（8）单击"建筑"选项卡→"构建"面

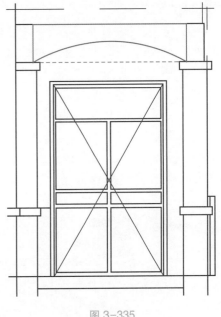

图 3-335

板→"构件"下拉菜单→"内建模型"命令，在"族类别和族参数"对话框中选择适当的族类别，选择"常规模型"，如图 3-337 所示，出现"名称"对话框，这里可直接单击"确定"，进入族编辑器模式。

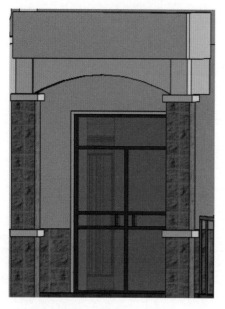

图 3-336

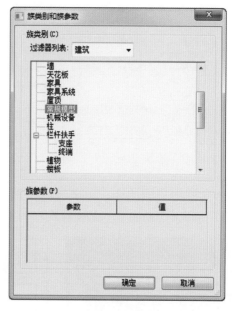

图 3-337

（9）切换到 2F 楼层平面视图，单击"形状"面板→"放样"命令，如图 3-338 所示。再单击"放样"面板→"绘制路径"命令，在入口顶棚弧形墙的边界中点上拾取一点，垂直向下绘制长度为 40mm 的路径，单击绿色的完成编辑命令，出现中心有红点的十字形标志。

（10）单击"放样面板"的"编辑轮廓"命令，弹出"转到视图"对话框，如图 3-339 所示。选择"立面：南"，单击"打开视图"，进入南立面视图。

（11）在南立面视图，同样可以看到中心有红色圆点的十字形标识。选择"绘制"面板的"起点—终点—半径弧"命令，沿顶棚的弧形墙边界绘制如图 3-340 所示的圆弧。

图 3-338

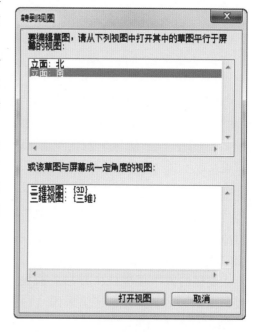

图 3-339

（12）在上述弧形轮廓的上方 40mm 处绘制一段同样的轮廓，并将两段弧形轮廓对应的两端分别连接，构成封闭形状，如图 3-341 所示。

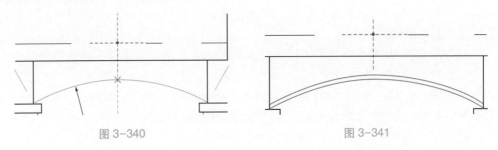

图 3-340　　　　　　　　　　　　图 3-341

（13）在绘制的弧形轮廓的中部，绘制如图 3-342 所示的梯形轮廓，梯形上底宽 120mm，下底宽 180mm，高为 250mm。

（14）选择"修改"面板的"拆分图元"命令，单击位于梯形轮廓中的两条弧形线和位于弧形轮廓线中的梯形斜边线，拆分弧形线和梯形斜边线，单击的位置会出现蓝色的拆分点。再多次利用"修剪"命令，修剪多余的线段，完成后的轮廓如图 3-343 所示。

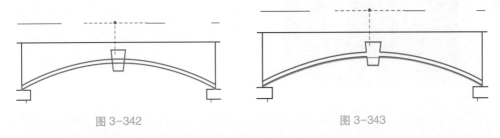

图 3-342　　　　　　　　　　　　图 3-343

（15）单击绿色的"完成编辑"命令，完成轮廓的编辑。再次单击绿色的"完成编辑"命令后，在属性栏中的"材质"项中单击，打开材质浏览器，选择"白色涂料"后确定。最后，单击绿色的"完成模型"命令，完成整个内建模型，如图 3-344 所示。

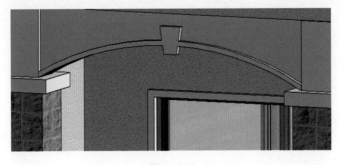

图 3-344

3.11.5　案例操作补充——编辑正面一层阳台

这里启动的是正面二层阳台的编辑工作，主要是巩固学习墙体的编辑知识，这些工作也可以在前面建模工作中进行。

（1）在三维视图中选中如图 3-345 所示的墙体，单击"修改墙"面板的"分离顶部/底部"命令，再单击其上方的屋顶，使墙体和屋顶分离（否则在接下来的墙体轮廓编辑工作中容易出现错误）。

（2）切换到 2F 楼层平面视图，拖动上述所选墙的下端点，至与 A 轴线相交。

（3）编辑墙轮廓：单击"模式"面板的"编辑轮廓"命令，在弹出的"转到视图"对话框中选择"立面：西"，打开视图，如图 3-346 所示。选择"绘制"面板的"直线"命令，鼠标在轮廓线的右上角点短暂停留出现端点符号提示后，垂直向下移动 600mm 的距离，再水平向左移动，垂直向下移动光标至与下轮廓线相交单击。利用"修剪"命令，得到最后如图 3-347 所示的轮廓，单击"完成编辑"命令。

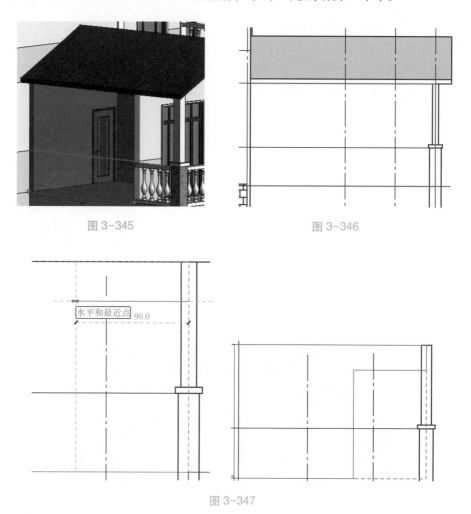

图 3-345　　　　　　　　　　　　　　图 3-346

图 3-347

（4）切换到三维视图，选择上述新编辑的墙体，单击"修改墙"面板的"附着顶部/底部"命令，再单击"屋顶"，将墙体重新附着到屋顶。

（5）采用类似的方法，编辑右侧墙体，结果如图 3-348 所示。

（6）绘制一层阳台正面墙体。单击"建筑"选项卡→"墙"命令→"基本墙：外墙—米黄色石漆饰面"，在属性栏中设置参数，如图 3-349 所示。切换到 3F 楼层平面视图，捕捉 A 轴线和 2 轴线的交点为起点，水平向右拖动至 A 轴线与 3 轴线的交点为终点。选中新绘制的墙体，单击"附着顶部/底部"命令，再单击屋顶，完成附着，结果如图 3-350 所示。

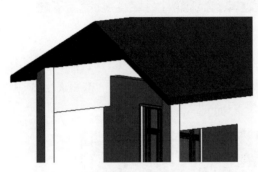

图 3-348

图 3-349

（7）采用之前内建模型的"放样"方法，为上述绘制的正面墙体添加装饰物。装饰物南立面轮廓由一个圆同两个矩形相切组成，圆半径为 300mm，矩形长 600mm，宽 40mm，装饰物实体的厚度为 40mm。效果如图 3-351 所示。

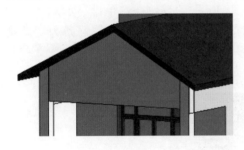

图 3-350

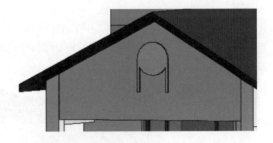

图 3-351

（8）同样的，可以利用内建模型的方法，沿之前绘制的跨层窗和幕墙的外轮廓添加窗框饰条，这里不再赘述。

（9）添加墙饰条：切换到三维视图中，单击"建筑"选项卡→"墙"下拉列表→"墙：饰条"命令，选择"墙饰条—单排"墙饰条类型。

（10）在别墅正面的玻璃推拉窗下墙体上单击放置第一段墙饰条，在属性栏中调整参数如图 3-352 所示。

（11）在与上述绘制墙饰条墙面相邻的墙面

图 3-352

上捕捉单击放置墙饰条，围绕别墅墙面一周，依次单击放置墙饰条，结果如图 3-353 所示。

图 3-353

（12）选择"墙饰条—双排间距 300"的墙饰条类型，图 3-354 为正面一层阳台栏杆下的三面墙体添加墙饰条（具体标高为相对 0F 偏移 3450mm），再为入口顶棚上的墙体添加墙饰条（具体标高为相对 1F 偏移 3300mm）。

图 3-354

（13）同样的方法，选择"墙饰条—双排间距 300""墙饰条—单排"的墙饰条类型，在合适的标高为其他楼层高度的墙面添加墙饰条。其中最高处的墙饰条为"墙饰条—双排间距 560"（具体标高为相对 3F 偏移 2400mm）。完成后的模型如图 3-355 所示。

图 3-355

最后将模型保存文件为"内建模型 . rvt"。

3.11.6 小结

本节主要介绍了工作平面的设置以及内建模型的创建，工作平面是三维建模过程中需要清楚理解的概念，在二维平面中设计，则只有一个工作平面，但三维中，有无数个平面，只有事先确认好工作平面，才能准确将模型建立。软件在不同视图中有默认工作平面，无需设置，但读者需清楚。

内建模型作为该项目独有的图元，需掌握内建模型的创建方式，对拉伸、融合、旋转、放样和放样融合几种创建方式要学会灵活应用。至此，小别墅模型构建已基本完成，读者可以自行设计、修改三维建筑模型。在下一节中，将学习添加场地、地坪等构件。

3.12 场地

概述：场地作为房屋的地下基础，要通过模型表达出建筑与实际地坪间的关系，以及建筑的周边道路情况。本节将介绍场地的相关设置与地形表面、场地构件的创建与编辑的基本方法和相关应用技巧。

3.12.1 设置场地

单击"体量与场地"选项卡→"场地建模"面板→ ⌐ 按钮。在弹出的"场地设置"对话框中，可设置等高线间隔值、经过高程、添加自定义的等高线、剖面填充样式、基础土层高程、角度显示等项目进行全局场地设置，如图 3-356 所示。

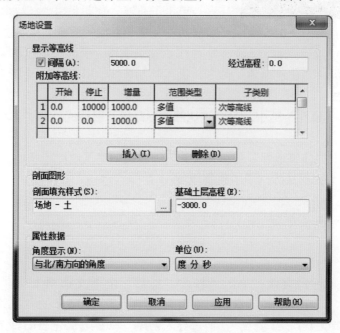

图 3-356

3.12.2　创建地形表面、子面域与建筑地坪

1. 地形表面

地形表面是建筑场地地形或地块地形的图形表示。默认情况下，楼层平面视图不显示地形表面，可以在三维视图或在专用的"场地"视图中创建。

单击打开"场地"平面视图→"体量与场地"选项栏→"场地建模"面板→"地形表面"命令，进入地形表面的绘制模式。

单击"工具"面板下"放置点"命令，在"选项栏" | 高程 0.0　　絶対高程 ▼ | 中输入高程值，在视图中单击鼠标放置点，修改高程值，放置其他点，连续放置则生成等高线。

单击地形"属性"框设置材质，完成地形表面设置。

2. 子面域与建筑地坪

"子面域"工具是在现有地形表面中绘制的区域，不会剪切现有的地形表面。例如，可以使用子面域在地形表面绘制道路或绘制停车场区域。"子面域"工具和"建筑地坪"

图 3-357

不同，"建筑地坪"工具会创建出单独的水平表面，并剪切地形，而创建子面域不会生成单独的地平面，而是在地形表面上圈定了某块可以定义不同属性集（例如材质）的表面区域，如图 3-357 所示。

（1）子面域。单击"体量与场地"选项卡→"修改场地"面板→"子面域"命令，进入绘制模式。用"线"绘制工具，绘制子面域边界轮廓线。

单击子面域"属性"中的"材质"，设置子面域材质，完成子面域的绘制。

（2）建筑地坪。单击"体量与场地"选项卡→"场地建模"面板→"建筑地坪"命令，进入绘制模式。用"线"绘制工具，绘制建筑地坪边界轮廓线。

在建筑地坪"属性"框中，设置该地坪的标高以及偏移值，在"类型属性"中设置建筑地坪的材质。

【提示】退出"建筑地坪"的编辑模式后，要选中建筑地坪才能再次进入编辑边界，常常会选中地形表面而认为选中了建筑地坪。

3.12.3　编辑地形表面

1. 编辑地形表面

选中绘制好的地形表面，单击"修改 | 地形"上下文选项卡→"表面"面板→"编辑表面"命令，在弹出的"修改 | 编辑表面"上下文选项卡的"工具"面板中，如图 3-358 所示，可通过"放置点""通过导入创建"以及"简化表面"三种方式修改地形表面高程点。

（1）放置点：增加高程点的放置。

（2）通过导入创建：通过导入外部文件创建地形表面。

（3）简化表面：减少地形表面中的点数。

图 3-358

2. 修改场地

打开"场地"平面视图或三维视图，在"体量与场地"选项卡的"修改场地"面板中，包含多个对场地修改的命令。

（1）拆分表面：单击"体量与场地"选项卡→"修改场地"面板→"拆分表面"命令，选择要拆分的地形表面进入绘制模式。用"线"绘制工具，绘制表面边界轮廓线。在表面"属性"框的"材质"中设置新表面材质，完成绘制。

（2）合并表面："体量与场地"选项卡"修改场地"面板下"合并表面"命令，勾选"选项栏"。☑删除公共边上的点 选择要合并的主表面，再选择次表面，两个表面合二为一。

【提示】合并后的表面材质，同先前选择的主表面相同。

（3）建筑红线：创建建筑红线可通过两种方式，如图 3-359 所示。

方法一：单击"体量与场地"选项卡→"修改场地"面板→"建筑红线"命令，选择"通过绘制来创建"进入绘制模式。用"线"绘制工具，绘制封闭的建筑红线轮廓线，完成绘制。

【操作技巧】要将绘制的建筑红线转换为基于表格的建筑红线，选择绘制的建筑红线并单击"编辑表格"。

方法二：单击"体量与场地"选项卡→"修改场地"面板→"建筑红线"命令，选择"通过方向和距离创建建筑红线"，如图 3-360 所示。

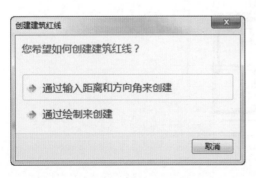

图 3-359

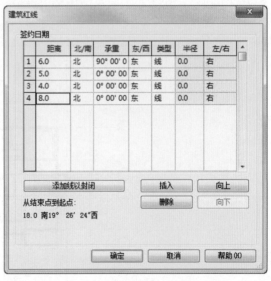

图 3-360

单击"插入"添加测量数据，并设置直线、弧线边界的距离、方向、半径等参数。调整顺序，如果边界没有闭合，点击"添加线以封闭"。确定后，选择红线移动到所需位置。

【提示】可以利用"明细表/数量"命令创建建筑红线、建筑红线线段明细表。

3.12.4 放置场地构件

进入到"场地"平面视图后，单击"体量与场地"选项卡→"场地建模"面板→"场地构建"命令，从下拉列表中选择所需的构件，例如树木、RPC 人物等，单击鼠标放置构件。

打开"场地"平面，单击"体量与场地"选项卡"场地建模"面板下"停车场构件"命令。从下拉列表中选择所需不同类型的停车场构件，单击鼠标放置构件。可以用复制、阵列命令放置多个停车场构件。选择所有停车场构件，单击"主体"面板下的"设置主体"命令，选择地形表面。停车场构件将附着到表面上。

如列表中没有需要的构件，则需从族库中载入。

3.12.5 案例操作

创建流程：

（1）打开"内建模型 .rvt"文件，在项目浏览器中展开"楼层平面"项，双击视图名称"场地"，进入场地平面视图。

（2）根据绘制地形的需要，绘制四条参照平面。单击"建筑"选项卡→"工作平面"面板→"参照平面"命令，移动光标到图中横向轴线左侧单击，沿垂直方向向下移动单击，绘制一条垂直参照平面，再绘制另外三条参照平面，大致位置可参照如图 3-361 所示，使参照平面包围住整个模型。

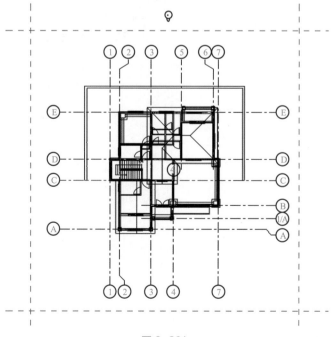

图 3-361

（3）单击"体量和场地"选项卡→"场地建模"面板→"地形表面"命令，进入编辑地形表面模式。

（4）单击"放置点"命令，选项栏显示"高程"选项， 高程 0.0 　　　绝对高程 ▼ 输入新的高程"2800"，在参照平面上单击放置四个高程点，如图 3-362 所示的上方四个黑色方形点。

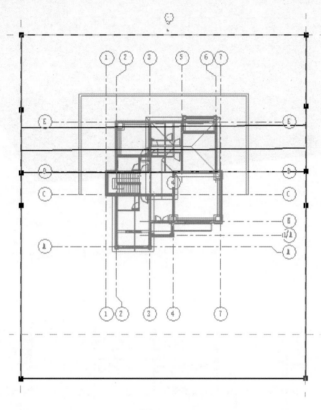

图 3-362

（5）将选项栏中的高程改为"0"，在参照平面上单击放置两个高程点，如图 3-362 所示的中部两个黑色方形点。

（6）将选项栏中的高程改为"—450"，在参照平面上单击放置四个高程点，如图 3-362 所示的下方四个黑色方形点。单击"完成编辑"按钮，切换到三维图，如图 3-363 所示。

通过以上的学习，创建了一个带有简单坡度的地形表面，而建筑的首层地面是水平的，下面将学习建筑地坪的创建。"建筑地坪"工具适用于快速创建水平地面、停车场、水平道路等。

（7）接上节练习，在项目浏览器中展开"楼层平面"项，双击视图名称"0F"，进入 0F 平面视图。

（8）单击"场地建模"面板→"建筑地坪"命令，进入建筑地坪的草图绘制模式。

（9）在属性栏中，设置参数"标高"为"0F"。单击"绘制"面板"直线"命令，沿挡土墙内边界顺时针方向绘制建筑地坪轮廓，如图 3-364 所示，保证轮廓线闭合。

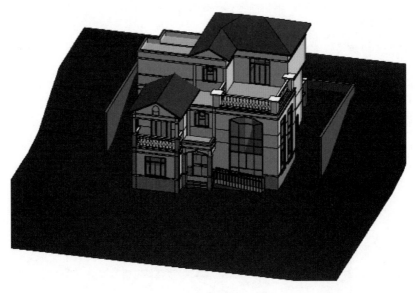

图 3-363

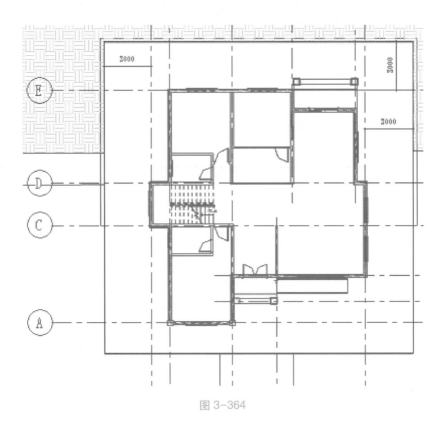

图 3-364

（10）单击"编辑类型"，打开"类型属性"对话框，单击"结构"后的"编辑"按钮，打开"编辑部件"对话框，单击"结构"后"编辑材质"按钮，打开"材质浏览器"对话框，选择"大理石抛光"，多次确定退出对话框。

单击"完成编辑"命令，创建建筑地坪。

（11）地形子面域（道路）：从项目浏览器中，双击楼层平面视图名称"场地"，进入场地平面视图。

（12）单击"体量和场地"选项卡→"修改场地"面板→"子面域"命令，进入草图绘制模式。

（13）利用"绘制"面板的"直线"、"圆形"工具和"修改"面板的"修剪"工具，绘制如图 3-365 所示的子面域轮廓，其中圆弧半径为 4500mm。

（14）在属性栏中，单击"材质"后的矩形图标，打开"材质"对话框，在左侧材质中选择"大理石抛光"，确定。单击"完成编辑"命令，完成子面域道路的绘制。

有了地形表面和道路，再配上生动的花草、树木、车等场地构件，可以使整个场景更加丰富。场地构件的绘制同样在默认的"场地"视图中完成。

（15）场地构件：在项目浏览器中双击视图名称"0F"，进入场地平面视图。

（16）选择"构件"→"放置构件"命令，在属性栏中选中"喷泉"，单击"放置"面板→"放置在工作平面上"，在上述绘制的子面域圆形区域的中心单击放置构件，如图 3-366 所示。

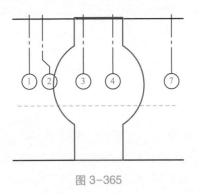

图 3-365

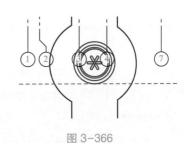

图 3-366

（17）单击"体量和场地"选项卡"场地建模"面板"场地构件"命令，在类型选择器中选择需要的构件。也可以单击"模式"面板的"载入族"按钮，打开"载入族"对话框。

（18）定位到"植物"文件夹并双击，在"植物"→"3D"文件夹中双击"乔木"文件夹，单击选择"白杨 3D. rfa"，单击"打开"载入到项目中。

（19）在"场地"平面图中可以根据自己的需要在道路及别墅周围添加各种类型的场地构件。图 3-367 所示为模型的效果展示图。

完成后保存文件为"场地 . rvt"。

3.12.6 小结

本节以小别墅模型的场地设置为例，讲解了 Revit 软件的场地建模功能，通过以上学习，读者需掌握地形表面、建筑地坪、子面域、场地构件等功能的使用。利用地形表面和场地修改工具，以不同的方式生成场地地形表面；建筑地坪可剪切地形表面；子面

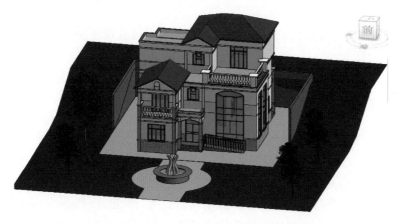

图 3-367

域是在地形表面上划分场地功能；场地构件则可为场地添加树、人等构件，丰富场地的表现。

至此，整个小别墅的模型设计工作已完成。作为 Revit 设计的基础，三维模型的创建是设计师首先需掌握的能力。下一节将利用已完成的模型进行渲染、漫游和出图等设计工作。

3.13 渲染与漫游

概述：在 Revit 中，可使用不同的效果和内容（例如照明、植物、贴花和人物）来渲染三维模型，通过视图展现模型真实的材质和纹理，还可以创建效果图和漫游动画，全方位展示建筑师的创意和设计成果。如此，在一个软件环境中，即可完成从施工图设计到可视化设计的所有工作，改善了以往在几个软件中操作所带来的重复劳动、数据流失等弊端，提高了设计效率。

在 Revit 中可生成三维视图，也可导出模型到 3DS Max 软件中进行渲染。本节将重点讲解设计表现内容，包括材质设置，创建室内外相机视图，室内外渲染场景设置及渲染，以及项目漫游的创建与编辑方法。

3.13.1 设置构件材质

在渲染之前，需要先给构件设置材质。材质用于定义建筑模型中图元的外观，Revit 软件提供了许多可以直接使用的材质，也可以自己创建材质。

1. 新建材质

打开"场地.rvt"文件，单击"管理"选项卡→"设置"面板→"材质"命令，打开"材质浏览器"对话框，如图 3-368 所示。单击右下方的"打开/关闭材质编辑器" 按钮。在"材质编辑器"对话框中，单击"图形特性"栏下"着色"中的"颜色"图标，不勾选"使用渲染外观"，可打开"颜色"对话框，选择着色状态下的构件颜色。单击选择倒数第三个浅灰色矩形，如图 3-369 所示，单击"确定"。

图 3-368

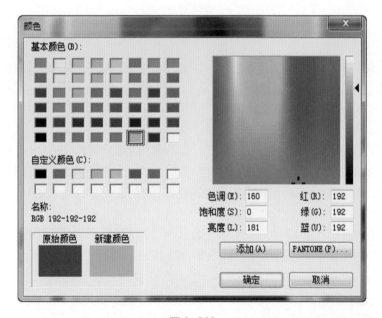

图 3-369

【提示】不勾选"使用渲染外观"表示该颜色与渲染后的颜色无关，只表现着色状态下构件的颜色。

单击"材质编辑器"中的"表面填充图案"下的"填充图案"，弹出"填充样式"

对话框，如图 3-370 所示。在下方"填充图案类型"中选择"模型"，在填充图案样式列表中选择"砌块 225×450"，单击"确定"回到"材质编辑器"对话框。

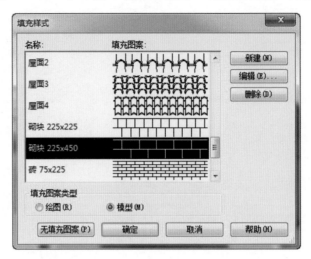

图 3-370

【知识点解析】"表面填充图案"指在 Revit 绘图空间中模型的表面填充样式，在三维视图和各立面都可以显示，但与渲染无关。

单击"截面填充图案"下的"填充图案"，同样弹出"填充样式"对话框，单击左下角"无填充图案"，关闭"填充样式"对话框。

【知识点解析】"截面填充图案"指构件在剖面图中被剖切到时，显示的截面填充图案。

单击"材质编辑器"左下方的"打开/关闭资源浏览器"按钮，打开"资源浏览器"对话框，双击"挡土墙—顺砌"，添加了"挡土墙—顺砌"的外观，在"材质浏览器"对话框中单击"确定"，完成材质"外部叠层墙"的创建，保存文件。

2. 应用材质

在项目浏览器中展开"楼层平面"项，双击视图名称"1F"进入 1F 平面视图。选择 6 与 D、E 轴线处的一面"外墙—米黄色石漆饰面"外墙，如图 3-371 所示。

单击"编辑类型"按钮，打开"类型属性"对话框。单击"结构"参数后的"编辑"按钮，打开"编辑部件"对话框。

单击选择"面层 1 ［4］"的材质"墙体—普通砖"，再单击后面的矩形"浏览"图标，打开"材质浏览器"对话框，如图 3-372 所示。在材质列表中下拉找到上一节中创建的材质"外墙饰面砖"。因材质列表内材质很多，无法快速找到所需材质，可在"输入搜索词"的位置单击输入关键字"外墙"，即可快速找到。

单击"确定"按钮关闭所有对话框，完成材质的设置。此时给 3F 的外墙的外层，设置了"外墙饰面砖"的材质。单击"视图"面板的"三维视图"命令，打开三维视图查看效果，如图 3-373 所示。

给定的样板文件已经给各构件添加了特有的材质，因此已有的材质无需······替换为新材质。

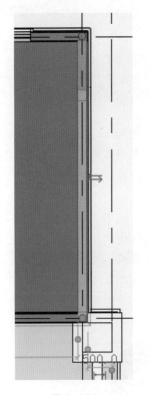

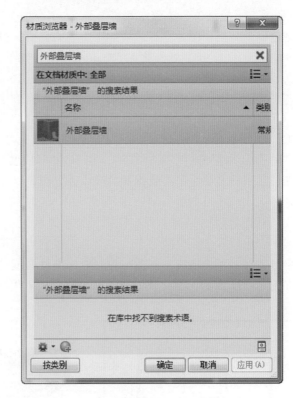

图 3-371　　　　　　　　　图 3-372

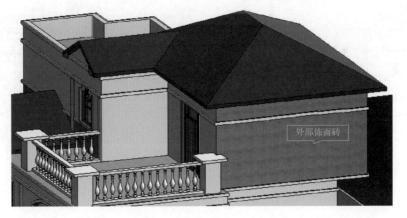

外部饰面砖

图 3-373

3.13.2　创建相机视图

在完成对构件赋予材质之后，渲染之前，一般需先创建相机透视图，生成渲染场景。

1. 创建水平相机视图

在"项目浏览器"双击视图名称"1F"进入 1F 平面视图。单击"视图"选项卡→

"三维视图"下拉菜单→选择"相机"命令，勾选选项栏的"透视图"选项，如果取消勾选则创建的相机视图为没有透视的正交三维视图，偏移量 1750，表示创建的相机视图是从相机位置从 1F 层高处偏移 1750mm 拍摄的，如图 3-374 所示。

图 3-374

移动光标至绘图区域 1F 视图中，在 1F 外部喷泉上方单击放置相机。将光标向上移动，超过建筑最上端，单击放置相机视点，如图 3-375 所示。此时一张新创建的三维视图自动弹出，在项目浏览器"三维视图"项下，增加了相机视图"三维视图 1"。

在"视图控制栏"将"视觉样式"替换显示为"着色"，选中三维视图的视口，视口各边中点出现四个蓝色控制点，单击上边控制点，单击并按住向上拖拽，直至超过屋顶，松开鼠标。单击拖拽左右两边控制点，向外拖拽，超过建筑后放开鼠标，视口被放大，如图 3-376 所示，至此就创建了一个正面相机透视图。

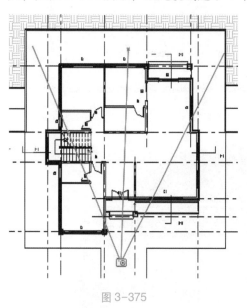

图 3-375

图 3-376

2. 创建鸟瞰图

在"项目浏览器"双击视图名称"1F"进入 1F 平面视图。单击"视图"选项卡→"三维视图"下拉菜单→选择"相机"命令，移动光标至绘图区域 1F 视图中，在 1F 视图中右下角单击放置相机，光标向左上角移动，超过建筑最上端，单击放置视点，创建的视线从右下到左上，此时一张新创建的"三维视图 2"自动弹出，在"视图控制栏"中将"视觉样式"替换显示为"着色"，选中三维视图的视口，单击各边控制点，并按住向外拖拽，使视口足够显示整个建筑模型时放开鼠标，如图 3-377 所示。

单击选中并拖动三维视图上的蓝色标头栏，以放大该视图。单击"视图"选项卡→"窗口"面板→"关闭隐藏对象"命令，关闭不需要的视图，当前只有"三维视图 2"

处于打开状态。双击项目浏览器中"立面（建筑立面）"中的"南"，进入南立面视图，如图 3-378 所示。

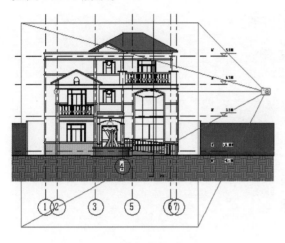

图 3-377

图 3-378

单击"窗口"面板"平铺"（快捷键 WT）命令，此时绘图区域同时打开三维视图 2 和南立面视图，在两个视图中分别在任意位置点击右键，在快捷菜单中单击"缩放匹配"，使两视图放大到合适视口的大小。选择三维视图 2 的矩形视口，观察南立面视图中出现相机、视线和视点。

单击南立面图中的相机，按住鼠标向上拖拽，观察三维视图 2，随着相机的升高，三维视图 2 变为俯视图，如图 3-379 所示。至此创建了一个别墅的鸟瞰透视图，保存文件。

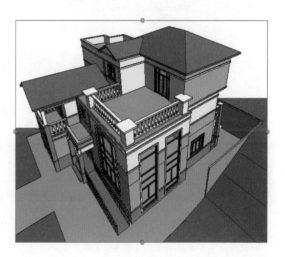

图 3-379

3.13.3　渲染

Revit 软件的渲染设置非常容易操作，只需要设置真实的地点、日期、时间和灯光即可渲染三维及相机透视图。单击视图控制栏中的"显示渲染对话框"命令，弹出"渲染"对话框，如图 3-380 所示。

按照"渲染"对话框设置渲染样式，单击"渲染"按钮，开始渲染并弹出"渲染进度"工具条，显示渲染进度，如图 3-381 所示。

【提示】渲染过程中，可按"取消"或 Esc 键取消渲染。

完成渲染后的图形如图 3-382 所示。单击"导出 ..."将渲染存为图片格式。关闭渲染对话框后，图形恢复到未渲染，如图 3-383 所示。

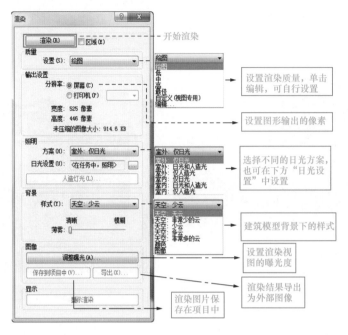

图 3-380

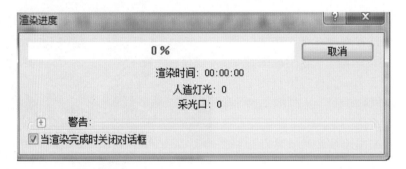

图 3-381

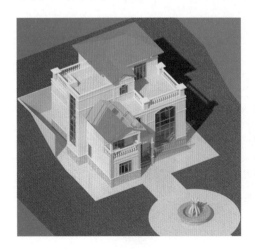

图 3-382

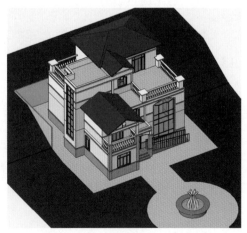

图 3-383

3.13.4　漫游

上节已讲述相机的使用，通过设置各个相机路径，即可创建漫游动画，动态查看与展示项目设计。

1. 创建漫游

在项目浏览器中双击视图名称"1F"进入首层平面视图。单击"视图"选项卡→"三维视图"下拉菜单→选择"漫游"命令。在选项栏处相机的默认"偏移量"为1750，也可自行修改。

| 修改｜漫游 | ☑ 透视图 | 比例：1：100 | ▼ | 偏移量：1750.0 | | 自 1F ▼ |

光标移至绘图区域，在平面视图中单击开始绘制路径，即漫游所要经过的路线。光标每单击一个点，即创建一个关键帧，沿别墅外围逐个单击放置关键帧，路径围绕别墅一周后，鼠标单击选项栏"完成"或按快捷键"Esc"完成漫游路径的绘制，如图 3-384 所示。

完成路径后，项目浏览器中出现"漫游"项，可以看到刚刚创建的漫游名称是"漫游 1"，双击"漫游 1"打开漫游视图。单击"窗口"面板"关闭隐藏对象"命令，双击项目浏览器中"楼层平面"下的"1F"，打开一层平面图，单击"窗口"面板"平铺"命令，此时绘图区域同时显示平面图和漫游视图。

在"视图控制栏"中将"视觉样式"替换显示为"着色"，选择渲染视口边界，单击视口四边上的控制点，按住向外拖拽，放大视口，如图 3-385 所示。

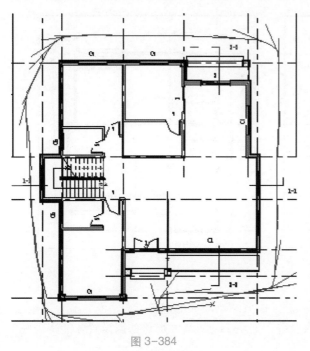

图 3-384

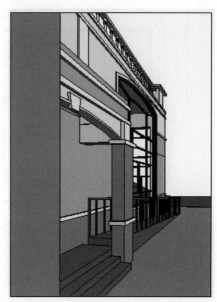

图 3-385

2. 编辑漫游

在完成漫游路径的绘制后，可在"漫游 1"视图中选择外边框，从而选中绘制的漫游路径，在弹出的"修改 | 相机"上下文选项卡中，单击"漫游"面板中的"编辑漫游"命令。

在"选项栏"中的"控制"可选择"活动相机"、"路径"、"添加关键帧"和"删除关键帧"四个选项。

选择"活动相机后"，则平面视图中出现由多个关键帧围成的红色相机路径，对相机所在的各个关键帧位置，可调节相机的可视范围，完成一个位置的设置后，单击"编辑漫游"上下文选项卡→"漫游"面板→"下一关键帧"命令，如图 3-386 所示。设置各关键帧的相机视角，使每帧的视线方向和关键帧位置合适，得到完美的漫游，如图 3-387 所示。

图 3-386

选择"路径"后，则平面视图中出现由多个蓝点组成的漫游路径，拖动各个蓝点可调节路径，如图 3-388 所示。

选择"添加关键帧"和"删除关键帧"后可添加/删除路径上的关键帧。

【提示】为使漫游更顺畅，Revit 在两个关键帧之间创建了很多非关键帧。

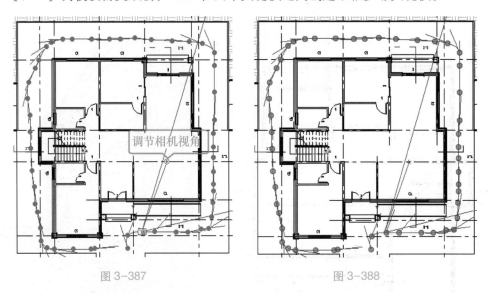

图 3-387　　　　　　　　　　　　　　　图 3-388

编辑完成后可按选项栏的"播放"键，播放刚刚完成的漫游。

【常见问题剖析】如需创建上楼的漫游，如从 1F 到 2F，那该如何设置才能实现呢？

答：有两种方法：

（1）可从 1F 开始绘制漫游路径，沿楼梯平面向前绘制，当路径走过楼梯后，可将"选项栏"中的"自"设置为"2F"，路径即从 1F 向上至 2F，同时可以配合选项栏的"偏移值"，每向前几个台阶，将偏移值增高，可以绘制较流畅的上楼漫游。

（2）在编辑漫游时，打开楼梯剖面图，将选项栏"控制"设置为"路径"，在剖面上修改每一帧位置，创建上下楼的漫游。

漫游创建完成后可单击应用程序菜单"导出"→"图像和动画"→"漫游"命令，弹出"长度/格式"对话框，如图 3-389 所示。

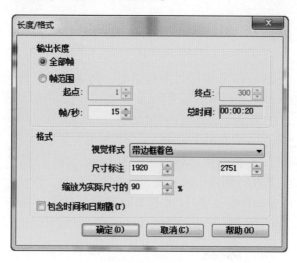

图 3-389

其中"帧/秒"项设置导出后漫游的速度为每秒多少帧，默认为 15 帧，播放速度会比较快，将设置改为 3 帧，速度将比较合适，按"确定"后弹出"导出漫游"对话框，输入文件名，选择"文件类型"与路径，单击"保存"按钮，弹出"视频压缩"对话框，默认为"全帧（非压缩的）"，产生的文件会非常大，建议在下拉列表中选择压缩模式为"Microsoft Video 1"，此模式为大部分系统可以读取的模式，同时可以减小文件大小，单击"确定"将漫游文件导出为外部 AVI 文件。

至此完成漫游的创建和导出，保存文件为"小别墅.rvt"。

3.13.5　小结

本节以小别墅模型为基础，对 Revit 软件的渲染与漫游功能进行了介绍，详细讲解了如何为构件赋予材质，如何创建相机和漫游动画，如何进行渲染设置等内容。除此之外，Revit 还有日光与阴影的设置等功能，若有需要，读者自行深入探索。熟练掌握渲染、漫游等功能的使用技巧与方法，可使建筑师更加灵活的表现设计方案。下节开始讲解明细表的统计。

3.14　明细表统计

*概述：*快速生成明细表作为 Revit 软件依靠强大数据库功能的一大优势，被广泛应用，通过明细表视图可以统计出项目的各类图元对象，生成相应的明细表，例如统计模型图元数量、图形柱明细表、材质数量、图纸列表、注释块和视图列表。在施工图设计过程中，最常用的统计表格是门窗统计表和图纸列表。

3.14.1　创建明细表

对于不同的图元可统计出其不同类别的信息，例如门、窗图元的高度、宽度、数量、合计和面积等。下面结合小别墅案例来创建所需的门、窗明细表视图，学习明细表统计的一般方法。

单击"视图"选项卡→"创建"面板→"明细表"下拉列表→"明细表/数量"，在弹出的"新建明细表"对话框中，如图 3-390 所示。在"类别"列表中选择"门"对象类型，即本明细表将统计项目中门对象类别的图元信息；默认的明细表名称为"门明细表"，确认为"建筑构件明细表"，其他参数默认，单击"确定"按钮，弹出"明细表属性"对话框，如图 3-391 所示。

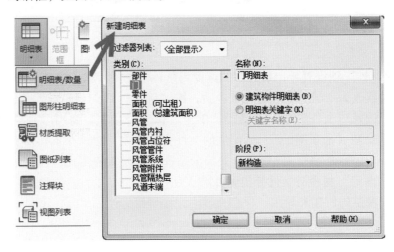

图 3-390

【提示】通过"过滤器列表"可以选择"建筑""结构""机械""电气"和"管道"五种不同的类别，勾选所需的类别，可快速选择不同类别下的构件。例如"建筑"类别下的"门"。

在"明细表属性"对话框的"字段"选项卡中，"可用的字段"列表中包括门在明细表中统计的实例参数和类型参数，选择"门明细表"所需的字段，单击"添加"按钮到"明细表字段"，例如类型、宽度、高度、注释、合计和框架类型。如需调整字段顺序，则选中所需调整的字段，单击"上移"或"下移"按钮来调整顺序。明细表字段从上至下的顺序对应于明细表从左至右各列的显示顺序。

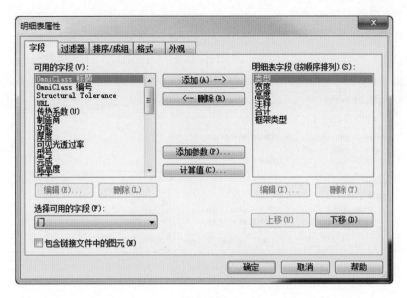

图 3-391

【提示】并非所有的图元实例参数和类型参数都可作为可用字段，在族创建时，仅限共享参数才能在明细表中显示。

完成"明细表字段"的添加后，如图 3-392 所示。切换至"排序/成组"选项卡，设置"排序方式"为"类型"，排序顺序为"升序"；取消勾选"逐项列举每个实例"，否则生成的明细表中的各图元会按照类型逐个列举出来。单击"确定"后，"门明细表"中将按"类型"参数值汇总所选字段。

切换至"格式"选项卡，可设置生成明细表的标题方向和样式，单击"条件格式"按钮，在弹出的"条件格式"对话框中，可根据不同条件选择不同字段，对符合字段要求可修改其背景颜色，如图 3-393 所示。

图 3-392

图 3-393

切换至"外观"选项卡。确认勾选"网格线"选项，设置网格线为"细线"；勾选"轮廓"选项，设置"轮廓"样式为"中粗线"，取消勾选"数据前的空行"；其他选项参照图 3-394 设置，单击"确定"按钮，完成明细表属性设置。

　　Revit 会自动弹至"门明细表"视图，同时弹出"修改明细表/数量"上下文选项卡，以及自动在"项目浏览器"的"明细表/数量"中生成"门明细表"。

图 3-394

　　切换至"过滤器"选项卡，设置过滤条件，如图 3-395 所示，"宽度"等于"800"；"高度"大于"2400"的门类别，单击"确定"按钮，返回明细表视图，则没有符合要求的门。其他过滤条件读者可自行尝试。

图 3-395

3.14.2　编辑明细表

　　完成明细表的生成后，如果要修改明细表各参数的顺序或表格的样式，还可继续编辑明细表。单击"项目浏览器"中的"门明细表"视图后，在"属性"框中的"其他"中，如图 3-396 所示，单击所需修改的明细表属性，可继续修改定义的属性。

　　通过"修改明细表/数量"上下文选项卡，可进一步编辑明细表外观样式。按住并拖动鼠标左键选择"宽度"和"高度"列页眉，单击"明细表"面板中的"成组"工具，如图 3-397 所示，合并生成新的表头单元格。

图 3-396

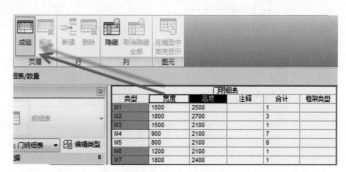

图 3-397

单击"成组"生成新表头单元格，进入文字输入状态，输入"尺寸"作为新页眉行名称，如图 3-398 所示。

门明细表					
类型	尺寸		注释	合计	框架类型
	宽度	高度			
M1	1500	2500			
M2	1800	2700		3	
M3	1500	2100		1	
M4	900	2100		7	
M5	800	2100		6	
M6	1200	2100		1	
M7	1800	2400		1	

图 3-398

【提示】明细表的表头各单元格名称均可修改，但修改后也不会修改图元参数名称。

在"门明细表"视图中，单击"M1"，在"修改明细表/数量"上下文选项卡中，单击"图元"面板中的"在模型中高亮显示"按钮，如未打开视图，则会弹出"Revit"对话框，如图 3-399 所示。单击"确定"后，弹出"显示视图中的图元"对话框，如图 3-400 所示。单击"显示"按钮，可以在包含该图元的不同视图中切换，切换到某一视图，单击"关闭"，则会完成项目中对"M1"的选择。

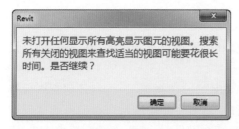

图 3-399

图 3-400

切换至"门明细表"视图中，将 M1 的"注释"单元格内容修改为"单扇平开"，如图 3-401 所示。修改后对应的 M1 的实例参数中的"注释"也对应修改，即明细表和对象参数是关联的。

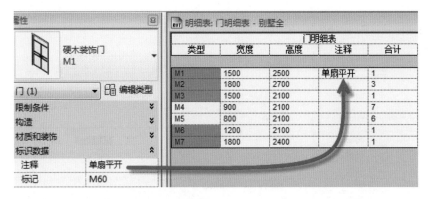

图 3-401

新增明细表计算字段：打开"明细表属性"对话框并切换至"字段"选项卡，单击"计算值"按钮，弹出"计算值"对话框，如图 3-402 所示。输入名称为"洞口面积"，修改"类型"为"面积"，单击"公式"后的"..."按钮，打开"字段"对话框，选择"宽度"及"高度"字段，修改为"宽度×高度"公式，单击"确定"按钮，返回明细表视图。

图 3-402

如图 3-403 所示，根据当前明细表中的门宽度和高度值计算洞口面积，并按项目设置的面积单位显示洞口面积。

单击"应用程序按钮"→"另存为"按钮→"库"→"视图"，可将任何视图保存为单独的 .rvt 文件，用于与其他项目共享视图设置，如图 3-404 所示。在弹出的"保存视图"视图对话框中，将视图修改为"显示所有视图和图纸"，选择"楼层平面 2F"和"明细表：门明细表"，单击"确定"按钮，即可将所选视图另存为独立的 .rvt 文件。

门明细表						
类型	宽度	高度	注释	合计	框架类型	洞口面积
M1	1500	2500	单扇平开	1		4 m²
M2	1800	2700		3		5 m²
M3	1500	2100		1		3 m²
M4	900	2100		7		2 m²
M5	800	2100		6		2 m²
M6	1200	2100		1		3 m²
M7	1800	2400		1		4 m²

图 3-403

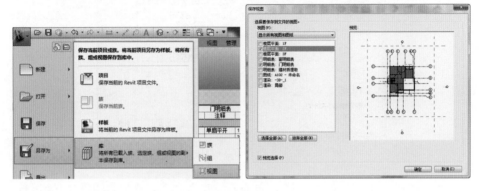

图 3-404

3.14.3　创建材料统计

材料的数量作为项目施工采购或概预算的重要依据，Revit 提供的"材质提取"明细表工具，用于统计项目中各类对象材质生成材质统计明细表。"材质提取"明细表使用方式类似于"明细表/数量"。下面使用"材质提取"统计小别墅项目中的墙材质。

单击"视图"选项卡→"创建"面板→"明细表"下拉列表→"材质提取"工具，弹出"新建材质提取"对话框，如图 3-405 所示。在"类别"列表中选择"墙"类别，单击"确定"按钮，打开"材质提取属性"对话框。

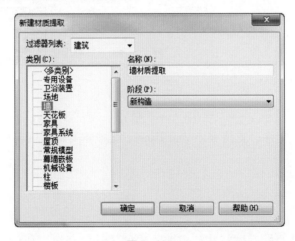

图 3-405

依次添加"材质：名称"和"材质：体积"至明细表字段列表中，然后切换至"排序/成组"选项卡，设置排序方式为"材质：名称"，不勾选"不逐项列举每个实例"选项，单击"确定"按钮，完成明细表属性设置，生成"墙材质提取"明细表，如图 3-406 所示。

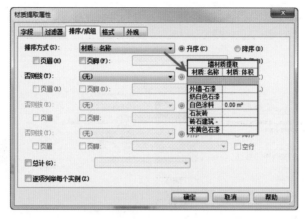

图 3-406

此时的"材质：体积"框单元格内容为 0。需要对"材质：体积"字段进行编辑。打开"材质提取属性"对话→单击"格式"选项卡→在"字段"列表中选择"材质：体积"字段，勾选"计算总数"选项。单击"确定"按钮后，返回明细表视图，"材质：体积"一栏中显示各类材质的汇总体积，如图 3-407 所示。

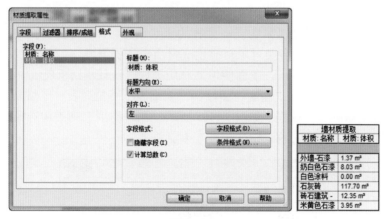

图 3-407

单击"应用程序菜单"→"导出"→"报告"→"明细表"选项，可以将所有类型的明细表导成文本文件，支持 Microsoft Excel、记事本等电子表格应用软件，作为通用的数据源。

3.14.4　小结

本节通过对小别墅模型进行门、窗明细表的统计，介绍了如何创建与编辑明细表。

明细表功能强大，不仅可以统计项目中各类图元对象的数量、材质、视图列表等信息，还可利用"计算值"功能在明细表中进行计算。明细表与模型的数据实时关联，是 BIM 数据综合利用的体现，因此在 Revit 设计阶段，需要制定和规划各类信息的命名规则，前期工作的扎实推进才能保证后期项目不同阶段实现信息共享与统计。下一节将继续以小别墅模型为基础，介绍如何布图与打印。

3.15　布图与打印

概述：在 Revit 软件中，可以快速将不同的视图和明细表放置在同一张图纸中，从而形成施工图。除此以外，Revit 形成的施工图能够导出 CAD 格式的文件与其他软件实现信息交换。本节主要讲解：在 Revit 项目内创建施工图图纸、图纸修订以及版本控制、布置视图及视图设置，以及将 Revit 视图导出为 DWG 文件时的图层设置等。

3.15.1　创建图纸

在完成模型的创建后，需要利用模型，打印出所需的图纸。此时需要新建施工图图纸，指定图纸使用的标题栏族，以及将所需的视图布置在相应标题栏的图纸中，最终生成项目的施工图纸。

单击"视图"选项卡→"图纸组合"面板→"图纸"工具，弹出的"新建图纸"对话框。如果此时项目中没有标题栏可供使用，单击"载入"按钮，在弹出的"载入族"对话框中，查找到系统族库中，选择所需的标题栏，单击"打开"载入到项目中，如图 3-408 所示。

图 3-408

单击选择"A1 公制"，单击"确定"按钮，此时绘图区域打开一张新创建的 A1 图纸，如图 3-409 所示，完成图纸创建后，在项目浏览器"图纸"项下自动添加了图纸"A101-未命名"。

单击"视图"选项卡→"图纸组合"面板→"视图"工具，弹出"视图"对话框，在视图列表中列出当前项目中所有可用的视图，选择"楼层平面 1F"，单击"在图纸中添加视图"按钮，如图 3-410 所示。确认选项栏"在图纸上旋转"选项为"无"，当显示视图范围完全位于标题范围内时，放置该视图。

在图纸中放置的视图称为"视口"，Revit 自动在视图底部添加视口标题，默认将以该视图的视图名称来命名该视口，如图 3-411 所示。

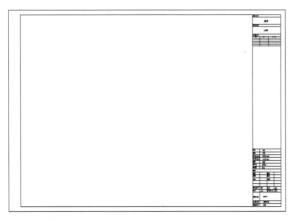

图 3-409　　　　　　　　　　　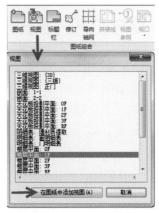

图 3-410　　　　图 3-411

▎3.15.2　编辑图纸

新建了图纸后，图纸上很多的标签、图号、图名等信息以及图纸的样式均需要人工修改，施工图纸需要二次修订等，所以面对这些情况均需要对图纸进行编辑。但对于一家企业而言，可事先订制好本单位的图纸，方便后期快速添加使用，提高工作效率。

1. 属性设置

在添加完图纸后，如果发现图纸尺寸不合要求，可通过选择该图纸，在"属性"框的下拉列表中可以修改成其他标题栏。例如 A1 可替换为 A2。

在"属性"框中修改"图纸名称"为"一层平面图"，则图纸中的"图纸名称"一栏中自动添加"一层平面图"。其他的参数，例如"审核者"、"设计者"与"审图员"等，修改了参数后会自动在图纸中修改。

选中放置于图纸中的视图，"属性"框中修改为"视口：有线条的标题"。修改"图纸上的标题"为"一层平面图"，则图纸视图中视口标题名称同时修改为"一层平面图"，如图 3-412 所示。

2. 图纸修订与版本控制

在项目设计阶段，难免会出现图纸修订的情况。通过 Revit 软件可记录和追踪各修订的位置、时间、修订执行者等信息，并将所修订的信息发布到图纸上。

单击"视图"选项卡→"图纸组合"面板→"修订"工具，在弹出的"图纸发布/修订"对话框中，如图 3-413 所示。单击右侧的"添加"按钮，可以添加一个新的修订信息。勾选序号 1 为已发布。

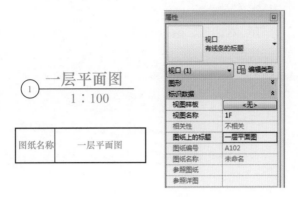

图 3-412

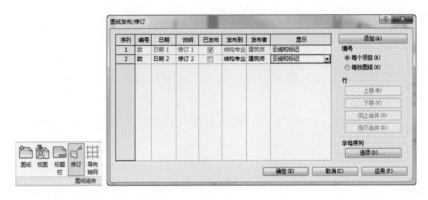

图 3-413

编号选择"每个项目",则在项目中添加的"修订编号"是唯一的。而按"每张图纸"则编号会根据当前图纸上的修订顺序自动编号,完成后单击"确定"按钮。

打开"F1"楼层平面视图,单击"注释"选项卡→"详图"面板→"云线"工具,切换到"修改 | 创建云线批注草图"上下文选项卡,使用"绘制线"工具按图 3-414所示绘制云线批注框选问题范围,完成后勾选"完成编辑"完成云线批注。

选中绘制的云线批注,在图 3-415 中的"选项栏"只能选择"序列 2-修订 2",因为"序列 1-修订 1"已勾选"已发布",Revit 软件是不允许用户向已发布的修订中添加或删除云线标注。在"属性"框中,可以查看到"修订编号"为 2。

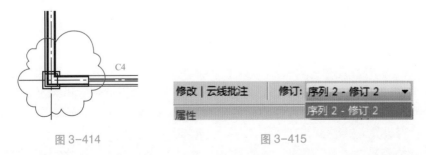

图 3-414　　　　　　　　　　　　　　图 3-415

在"项目浏览器"中打开图纸"A101-未命名",则在一层平面图中绘制的云线标注同样添加在"A101-未命名"图纸上。

打开"图纸发布/修订"对话框，通过调整"显示"属性可以指定各阶段修订是否显示云线或者标记等修订痕迹。在"显示"属性中选择"云线和标记"，则绘制了云线后，会在平面图中显示。

3.15.3　图纸导出与打印

图纸布置完成后，可直接打印图纸视图，或将制定的视图或图纸导出成 CAD 格式，用于成果交换。

1. 打印

单击"应用程序菜单"按钮，在列表中选择"打印"选项，打开"打印"对话框，如图 3-416 所示。在"打印机"列表中选择打印所需的打印机名称。

在"打印范围"栏中可以设置要打印的视口或图纸，如果希望一次性打印多个视图和图纸，选择"所选视图/图纸"选项，单击下方的"选择"按钮，在弹出的"视图/图纸集"中，勾选所需打印的图纸或视图即可，如图 3-417 所示。单击"确定"按钮，回到"打印"对话框。

在"选项"栏中进行打印设置后，即可单击"确定"按钮，开始打印。

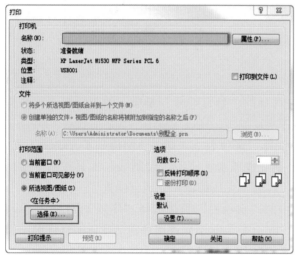

图 3-416

图 3-417

2. 导出 CAD 格式

Revit 软件中所有的平、立、剖面、三维图和图纸视图等都可导出成 DWG、DXF/DGN 等 CAD 格式图形，方便为使用 CAD 等工具的人员提供数据。虽然 Revit 软件不支持图层的概念，但可以设置各构件对象导出 DWG 时对应的图层，例如图层、线型、颜色等均可自行设置。

单击"应用程序菜单"按钮→在列表中选择"导出"→"CAD 格式"→"DWG"。在弹出的"DWG 导出"对话框中，如图 3-418 所示。

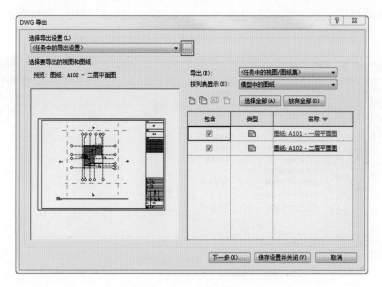

图 3-418

在"选择导出设置"栏中,单击"..."按钮,弹出"修改 DWG/DXF 导出设置"对话框,如图 3-419 所示。在该对话框中可对导出 CAD 时需设置的图层、线型、填充图案、颜色、字体、CAD 版本等进行设置。在"层"选项卡中,可指定各类对象类别以及其子类别的投影、截面图形在 CAD 中显示的图层 、颜色 ID。可在"根据标准加载图层"下拉列表中加载图层映射标准文件。Revit 软件提供了 4 种国际图层映射标准。

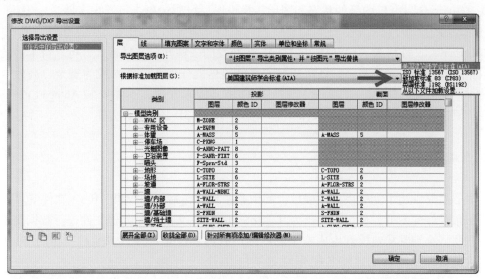

图 3-419

设置完成"层"外的其他选项卡后,单击"确定"完成,设置回到"DWG 导出"对话框。单击"下一步"转到"导出 CAD 格式—保存到目标文件夹"中,如图 3-420 所示。制定文件保存位置、文件格式和命名,单击"确定"按钮,即可将所选择的图纸导出成 DWG 数据格式。如果希望导出的文件采用 AUTOCAD 外部参照模式，勾选"将图纸上的视图和连接作为外部参照导出"，此处不勾选。

图 3-420

外部参照模式，除了将每个图纸视图导出为独立的与图纸视图同名的 DWG 文件外，还可单独导出与图纸视图相关的视口为 DWG 文件，并以外部参照文件的方式链接至图纸视图同名的 DWG 文件中。

【提示】导出 CAD 的过程中，除了 DWG 格式文件，同步会生成与视图同名的 .pcp 文件。用于记录 DWG 图纸的状态和图层转换情况，可用记事本打开该文件。

除导出为 CAD 格式外，还可以将视图和模型分别导出为 2D 和 3D 的 DWF（Drawing Web Format）文件格式。DWF 是由 Autodesk 开发的一种开放文件格式，可以将丰富的设计数据高效地分给需要查看、评审或打印这些数据的任何人，相对较为安全、高效。其另外一个优点是：DWF 文件高度压缩，文件小，传递方便，不需安装 Autocad 或 Revit 软件，只需安装免费的 Design Review 即可查看 2D 或 3D 的 DWF 文件。

3.15.4　小结

本节主要讲述了完成项目建模后，如何布图与打印最终的成果。Revit 软件既可以直接打印布置好的图纸，也可以导出为其他格式的 CAD 文件，与其他文件进行数据交换。

至此，小别墅从建模到生成施工图纸的所有内容已全部完成，通过完整的 Revit 操作实践过程，望读者能理解各操作的意义与 Revit 设计理念，才能够此进一步的理解 Revit 设计的流程和管理模式。读者可自行寻找实际案例作为操作素材，通过具体实践操作提高 Revit 软件的应用技能。

3.16　本章小结

　　本章系统的介绍了如何使用 Revit 的建模功能创建模型以及对模型进行渲染、布图与打印，至此读者应掌握在 Revit 中完成项目设计的全部流程。某小别墅三维模型是最为基础的建筑模型，通过案例操作以及拓展练习的学习，读者可自行创建更为复杂的模型，以熟悉 Revit 软件的各项功能。在设计过程中，除了使用本章节介绍的基本操作及表现外，还需灵活掌握项目设计中需要的各类族文件创建、体量创建等高级应用，后续章节将一一介绍。

第4章　族的创建及应用

概述：族（文件后缀.rfa）与第3章所讲的项目（文件后缀.rvt）不同，项目是包含建筑的所有设计信息的数据库模型，可以通过构建模型、项目视图、图纸关联等运用于项目的管理；而族是组成 revit 项目的基本元素，用于组成建筑模型构件。族是 Revit 的核心组成部分，是在 Revit 中设计所有建筑构件的基础。完成 Autodesk Revit2015 软件安装，软件会自带丰富的族库，供用户在创建项目时使用。在创建项目过程中用户常常需要自定义各种类型的族，以满足要求。Revit 2015 允许用户在族编辑器中创建和修改各种族。本章将介绍族的基本知识和如何使用族编辑器自定义族。

4.1　族的基本概念

4.1.1　族概念

Revit 族是具有相同类型属性的集合，是构成 Revit 项目的基本元素，用于组成建筑模型构件，例如墙、柱、门窗，以及注释、标题栏等都是通过族实现的。同时，族是参数信息的载体，每个族图元能够定义多种类型，每种类型可以具有不同的尺寸、形状、材质设置或其他参数变量。例如，"桌子"作为一个族可以有不同的材质和尺寸。

4.1.2　族的类别

Revit2015 中，根据族的存在和使用形式不同分为三种类别：系统族、内建族和可载入族。

（1）系统族：在项目和项目样板中预定义基本图元以及项目信息和系统设置，只能在项目中进行复制和修改类型，而不能作为外部文件载入或者创建。

（2）内建族：可以是模型构件也可以是注释构件，只能在项目文件里创建，也只能存储在当前的项目文件里，创建该类族时可以选择对象的类别。

（3）可载入族：可以是模型构件、注释构件、详图以及体量，在族编辑器中创建，独立保存为后缀名为.rfa 的文件，用户可以根据需要自行定义保存到族库或载入到项目中使用。

可载入族灵活度高，是用户在使用 Revit 2015 进行设计时最常创建和使用的族类型，创建这类族应该使用 Revit 2015 提供的特定族样板文件。

标准构件族根据族的用途不同可以分为三类：注释类别族、构件类别族和体量族。

（1）注释类别族：用于提取项目模型中构件的参数信息，例如窗标记、门标记和立面标记、高程点标高等。

（2）构件类别族：用于构成项目的模型，其中又分为独立个体族和基于主体的族，独立个体族是指能够独立放置的结构框架、家具等；基于主体的族是指必须依赖于主体放置的门、窗、天花板灯、门窗把手等，这些族必须附着于墙、天花板、楼板、面、线等主体之上，不能单独存在。

（3）体量族：用于建筑形体的概念设计和作为创建建筑构件的工具，例如在项目中通过体量创建各种复杂的概念模型，并可以将概念模型表面转化为屋顶、墙体等构件。

另外，根据空间维度，标准构件族还可以分为二维族和三维族，二维族的创建主要是线和面，可以单独使用也可以作为嵌套族载入三维族中，主要用于辅助建模和标注图元等；三维族的创建主要是立体模型，需要使用拉伸、放样、融合等命令创建，可以单独载入项目使用也可以嵌套载入其他三维族中。这两种族有各自的创建方法和创建样板，创建环境也有所不同，详情参见 4.2.2 族编辑器。

4.1.3 小结

本节主要介绍了族的概念和族的类别。族的分类方式很多，读者可根据定义和操作加以区分，其中，标准构件族是创建族类型时最常用的一种，理解标准构件族的分类，可快速选择适合的族样板进行创建和设计，下一节将介绍族样板和族编辑器。

4.2 创建族的要素

创建族（这里主要指标准构件族的创建）的流程：选择好族样板后，进入族编辑器创建基本形状，然后设置族参数，最后对族进行管理并根据需要运用到项目。总结族的创建要素包括族样板、族编辑器、族参数和族文件测试，这也是读者应重点掌握的内容。

在创建族之前需要了解，Revit 项目中建筑模型是由单个实际项组成的，这些单个实际项叫做图元。Revit 按照类别、族和类型对图元进行分类，三者的关系如图 4-1 所示。

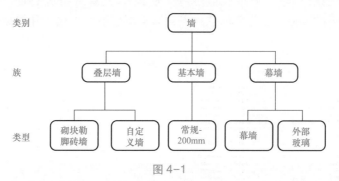

图 4-1

Revit 类别：是根据建筑构件的性质归类的一组图元，用于建筑设计进行建模或记录。例如族的类别有墙、窗、栏杆等。

Revit 族：是某一类别中图元的类。族根据参数（属性）集的共用、使用上的相同和图形表示的相似来对图元进行分组。一个族中不同图元的部分或全部属性可能有不同的值，但是属性的设置（其名称与含义）是相同的。

Revit 类型：每一个族都可以拥有多个类型。类型可以是族的特定尺寸，例如 300mm×42mm 或 A0 公制标题栏。类型也可以是样式，例如尺寸标注的默认对齐样式或默认角度样式。

▌4.2.1　族样板

1. 定义

族样板类似项目的项目样板，是自定义可载入族的基础，根据自定义族的不同用途与类型，Revit 2015 给出的族样板中包含了"注释"、"标题栏"和"概念体量"三个子文件夹，样板中预定义了常用视图、默认参数和部分构件。创建族初期应根据族类型选择族样板，族样板文件后缀名为 .rft。创建族的第一步便要根据族类型选择族样板文件。

2. 族样板的内容

不同的族样板作为不同族的基础，族样板中预定义的默认参数和部分构件具有一定的共性，每个族样板都有默认的"族类别和族参数"，在每一个视图中都有默认的参照平面和参照标高；同时具有特性的族样板根据自身的不同情况设有"预设构件"和"提示内容"等，例如门、窗族样板预设了主图图元"墙"并添加了洞口，同时还预设了门框和窗框及相关参数和尺寸标注，另外注释族里面预设了起提示作用的内容。下面将举例说明。

（1）预设参照平面和参照标高。以"公制常规模型"族样板新建族为例。进入 revit 2015 界面，单击左上角📄"应用程序按钮"→"新建"→"族"，选中"公制常规模型 .rft"族样板，单击"打开"，如图 4-2 所示。

【提示】Revit 2015 初次安装完成后，软件自带的族样板文件一般储存默认路径为：C：\ ProgramData \ Autodesk \ RVT 2015 \ Family Templates \ Chinese。

打开后，自动启动标准族编辑器进入默认视图（参照标高），如图 4-3 所示，绘图区域有三个参照平面，分别是 *XY*、*XZ* 和 *YZ* 平面，在此视图只能看到 *XZ* 和 *YZ* 平面，单击功能区中"创建"→"工作平面"→"显示"，能看到当前平面为 *XY* 平面。这三个平面的交点（0，0，0）点为族的插入点，通常情况不要去移动和解锁这三个平面。

图 4-2

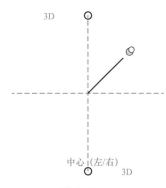

图 4-3

在族样板中还预设了一些常用的视图，如图 4-4 所示"项目浏览器"中的"楼层平面""天花板平面"、"三维视图"和"立面视图"，打开族样板文件默认进入的是"参照标高"视图，单击立面视图中的"前"、"后"、"左"、"右"视图可以看见相应的参照平面和参照标高如图 4-5 所示。

图 4-4

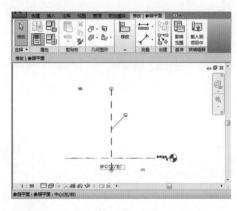

图 4-5

族样板中的参照平面和参照标高用于定义族的原点，是绘制其他参照平面和创建几何模型的重要辅助工具，预设的参照平面都定义了名称和属性。

【提示】1）如果用户想更改族的插入点，可以先选择要设置插入点的参照平面，在"属性"对话框中勾选"定义原点"，如图 4-6 所示，这个参照平面就成为插入点。

2）如果用户想更改参照平面的类型，可以选择想要更改类型的参照平面，在"属性"对话框单击"是参照"下拉列表选择类别，如图 4-7 所示。

图 4-6

图 4-7

强参照：尺寸标注和捕捉时的优先级最高，表现在放置、选择族和创建永久尺寸时，"强参照"都将首先高亮显示和被捕捉。

弱参照：尺寸标注和捕捉优先级低于"强参照"，标注尺寸时需要通过"Tab"键切换才能捕捉"弱参照"。

左、中心（左/右）、前中心（前/后）等：这些参照平面的优先级和"强参照"类似，但在同一个族中只能出现一次，通常用来表示族的临界边的参照平面，例如几何图形的底、顶、左、右、前、后。

（2）族类别和族参数。族样板都有默认的"族类别和族参数"设置，在新建的族中单击功能区"创建"→"属性"→⊞"族类别和族参数"按钮，弹出"族类别和族参数"对话框，如图 4-8 所示，该设置决定了族在项目中的工作特性。

族类别：决定族的类型，不同的"族类别"设置会有不同的默认属性，例如，在对话框"族类别"中分别选择"柱"和"家具"，分别单击"确定"后单击功能区"创建"→"属性"→⊞"属性"按钮，如图 4-9 所示。

图 4-8

图 4-9

族参数：选择不同的"族类别"，其"族参数"也会有不同的显示，同样如图 4-9 所示分别选择"柱"和"家具"族类别，表现在属性中"其他"也是不同的，以"柱"和"家具"族为例，说明其中部分"族参数"的意义如下：

1）基于工作平面：通常不勾选，若勾选了该项，该样板创建的族文件只能放置于某个工作平面或者实体表面而不能单独放置。

2）加载时剪切的空心：若勾选了该项，当族导入项目时，带有空心且基于面的实体切割能显示出被切割的空心部分。

3）将几何图形自动连接到墙：若勾选了该项，当柱族导入项目时会与同其相交的墙自动连接形成一个整体。

4）共享：若勾选了该项，当族作为嵌套族被载入另一个主体族中，这个主体族载入到项目后，嵌套族也能在项目中单独被调用。

5）在平面视图中显示族的预剪切：若勾选了该项，在项目平面视图中结构柱可以被剪切，否则，不管平面视图剖切高度如何，柱将以族编辑器平面视图中制定的高度显示。

（3）预设构件和相关尺寸参数。有些族样板根据自身族的设计特点，提高设计的效率会在族样板中预定义一些通用的基本的构件和参数。以"公制窗.rft"族样板为例。

打开"公制窗.rft"族样板。分别进入"项目浏览器"中的"内部"和"右"立面视图并平铺窗口，从各个视图看"公制窗.rft"族样板，如图4-10所示，不仅设有族样板共有的参照平面和参照标高、默认的族类别和族参数，还添加了通用构件及其相关尺寸参数。

预设构件：该样板是"基于墙的"的公制样板，在项目中必须放置在墙体上，样板中预设了作为主体图元的"墙体"，并在墙体上添加了"洞口"，该洞口确定窗的形状和位置。

【提示】1）样板中预设主体墙的厚度为200，用户可以通过"属性"→"编辑类型"进行修改，但其厚度并不会影响项目中实际加载墙的厚度。

2）用户如果需要修改墙体上的"洞口"的形状，可以选中洞口，单击功能区"修改｜洞口剪切"→"编辑草图"进行修改。

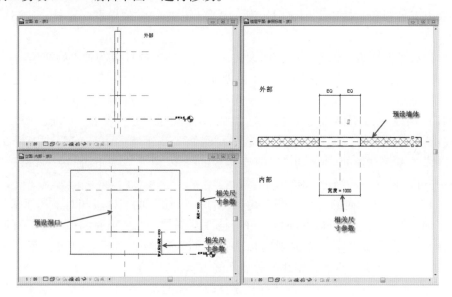

图 4-10

相关尺寸参数：用于提高建模效率创建的通用尺寸参数，"公制窗.rft"族样板预设了定义窗的基本参数，见表4-1。

表 4-1　　　　　　　　　　　　　　　　　　窗 的 基 本 参 数

参　　数	参 数 值
高度	1500mm
宽度	1000mm
默认窗台高度	900mm

注意:
请更改族类别以设置相应的
注释类型。

插入点位于参照平面的交点。

使用前请删除此注意事项。

图 4-11

【提示】高度和宽度在创建窗族时确定窗的大小，与洞口关联；而默认窗台高度用于窗族加载到项目中时，控制窗台底高度的位置。

（4）提示内容。注释类族样板一般为了帮助用户了解该样板的基本用法以及注意事项，会在绘图区域添加红色的文字提示，创建此类族时可以将提示文字删除，以"公制常规注释.rft"为例，如图 4-11 所示。

3. 族样板的分类和使用

（1）族样板的分类。Revit 2015 软件中的族样板文件包含"标题栏"、"概念体量"和"注释"三个子文件夹，用于创建相应的构件族；子文件夹下其他样板包括用于创建门、窗、幕墙、栏杆、常规模型、家具、详图项目等构件族。

族样板根据使用方式的不同分为两大类：基于主体的族样板和独立族样板。

1）基于主体的族样板：使用这类样板创建的族一定要依附在某一个特定建筑图元的表面上，通过嵌入、紧靠或者剪切等形式与主体关联，会随着主体的变化（形状、位置、参数）而变化，不能独立放置。这类族样板除了"公制门…….rft"和"公制窗…….rft"，其他都可以通过名称进行区分，例如"基于墙的…….rft""基于天花板的…….rft""基于屋顶的…….rft""基于楼板的…….rft""基于面的…….rft""基于线的…….rft"和"……标记.rft"等。

【提示】①"基于面的…….rft""基于线的…….rft"的族样板相对于其他基于主体的样板更加灵活，其主体可以在项目中进行拾取。例如，"基于面的…….rft"的样板，它的主体可以是一切工作平面或者实体表面，而不局限于墙或者楼板；而"基于线的…….rft"的族样板只需要指定线的起点和终点就可以放置。

② 名称为"……标记.rft"的族样板是比较特殊的基于主体的样板，这类族用于提取项目模型中构件的参数信息，只能依赖于标记对象放置，例如"门标记.rft"只能对项目中的门进行标记。

2）独立族样板：使用这类样板创建的族不依赖于主体，在项目中可以自由放置在任何位置。除了上述所说的"基于主体的"族样板，其他的都是"独立族样板"，例如"公制常规模型.rft""公制体量.rft""公制家具.rft""公制轮廓.rft"等。

另外，族样板还可以分为二维族样板和三维族样板。二维族样板用于创建二维族，主要包括注释类族、详图构件、标题栏；三维族样板用于创建三维族，主要包括家具、体量、门窗等，二维族和三维族的创建方式和使用的命令有很大的区别，将在 4.2.2 节"族编辑器"进行区分讲解。

（2）族样板的使用。创建 Revit 构件族，首先选择相应的族样板，一般可以根据族的名称选择对应的族样板，但是并不是千篇一律，例如部分构件族可以使用"基于面的公制常规模型.rft"代替"基于楼板的公制常规模型.rft"和"基于天花板的公制常规模型.rft"等；可以利用"公制柱.rft"自适应建筑层高的特点创建自动扶梯。读者应熟悉各种族样板，根据族的特点灵活选用族样板。

4.2.2　族编辑器

选择合适的族样板，打开进入创建族的设计环境——族编辑器。族编辑器与第三章的 Revit 2015 项目环境的外观相似，如图 4-12 所示，这里不作详细介绍，不同之处在于设计栏选项卡包含的命令不同，而且不同的族样板其族编辑器的命令工具也不尽相同，主要区别体现在选项卡下的功能区命令，其中二维族和三维族的编辑器因其创建方式不同，族编辑器里选项卡下功能区命令设置也不同，分别以标题栏族"公制家具.rft"和"A2 公制.rft"为例进行说明图 4-13 所示的"公制家具.rft"族编辑器和图 4-14 所示的"A2 公制.rft"族编辑器：

图 4-12

图 4-13　"公制家具.rft"族编辑器

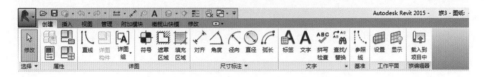

图 4-14　"A2 公制.rft"族编辑器

从图 4-13"公制家具.rft"族编辑器和图 4-14"A2 公制.rft"族编辑器可知，三维族"公制家具.rft"族编辑器的"创建"面板设置有"形状""模型""控件""连接件"等创建命令，而"A2 公制.rft"族编辑器的创建命令就是"公制家具.rft"族编辑器中"注释"选项卡里的"尺寸标注""详图""文字"等命令。下面以三维族和二维族的创建为读者介绍其族编辑器的不同。

1. 三维族的创建

（1）工作平面。三维族可以在平面视图、立面视图、三维视图和剖面视图中进行创建，每个视图都与工作平面相关联，在族编辑器中的大多数视图里，工作平面都是自动设置的，也可以自行设置。单击功能区"创建"→"工作平面"→"设置"按钮，弹出对话框如图 4-15 所示，可以通过选择参照平面的名称、拾取一个平面、拾取线并使用绘制改线的工作平面等方法进行设置。另外，可以通过单击功能区中"创建"→"工作平面"→"显示"按钮显示隐藏的当前工作平面如图 4-16 所示。

图 4-15

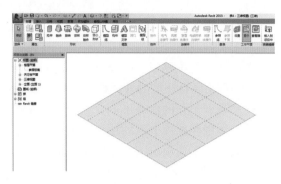

图 4-16

（2）基准参照。基准参照分为参照平面和参照线，在创建族的过程中是绘图的辅助工具，贯穿整个建模过程。

参照平面：单击功能区"创建"→"基准"→"参照平面"命令，在任意视图绘制直线即为参照平面，在该平面视图中看到的仅是一根直线，但其实是一个平面，也可将参照平面设置成工作平面。通常在设置参变时，需要将实体尺寸边界"锁定"在参照面上用于驱动实体。

参照线：主要用于控制角度参变。单击功能区"创建"→"基准"→"参照线"命令，在任意视图绘制参照线，在三维视图将鼠标放在参照线上，可以看到"参照线"提供了 4 个可进行绘制的参照平面：一个平行于线本身的工作平面；另一个平面垂直于该平面，且两个平面都经过参照线；线的端点处有 2 个附加平面，如图 4-17 所示。另外也可以绘制弯曲的"参照线"，但弯曲"参照线"只有端点处定义的 2 个参照面，如图 4-18 所示。

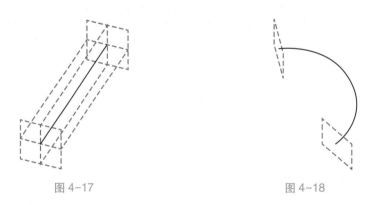

图 4-17　　　　　　　　　　　　　图 4-18

【提示】设置实体角度参变的时候，可以灵活应用参照线上的参照平面作为工作面进行绘制实体，避免因额外的参照面出现过约束现象，利用"参照线"进行"角度参变"和利用"参照平面"进行"实体驱动"将在下一节族参数中详细讲解。

（3）创建形状。三维族编辑器中"创建"选项卡下"形状"面板中提供了创建实心形状和创建空心形状两种创建方式。创建实心形状和创建空心形状又提供了拉伸、融合、旋转、放样和放样融合 5 种创建方式，创建方法同 3.11 节内建模型的创建，总结见表 4-2。

表 4-2　　　　　　　　　　　　　五种模型的创建方式

创建方式	命令	说明	轮廓	实心模型	空心模型
拉伸	拉伸 空心拉伸	通过拉伸二维轮廓来创建三维形状，通过设置拉伸起点和拉伸终点设置拉伸高度	二维轮廓		
融合	融合 空心融合	通过融合两个轮廓来创建三维形状。指定模型不同的底部形状和顶部形状，该形状沿着指定的高度方向融合成三维形状	顶部轮廓 底部轮廓		
旋转	旋转 空心旋转	通过绕轴旋转放样二维轮廓创建三维形状。通过设置轮廓旋转的起始角度和结束角度可以旋转任意角度	旋转轴 旋转轮廓		
放样	放样 空心放样	通过沿路径放样二维轮廓创建三维形状。指定放样的路径，路径的垂直面的封闭轮廓沿着路径放样	放样路径 放样轮廓		
放样融合	放样融合 空心放样融合	通过两个二维轮廓沿着定义的路径进行融合创建三维形状。指定模型不同的起始形状和结束形状，沿着指定的二维路径融合成三维形状	起始形状 放样融合路径 结束形状		

【提示】1）空心形状的创建方法跟实心形状基本一样，实心和空心形状也可以相互转换：选中实体，在"属性"对话框中"实心丨空心"下拉菜单选择"空心"，则实心

形状转为空心形状，如图 4-19 所示。

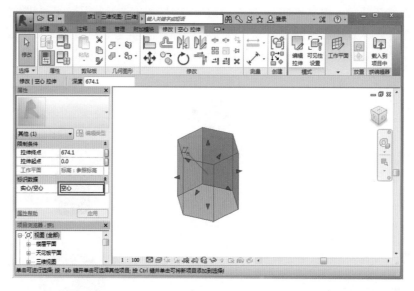

图 4-19

2）实心形状和实心形状之间可以通过"修改"选项卡"编辑几何图形"面板中的"连接几何图形"实现连接，如图 4-20 所示，而"取消连接几何图形"可以将连接的几何图形分离。

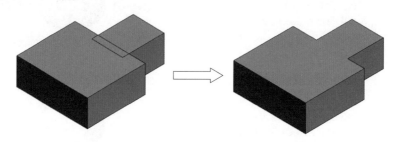

图 4-20

3）空心形状可以通过"修改"选项卡"编辑几何图形"面板中的"剪切几何图形"剪切实心形状，如图 4-21 所示。

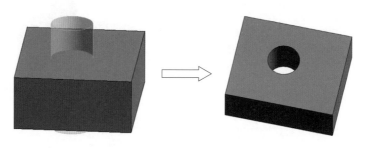

图 4-21

【例题 4.2.1】绘制如图 4-22 所示的厚度为 20mm 的曲面族。

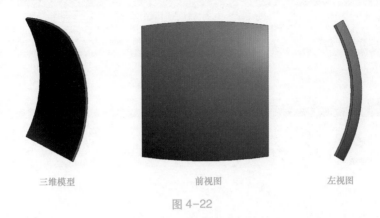

　　三维模型　　　　　　　　前视图　　　　　　左视图

图 4-22

　　建模思路：此模型为曲面族，类似电视屏幕，可以通过"放样"命令进行创建，先绘制曲线路径，再绘制轮廓，曲线轮廓沿着曲线路径放样形成曲面。

　　创建过程：

　　① 选择族样板：在"应用程序菜单"中单击"新建"→"族"命令，选择"公制常规模型.rft"族样板文件，单击"打开"按钮，进入族编辑器。

　　② 放样：单击功能区"创建"→"放样"进入绘图模式，默认视图为"参照标高"。

　　③ 设置工作平面：单击"工作平面"面板的"设置"，弹出工作平面对话框，选择"拾取一个平面"，如图 4-23 所示，选择水平投影面进入前视图。

　　④ 绘制放样路径：单击"修改|放样"选项卡下"放样"面板"绘制路径"命令，如图 4-24 所示，再单击"绘制"面板"起点—终点—半径弧"命令，如图 4-25 所示，绘制放样路径，图 4-26 所示为完成后的放样路径。绘制完成后选择"√"。

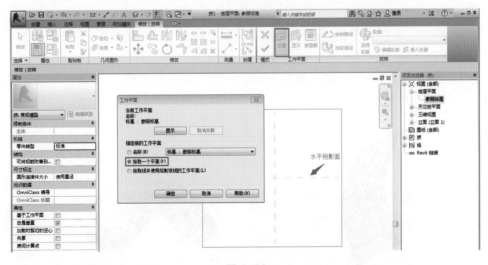

图 4-23

图 4-24

图 4-25

⑤ 绘制放样轮廓：选择"放样"面板的"编辑轮廓"命令，在编辑轮廓视图中分别选择"绘制"面板中"起点—终点—半径弧"和"直线"命令，绘制轮廓如图 4-27 所示。

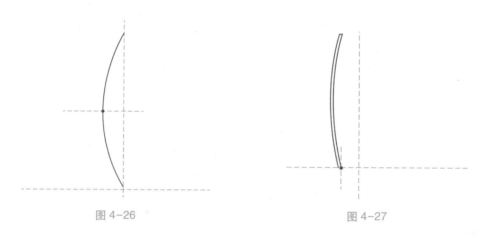

图 4-26   图 4-27

绘制完成后单击"√"，完成放样。单击视图栏"视觉样式"→"真实"，如图 4-28 所示。

【例题 4.2.2】使用"公制常规模型 . rft"族样板，创建如图 4-29 所示的壶嘴模型，壶嘴两端外直径分别为 100mm 和 60mm，内直径分别为 90mm 和 50mm。

图 4-28   图 4-29

建模思路：此壶嘴模型为曲线形族，两端形状大小不同，可以采用"放样融合"命令创建，空心壶嘴可使用剪切命令。首先利用"放样融合"命令创建壶嘴的模型，再复制出一个空心的壶嘴，修改空心壶嘴的直径，利用剪切工具，完成空心壶嘴的制作，最后利用空心拉伸剪切掉壶嘴多余的部分。

创建过程：

① 选择族样板：在"应用程序菜单"中单击"新建"→"族"命令，选择"公制常规模型 .rft"族样板文件，单击"打开"按钮，进入族编辑器。

② 放样融合：单击功能区"创建"→"放样融合"进入绘图模式，默认视图为"参照标高"。

③ 设置工作平面：单击"工作平面"面板"设置"，弹出工作平面对话框点选"名称"选择"参照平面：中心（前/后）"进入前视图。

④ 绘制放样融合路径：单击"修改 | 放样融合"选项卡下"放样融合"面板"绘制路径"命令，再单击"绘制"面板"样条曲线"命令，绘制如图 4-30 所示路径，完成后选择"√"。

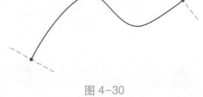

图 4-30

⑤ 绘制轮廓 1 和轮廓 2：依次选中"选择轮廓 1"，"编辑轮廓"如图 4-31 所示，打开三维视图，用圆图形绘制直径 100mm 的轮廓 1；同样绘制直径 60mm 的轮廓 2，如图 4-32 所示，绘制完成后选择"√"，完成轮廓编辑，选择"视觉样式"中的"真实"，如图 4-33 所示。

图 4-31

图 4-32

图 4-33

⑥ 编辑空心壶嘴：先选中壶嘴，使用"复制"命令下的"与同一位置对齐"命令，在原位置复制一个壶嘴，如图 4-34 所示。

选中其中一个壶嘴，单击"编辑放样融合"命令，如图 4-35 所示，依次编辑轮廓 1、轮廓 2，如图 4-36 所示，使其半径缩小 10mm，完成编辑后选择"√"，如图 4-37 所示。

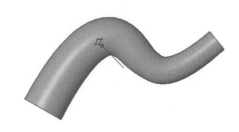

图 4-34

图 4-35

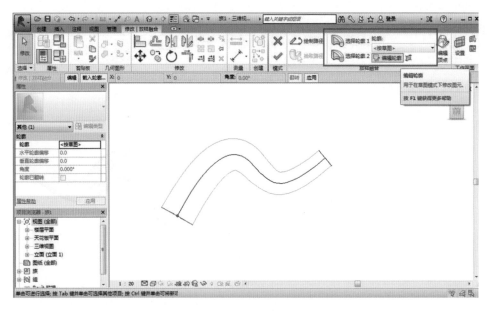

图 4-36

选中小号壶嘴，在属性栏中将其改为空心形状，如图 4-38 所示，利用"剪切"命令将两个壶嘴剪切，如图 4-39 所示。

图 4-37

⑦ 空心拉伸：利用"拉伸"工具，剪掉壶嘴多余的部分。

进入"参照标高"视图，在"创建"面板中单击"拉伸"命令，设置拉伸起点、拉伸终点分别为—250、250，绘制如图 4-40 所示的形状。同时在属性栏中选择"空心"，完成编辑后单击"√"。

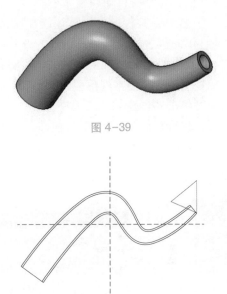

图 4-39

图 4-38

图 4-40

单击"几何图形"面板中的"剪切"工具，再分别选择壶嘴和空心三棱柱图元，如图 4-41 所示，完成壶嘴的创建如图 4-42 所示。

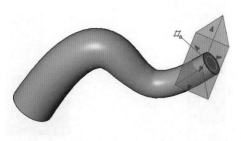

图 4-41

图 4-42

（4）其他三维族创建功能。

1）模型线。"创建"选项卡"模型"面板中的"模型线"可以与"注释"选项卡"详图"面板中的"符号线"对比理解。

"模型线"是可以用于表示建筑设计中的三维几何图形，可以在三维视图绘制，并且在所有视图中都可见；而"符号线"仅可以用于创建符号，而不作为构件或建筑模型的实际几何图形一部分的线，只能在平面和立面绘制，不能在三维视图绘制，且仅能在绘制符号线的视图中可见。

2）模型文字。"创建"选项卡"模型"面板中的"模型文字"可以与"注释"选项卡"文字"面板中的"文字"对比理解。

"模型文字"创建的是三维实体文字，可以指定字体的大小、深度和材质，当载入到项目中三维实体文字仍然可见；而"文字"仅用于在当前视图中添加文字注释，修改视图比例，文字将自动调整大小。

3）控件。控件的作用是让族在项目中可以按照"控件"的指向方向翻转，例如门放置在不同位置的时候，开启线的方向也会不同，这种情况并不需要创建多个门族，添加"控件"即可控制门的翻转方向，具体用法如下：

① 基于"公制常规模型.rft"族样板新建一个族文件，创建拉伸形状如图 4-43 所示。

② 单击"创建"→"控件"→"双向水平"，如图 4-44 所示，在拉伸形状上部单击鼠标左键，添加"双向水平"控件，同样的方法在拉伸形状下部添加"单向水平"控件。

图 4-43　　　　　　　　　　　　　　　　图 4-44

③ 将族载入到项目中，选中该族的时候出现"双向水平"和"单向水平"控件的符号，单击"双向水平"符号，该族左右翻转，如图 4-45 所示。单击"单向水平"符号，该族单方向水平翻转，如图 4-46 所示。

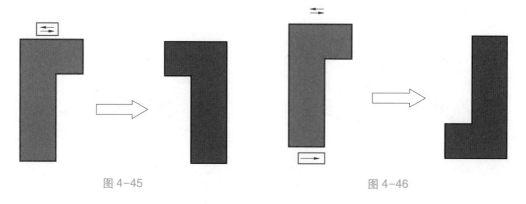

图 4-45　　　　　　　　　　　　　　　　图 4-46

2. 二维族的创建

二维族主要有详图构件族、标题栏族、轮廓族和注释族，这些族可以单独使用，也可以作为嵌套族载入到三维族中使用，例如，在用"放样"和"放样融合"命令创建形状时，可以载入轮廓族作为主体族的"放样轮廓"和"放样融合轮廓"。

二维族主要用于平面图例、平面标注和辅助建模。二维族的创建和三维族有所不同，主要体现在视图、基准和创建形式不同，读者可对比三维族的创建加以理解，总结见表 4-3。首先，创建二维族的工作平面只有一个，轮廓族和详图构件族只能在"楼层平面"视图的"参照标高"工作平面上绘制，注释族和标题栏族只能在"视图"平面上绘制。其次，二维族的创建不需要参照平面，只需要参照线作为基准。另外，二维族的创建形式主要是线和文字，所以其"创建"选项卡提供的只有"详图"、"尺寸标注"和"文字"等面板，具体内容参照图 4-14"A2 公制 . rft"族编辑器。

表 4-3　　　　　　　　　　　　　　二维族和三维族的不同

分类	视图	基准	创建形式
二维族	平面视图	参照线	线、文字
三维族	平面、立面、剖面、三维视图	参照线、参照面	线、面、文字、体

【例题 4.2.3】通过载入轮廓族建立如图 4-47 所示的螺母，高度为 50mm，内边为直径 100mm 的圆，外边为直径 200mm 圆的外接多边形。

建模思路：此螺母可以采用放样的方法进行创建，题中要求采用载入轮廓族，则需要先绘制轮廓族，然后载入到绘制好路径的螺母族中，创建形状即可。

图 4-47

创建过程：

① 创建轮廓族：新建族，选择"公制轮廓 . rft"族样板，进入族编辑，单击"直线"命令如图 4-48 所示。在"绘制"面板中选择"圆形"，绘制如图 4-49 所示的同心圆，直径分别为 100mm 和 200mm。在"绘制"面板中选择"外接多边形"，绘制外圆的外接多边形如图 4-50 所示。

图 4-48

删除最外层的圆，完成螺母轮廓绘制，如图 4-51 所示，并保存族为"正六边形"。

② 创建螺母族：新建族，选择"公制常规模型 . rfa"族样板，进入前立面视图，选择"创建"→"放样"→"绘制路径"命令绘制一条长度为 50 的路径，如图 4-52 所示，单击"√"完成。

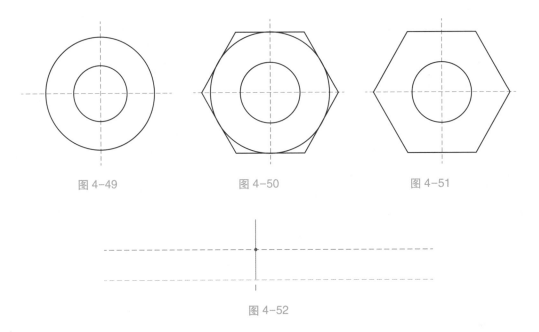

图 4-49　　　　　　　　图 4-50　　　　　　　　图 4-51

图 4-52

③ 载入轮廓族：单击"插入"→"载入族"找到第①步保存的轮廓族打开，单击"修改 | 放样"回到创建螺母的编辑界面，单击"选择轮廓"→"按草图"，选择载入的族"正六边形"，如图 4-53 所示，单击"√"完成螺母的创建，进入三维视图，如图 4-54 所示。

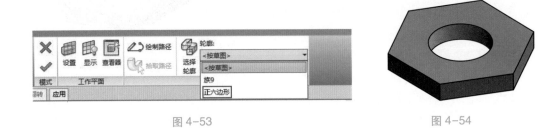

图 4-53　　　　　　　　　　　　　　　图 4-54

▌4.2.3　族参数

1. 新建族类型和族参数

（1）新建族类型。一个族可以有很多种类型，每个类型有不同的尺寸形状。一个族要创建不同的类型通常有两种方法。

一种方法是在创建族的界面，单击功能区"常用"→ "族类型"按钮，弹出"族类型"对话框，对族类型和族参数进行设置，如图 4-55 所示，单击右上角"新建"按钮可以添加族类型。这种方法对于族类型较少的情况比较适用，当在项目中载入该族时，它下面的所有族类型将会被载入。

另一种方法，可以用类型目录文件新建族类型。类型目录是一个逗号分隔的 TXT 文

图 4-55

件。它的好处在于，对于族类型较多的情况，方便族类型的编辑和管理，而且当该族载入项目时，类型目录可帮助用户完成对族的选择和排序，并仅将在项目中所需的特定族类型载入，可减少项目的尺寸，并在选择类型时最大程度地缩短类型选择器的下拉列表长度，具体做法参见 4.2.4 族的使用中的批量载入。

（2）新建族参数。参数化的作用是将模型中的定量信息变量化以减少模型数据的大小，使其可任意调整。给变量化参数赋予不同数值，就可以得到不同大小、形状、材质、显隐性的构件模型，因为有了参数，族才具有强大的生命力。单击"族类型"对话框中"添加"按钮，如图 4-56 所示。打开"参数属性"对话框，如图 4-57 所示。通过选择合适的"规程"和合适的"参数类型"设置参数。

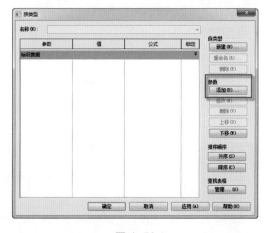

图 4-56

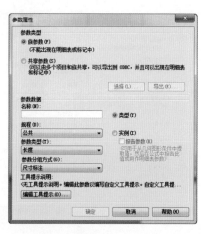

图 4-57

【知识点解析】1）不同的"规程"对应的"参数类型"不同。以"公共"规程为例，各参数类型格式意义如下：

文字：完全自定义，用于收集唯一性的数据。

整数：始终表示为整数的值。

数目：用于收集各种数字数据，可通过公式定义，也可以是实数。

长度：用于设置构件或图元的长度，可通过公式定义。

区域：用于设置构件或图元的面积，可通过公式定义。

体积：用于设置构件或图元的体积，可通过公式定义。

角度：用于设置构件或图元的角度，可通过公式定义。

坡度：用于创建定义坡度的参数。

货币：用于创建货币参数。

URL：提供指向用户定义的 URL 的网络连接。

材质：用于建立可在其中指定特定材质的参数。

图像：用于建立可在其中指定特定光栅图像的参数。

是/否：用于定义"是"或"否"条件判断参数，常用于实例属性。

族类型：用于嵌套构件，可在族载入到项目中后替换构件。

分割的表面类型：用于建立可驱动分割面板和图案等表面构件的参数，可通过公式定义。

2）参数分组方式：当族载入到项目中后，确定此参数在"族类型"对话框中显示在哪一组标题下，方便用户查找参数。

2. 参数分类

设置参数属性的时候提供两种属性供选择："族参数"和"共享参数"如图 4-58 所示。

族参数：只能用于当前族，载入项目后不能出现在明细表或标记中。

共享参数：添加"共享参数"的时候，需要事先创建好 TXT 文档，或者通过"创建"按钮创建一个 TXT 文档记录这个参数，如图 4-59 所示，这样的"共享参数"可以用于多个项目和族，在项目中可以出现在明细表和标记中。

图 4-58

图 4-59

另外，在添加参数类型为"族参数"和"共享参数"的时候还可以分别设置"类型"和"实例"两种参数，这两种类型的参数在载入到项目中使用时有所不同。

类型参数：当一个族的多个相同的类型被载入到项目中，类型参数的值只能在"属性"面板中单击"编辑类型"出现的"类型属性"对话框中进行修改，如图4-60所示，并且类型参数的值一旦修改，该族被运用到该项中的同类型构件都会变化，如图4-61所示设置立柱"高度"参数为类型参数，载入到项目中放置两个构件，修改其中一个立柱"高度"的值，另一个也会同步修改。

图 4-60

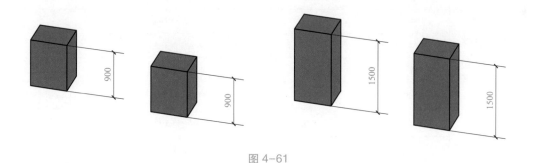

图 4-61

实例参数：当一个族的多个相同的类型被载入到项目中，实例参数的值只能在"属性"面板中修改，如图所示，并且修改类型参数的值，只有当前被修改的这个类型族实体会发生相应变化，该族其他同类型的构件实例参数值仍然保持不变，如图4-62所示，设置立柱"高度"参数为类型参数，载入到项目中放置两个构件，修改其中一个立柱"高度"的值，另一个保持不变。

【提示】族中定义的"实例参数"均可以定义为"报告参数"，即可以根据图元的实际尺寸和位置提取得到实际尺寸值，用于作为族条件判断或统计到明细表中。

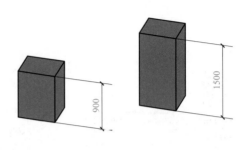

图 4-62

3. 族公式

在族编辑器中，可以用公式控制各参数的值及实现各参数之间的关联，合理的使用公式可以简化族，提高族的运行速度和适用范围。

"公式"在族创建过程中十分常用，一个简单的例子是对象的宽度参数等于高度的两倍。实际上，公式有多种用途，有简单的，也有复杂的。"公式"的使用包括嵌入设计关系、将一些实例关联到可变长度和设置角度关系，见表 4-4。

表 4-4　　　　　　　　　　　　　　族编辑器常用公式

	运算逻辑	符号	例子	例子的返回值
算术运算	加	+	3mm+2mm	5mm
	减	−	4mm−1mm	3mm
	乘	*	2mm×3mm	$6mm^2$
	除	/	6mm/2mm	3
数学函数	指数	^	3mm^3	$27mm^3$
	对数	log	log（10）	1
	平方根	sqrt	sqrt（100）	10
	正弦	sin	sin（90）	1
	余弦	cos	cos（90）	0
	正切	tan	tan（45）	1
	反正弦	asin	asin（1）	90°
	反余弦	acos	acos（0）	90°
	反正切	atan	atan（1）	45°

续表

	运算逻辑	符号	例子	例子的返回值
其他	10 的 x 方	exp	exp（2）	100
	绝对值	abs	abs（-10）	10
	四舍五入	round	round（4.1）	4
	取上限	roundup	roundup（4.1）	5
	取下限	rounddown	rounddown（4.9）	4
常用条件语句	大于	>	$x>y$	如果 $x>y$，返回真，否则为假
	小于	<	$x<y$	如果 $x<y$，返回真，否则为假
	等于	=	$x=y$	如果 $x=y$，返回真，否则为假
	逻辑与	and	and（$x=1$，$y=2$）	当 $x=1$，并且 $y=2$ 时，返回真，否则返回假
	逻辑或	or	or（$x=1$，$y=2$）	当 $x=1$，或者 $y=2$ 时，返回真，只有当 $x\neq1$，并且 $y\neq2$ 时，才返回假
	逻辑非	not	not（$x=1$）	当 $x\neq1$ 时，返回真，当 $x=1$ 时，返回假
	条件语句	if（条件，返回1，返回2）	if（$x=1$，1mm，2mm）	当 $x=1$ 时，返回 1mm，否则返回 2mm

4. 族参数应用

（1）尺寸驱动：尺寸驱动是通过设置实体的尺寸参数来调整实体的尺寸大小，以门洞口族为例，制作门窗洞口族，并设置参数，使其宽、高尺寸可变。

创建过程：

1）新建族，选择族样板"基于墙的公制常规模型.rft"，如图 4-63 所示，进入族编辑器界面。

2）绘制参照平面，进入"放置边"或"后面"视图，绘制四条参照平面，如图 4-64 所示。

3）绘制洞口，单击"创建"选项卡下"模型"面板中的"洞口"命令，用"矩形"命令绘制洞口，并将洞口的四条边锁定在参照平面上，如图 4-65 所示。

图 4-63

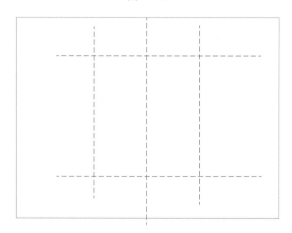

图 4-64

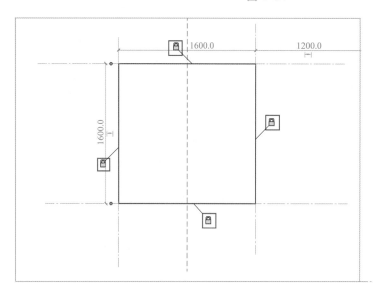

图 4-65

4）添加尺寸参数，用对齐尺寸标注洞口的宽、高，并将尺寸标注锁定在参照线上，如图 4-66 所示。

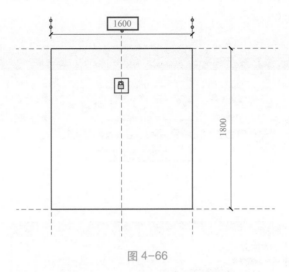

图 4-66

【操作技巧】关于锁定功能的使用。在创建族的过程中，如需要对构件添加尺寸参数，在绘制出定位的参照平面后，将需要布置的构件与参照平面使用对齐尺寸标注功能对齐并锁定，当对参照平面的尺寸标注参数化后，不管同一个参照平面上对齐锁定有多少构件，都可以通过改变参照平面的定位参数来实现其他构件的定位。这一功能可以起到简化参数、界面简洁的效果，这也是创建族时较常用的操作。如步骤 4）洞口的尺寸是通过参照平面的距离尺寸控制的，所以洞口边界一定要锁定在参照平面上。

选中需要设置参数的尺寸标注"1600"，如图 4-67 所示，单击状态栏"标签"下拉

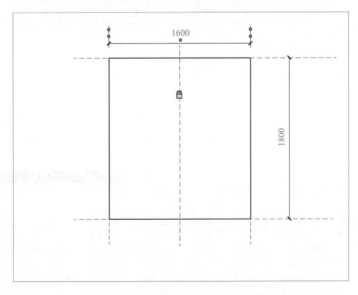

图 4-67

按钮选择"添加参数",如图 4-68 所示。弹出"参数属性"对话框,名称命名为"洞口宽度",选择"实例"参数类型,同理,完成洞口高度的参数添加,选择"√",完成族的创建,如图 4-69 所示。

图 4-68

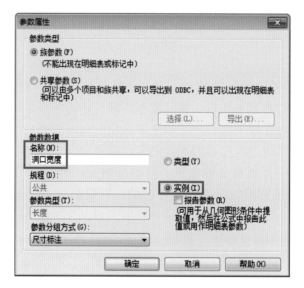

图 4-69

【提示】这里选择"实例"是为了方便族载入项目后,在属性栏中直接修改洞口的尺寸。

5)新建项目,把创建好的族载入到项目中,在建筑选项卡选择"放置构件",如图 4-70 所示,选中洞口即可在属性栏中更改洞口的宽度、高度,如图 4-71 所示。

图 4-70

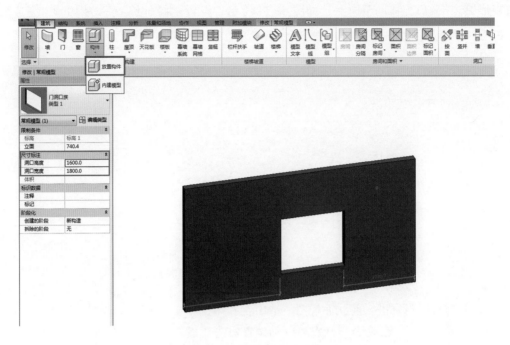

图 4-71

（2）数量控制。数量控制是指族载入项目后，相同的子构件可以通过修改参数以改变数量，以百叶窗的百叶为例，制作百叶构件，设置参数，实现数量可变。

创建过程：

1）新建族，添加高度参数。选择族样板"公制常规模型 .rft"，进入前立面绘制参照平面，标注高度尺寸并与参照标高锁定，添加高度参数，如图 4-72 所示。

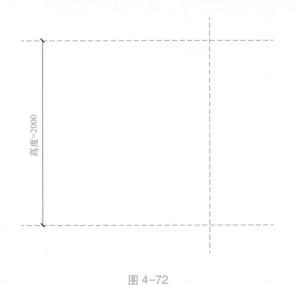

图 4-72

2）创建百叶。进入右立面视图，通过拉伸命令创建百叶扇，尺寸如图 4-73 所示，将矩形旋转 45°后，移动至原点，如图 4-74 所示，设置"拉伸终点"为 1000，完成后单击 ✔。

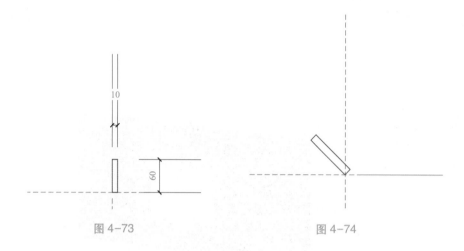

图 4-73　　　　　　　　　　　　　　图 4-74

3）阵列百叶扇。进入前立面视图，选中百叶扇，单击"修改 | 拉伸"选项卡"修改"面板中"阵列" ⊞ 命令。状态栏分别设置勾选"成组关联""约束""项目数"默认为 2，如图 4-75 所示。

图 4-75

单击百叶扇的上边界与垂直参照面的交点作为"移动起点"，状态栏中点选"最后一个"，单击上部水平参照面与垂直参照面的交点作为"移动终点"，如图 4-76 所示，并将第二个扇叶上边界通过"对齐"命令锁定在上部参照面上。

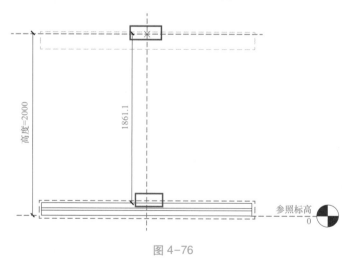

图 4-76

4）添加数量参数，选中其中一个扇叶，左边出现扇叶的个数，选中数字如图 4-77 所示，单击"状态栏"中"标签"下拉菜单，选择"添加参数"，弹出"参数属性"对话框，参数名称命名为"扇叶个数"，完成后单击"确定"，如图 4-78 所示。

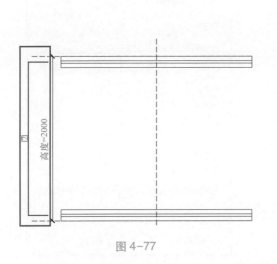

图 4-77

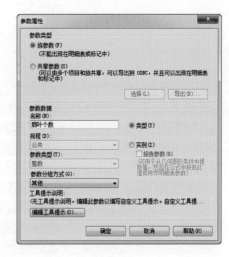

图 4-78

【操作技巧】第二个扇叶上边界要与上部参照面锁定，否则"扇叶个数"参数就无法与"高度"参数关联。

5）关联参数，在族编辑器中单击"族类型" 按钮，编辑扇叶个数参数"公式"为"=高度/200mm"，扇叶个数自动变为 10 个，如图 4-79 所示。

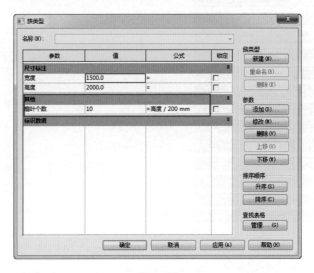

图 4-79

6）新建项目，把创建好的百叶族载入到项目中，在建筑选项卡选择"放置构件"，在项目中放置百叶窗扇叶，如图 4-80 所示。选中扇叶族，单击属性栏"编辑类型"，弹出"类型属性"对话框，如图 4-81 所示。

在"类型属性"对话框中修改"高度"参数值为 3000 或者修改"扇叶个数"参数值为 15，百叶窗扇叶数都自动更改为 15 个，如图 4-82 所示。

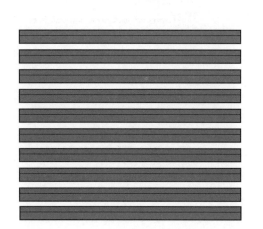

图 4-80

图 4-81

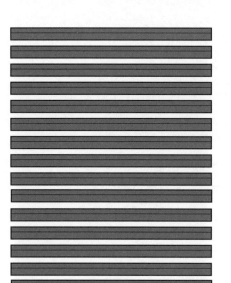

图 4-82

（3）角度控制。角度控制是指族载入项目后，在属性中更改角度值大小，角度可变。以扇形洞口为例，制作扇形洞口，设置角度参数，实现角度可变。

创建过程：

1）新建族，选择族样板"基于墙的公制常规模型 .rft"。进入"放置边"视图进行绘制。单击"创建"选项卡下"模型"面板中的"洞口"命令，并绘制参照平面，如图 4-83 所示。

2）创建扇形洞口，进入"创建洞口边界"界面，用"直线""圆心—端点弧"命令绘制扇形边界，如图 4-84 所示。

3）添加角度参数，运用"角度尺寸标注"对扇形角度进行标注，并添加角度参数，命名为"角度"，选择"实例参数"类型，如图 4-85 所示，以垂直参照面为角平分线，同样的方法对扇形半角角度标注，并添加角度参数，命名为"半角"，选择"实例参数"类型，如图 4-86 所示。

4）添加直径参数，选择"直径尺寸标注"对扇形直径标注，并添加直径参数，命名为"直径"，选择"实例参数"类型，如图 4-87 所示。

5）运用公式关联参数，单击功能区"创建"→"属性"→"族类型" ，弹出"族类型"对话框，在"半角"参数后面添加公式"＝角度/2"，如图 4-88 所示。单击"√"完成扇形洞口的创建。

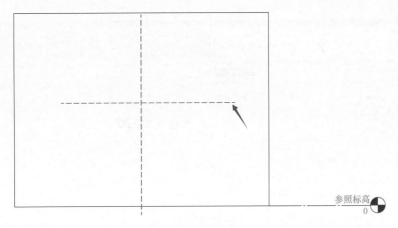

图 4-83

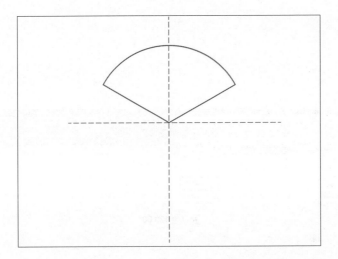

图 4-84

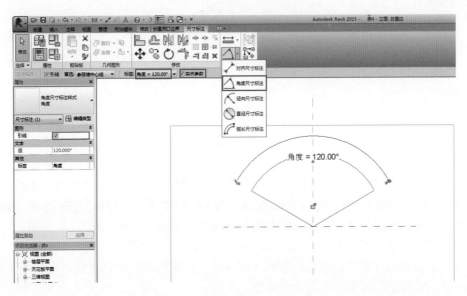

图 4-85

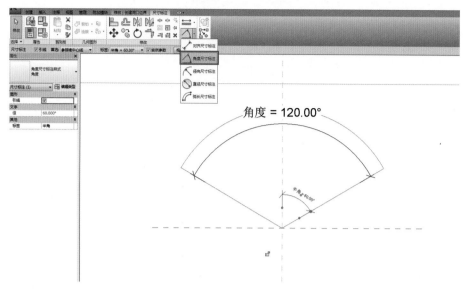

图 4-86

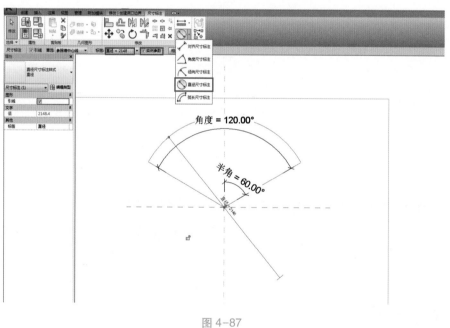

图 4-87

【提示】添加半角公式是为了让角度与中心线关联，扇形可等分改变角度大小。

6）将族载入新建项目。在项目中绘制一面墙，放置扇形构件。在左边的"属性"对话框中调整"角度"的大小即可控制扇形的角度，如图 4-89 所示。

【提示】"半角"参数尺寸是暗显的，因为其值直接跟参数"角度"的值关联。

（4）材质控制。材质控制是指族载入项目后，在属性中可以修改构件的材质。以单扇窗为例，实现窗边框和玻璃的材质可变。

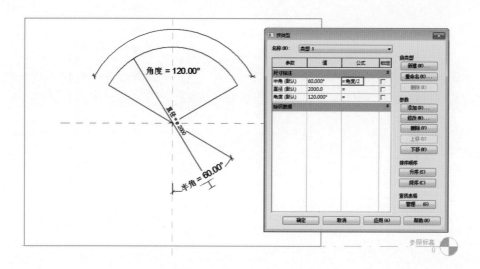

图 4-88

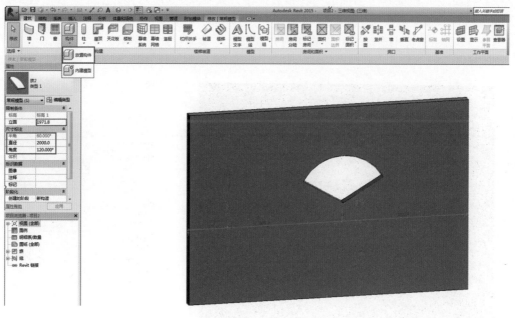

图 4-89

创建过程：

1）新建族，选择族样板"公制窗 . rft"，打开族编辑器，进入"内部"立面视图。

2）新建窗，以默认的窗洞口大小为窗的尺寸，单击"创建"选项卡"形状"面板"拉伸"，绘制 60mm 宽窗框，如图 4-90 所示，在属性中设置"拉伸起点"为—200，"拉伸终点"为 0，单击"√"完成窗框绘制，同样的方法绘制窗玻璃轮廓如图 4-91 所示，属性中设置"拉伸起点"为—105，"拉伸终点"为—95，单击"√"，完成窗玻璃绘制。

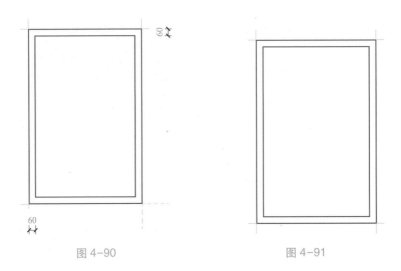

图 4-90　　　　　　　　　　　　　　　　图 4-91

3）添加材质参数，进入三维视图，选中窗框，如图 4-92 所示，单击"属性"对话框中"材质"、"按类别"后面的关联参数按钮，如图 4-93 所示，弹出"关联参数"对话框，单击"添加参数"，如图 4-94 所示，在弹出的对话框中添加"窗框材质"参数，如图 4-95 所示，选中窗玻璃，以同样的方法添加"玻璃材质"参数。

图 4-92　　　　　　　　　　　　　　　　图 4-93

4）在项目中修改材质。将族载入到新建项目中，在项目中绘制一面墙，放置"窗"构件，视图栏调整视觉样式为"真实"，选中"窗"构件，单击属性栏"编辑类型"，弹出"类型属性"对话框，单击"玻璃材质"后的按钮，如图 4-96 所示，弹出材质对话框，如图 4-97 所示，可以修改玻璃为磨砂玻璃或钢化玻璃等材质，同理可以修改"窗框材质"为木材或者金属。

图 4-94

图 4-95

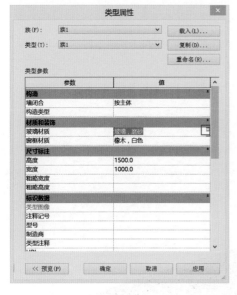

图 4-96

图 4-97

（5）可见性控制。可见性控制是指通过设置条件参数，运用到项目中的族可以根据条件判断是否在项目中显示。以三孔和两孔插座为例，创建一个插座，当"宽度>高度"的时候显示三孔插座，当"宽度≤高度"的时候显示双孔插座。

创建过程：

1）新建族，选择"基于墙的公制常规模型.rft"族样板，并进入放置边立面视图，创建参照平面如图 4-98 所示。

2）创建空心拉伸，并将边界与参照平面锁定，如图 4-99 所示。用"剪切"命令，先点选墙体再点选空心体，把拉伸的空心体剪掉，如图 4-100 所示。

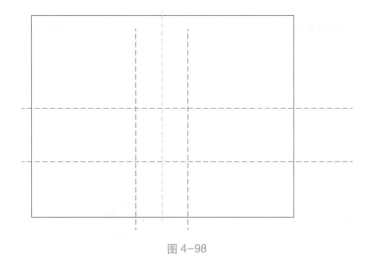

图 4-98

图 4-99

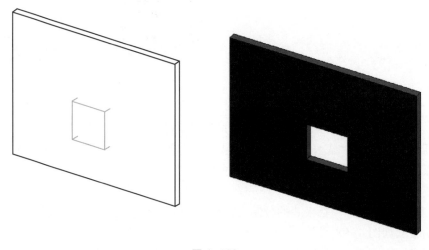

图 4-100

3）创建三孔插座，创建"实心拉伸"，绘制出插座的轮廓及插座孔的轮廓，如图
4-101 所示，并通过"对齐"命令将边界锁定在参照平面上，在"属性"栏更改拉伸终
点为"120"，如图 4-102 所示，单击"√"完成拉伸。

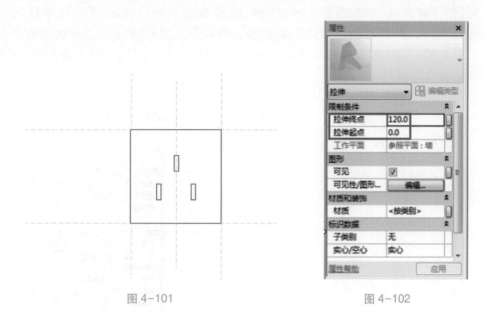

图 4-101　　　　　　　　　　　　　图 4-102

4）创建双孔插座，选择"复制"命令的下拉"与同一位置对齐"，将上述插座原
位复制一个，选中其中一个插座，单击功能区"修改 | 拉伸"→"编辑拉伸"命令，将
轮廓修改为双孔插座，如图 4-103 所示，并通过"对齐"命令将边界锁定在参照平面
上，单击"√"完成。

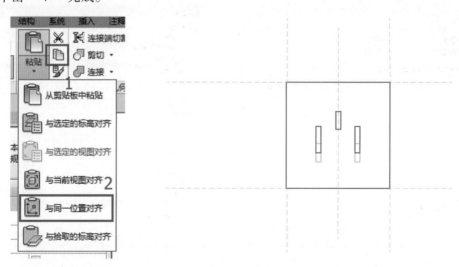

图 4-103

5）添加尺寸参数，单击"对齐尺寸标注"命令，标注参照平面的尺寸，并设置
"宽度"和"高度"参数，如图 4-104 所示。

【提示】这里单击"对齐尺寸标注"命令连续标注三个竖向参照平面，点击"EQ"等分参照平面是为了保证插座孔始终在中心位置。

6）添加可见性参数，先选中双孔插座，单击"属性"→"可见"→"关联族参数"⬜按钮，如图 4-105 所示，弹出关联族参数对话框，点击"添加参数"，如图 4-106 所示，弹出"参数属性"对话框，命名为"双孔插座"，"参数分组方式"选择"可见性"。单击"确定"完成，如图 4-107 所示 。以同样的方法添加三孔插座的可见性。

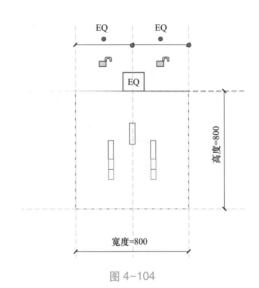

图 4-104

图 4-105

图 4-106

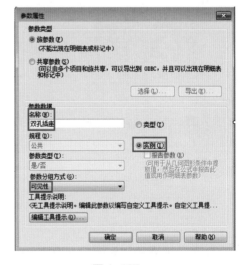

图 4-107

7）设置可见性条件，单击功能区"属性"面板中"族类型"命令🔲，弹出"族类型"对话框，在"可见性"一栏分别设置"三孔插座"、"双孔插座"的公式分别为"=宽度>高度"和"=not（宽度>高度）"，如图 4-108 所示，单击"确定"完成。

图 4-108

8）将族载入到新建项目中，在"属性"栏更改插座的尺寸，插座类型随之改变，如图 4-109 所示，当设置宽度为 900mm，高度为 800mm 时显示为三孔插座。

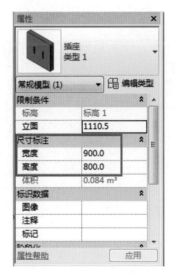 

图 4-109

（6）族的嵌套。在族中载入其他族，被载入的族称为"嵌套族"，载入嵌套族的族称为"主体族"。将现有的族嵌套在其他族中，能够实现嵌套族被多个族重复利用，从而节约建模时间。下面以一个桌子实例来说明如何将嵌套族载入主体族并设置相关的参数信息，建立桌脚嵌套族，再导入桌面主体族，设置添加参数，实现主体族和嵌套族的关联。

创建过程：

1）新建嵌套族，选择"公制常规模型.rft"族样板，单击"打开"。单击"创建"→"形状"→"拉伸"命令，在"参照标高"视图以两个参照平面的交点为圆心绘制半径为 50mm 圆形，单击"√"完成轮廓创建。

进入项目浏览器中左立面视图，绘制一个距桌脚底部 600mm 的参照平面，将桌脚上表面拖动至参照标高，如图 4-110 所示，完成桌脚创建，保存并命名为"桌脚"。

2）新建桌面，选择族样板"公制常规模型.rft"，进入"参照标高"平面视图，绘制如图 4-111 所示的参照平面。

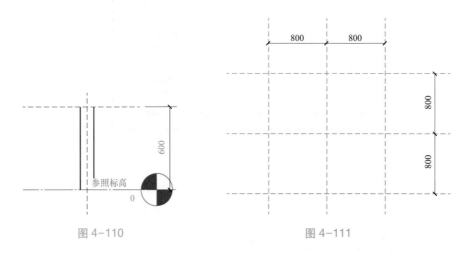

图 4-110　　　　　　　　　　　　　　图 4-111

单击"创建"→"形状"→"拉伸"命令，绘制矩形形状并锁定在参照面上，单击"√"完成桌面轮廓创建，如图 4-112 所示。

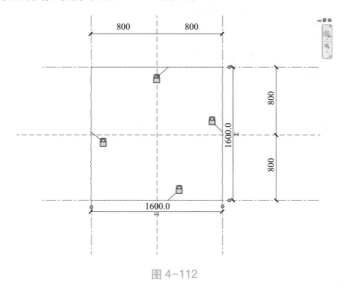

图 4-112

进入左立面视图，创建如图 4-113 所示的参照平面，拉伸矩形上表面对齐，并锁定参照平面。

图 4-113

3）添加参数，单击"修改"选项卡属性面板中  "族类型按钮"，弹出"族类型"对话框，如图 4-114 所示。单击"添加"按钮，在"参数属性"对话框中，名称输入"桌长"，规程为"公共"，参数类型为"长度"，参数分组方式为"尺寸标准"。

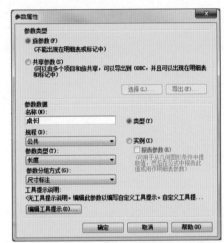

图 4-114

以同样的方法设置桌宽、桌脚距桌宽距离，桌脚距桌长距离的参数，单击"确定"，如图 4-115 所示。

图 4-115

进入"参照标高"视图，并分别选中桌长和桌宽尺寸，在状态栏添加桌宽和桌长参数如图 4-116 所示，保存族文件为"桌面"。

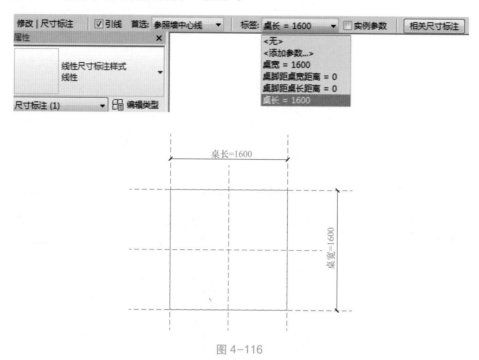

图 4-116

【操作技巧】可以用以上方法提前添加参数，然后将尺寸关联参数，也可以选中尺寸在状态栏临时添加。

4）族的嵌套，将"桌角"族载入到"桌面"族。进入"桌面"族的"参照标高"视图，绘制参照平面，并通过快捷键"CM"在参照面的交点上放置"桌脚"族，如图 4-117 所示。

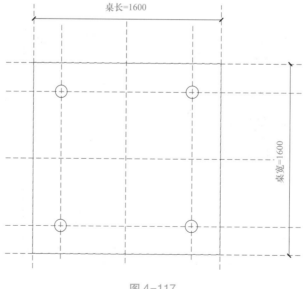

图 4-117

对每个桌脚距离桌面边界进行尺寸标注，并添加参数，如图 4-118 所示，更改桌长为 2000mm，桌脚仍保持在距离桌长 240mm，桌宽 240mm 的位置上。

【操作技巧】在进行桌脚与桌面尺寸标注的时候，标注线与桌脚中心的直径对齐。

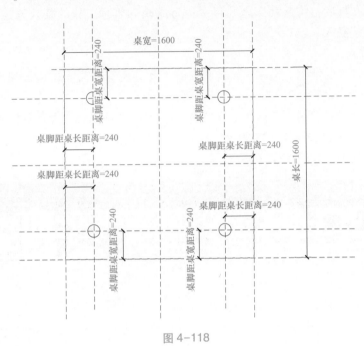

图 4-118

进入左立面视图，拖动桌脚上表面调整到桌面下表面并锁定在参照平面上，如图 4-119 所示，完成后桌子如图 4-120 所示。

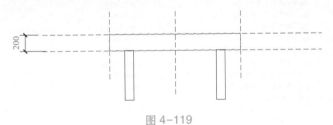

图 4-119

图 4-120

4.2.4 族文件测试

创建好族文件后，将族载入到项目中进行编辑和管理，族的载入方式主要有两种：单个载入和批量载入。

1. 单个载入

适用于族较少的情况，当一个族被载入时，此族所有的族类型将被载入，单个载入有以下三种方式：

（1）在一个项目文件（.rvt）中，单击"插入"选项卡，"从库中载入"工具栏中的"载入族"命令，如图 4-121 所示，从族文件夹中选择所需的族，单击"打开"，则族被载入到项目中，如图 4-122 所示。

图 4-121

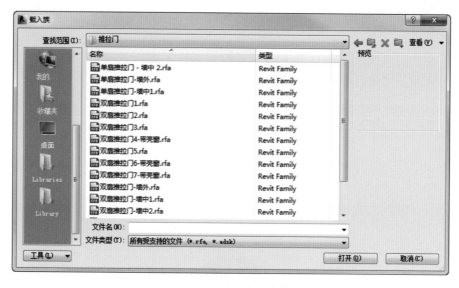

图 4-122

（2）打开一个项目文件（.rvt），可将族文件直接拖入 Revit 绘图区域。

（3）同时打开族文件（.rfa）和项目文件（.rvt），在族编辑器中单击"创建"选项卡下"族编辑器"面板中的"载入到项目"，如图 4-123 所示，弹出对话框，选择需要载入族的项目，单击"确定"则完成族的载入。

2. 批量载入

批量载入适用于族较多的情况，且在载入族的时候可以选择需要的族类型，这种方

图 4-123

法能够对族类型进行灵活地编辑与管理，从而达到精简项目文件的目的。以"双扇平开—带贴面"窗族为例，具体操作方法如下：

（1）在族安装目录下找到"双扇平开—带贴面.rfa"。将其复制到 Windows 桌面上（本地硬盘中的任意目录下均可）。

（2）打开 Windows 记事本工具，在记事本中输入"，宽度##length##millimeters，高度##length##millimeters，默认窗台高##length##millimeters，窗嵌入##length##millimeters"（不包含双引号，以英文输入状态下的逗号为开始）。

（3）另起一行，输入如下数据：

A，900，900，600，30

B，900，1200，600，30

C，1200，1500，900，20

D，1200，1800，900，20

如图 4-124 所示。

图 4-124

（4）单击记事本中文件下拉菜单中的"保存"，以"双扇平开—带贴面"命名，注意此文件名须与族的名称完全相同并保存至桌面。

（5）新建一个项目文件，载入桌面上的"双扇平开—带贴面.rfa"族文件，弹出如图 4-125 所示对话框，框选 A、B、C、D 所有类型与数据，单击"确定"。在载入过程中，若输入参数在"双扇平开—带贴面.rfa"中不存在，参数将被忽略。

图 4-125

（6）载入完成后，单击项目浏览器中的"族"前面的⊞，找到"窗"，单击窗前面的⊞，找到"双扇平开—带贴面"，如图 4-126 所示。

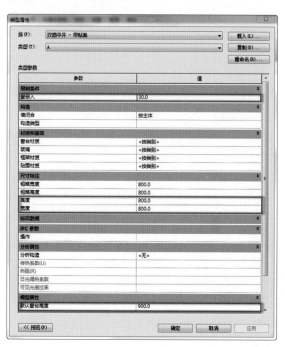

图 4-126

（7）单击 A，打开族类型编辑器，可以看出，与默认的"双扇平开—带贴面"族类型属性相比，"窗嵌入"、"高度"、"宽度"、"默认窗台高度"都依据记事本中 A 类型的数据进行了更改。

【提示】

1）在记事本中输入数据，保存为 .txt 格式，或者在 Excel 输入参数，保存为 csv 文件，再将文件拓展名改为 .txt 格式。

2）以英文逗号"，"开始数据输入，依次输入"参数名称##参数类型##单位"，每个参数之间以英文逗号分隔，参数区分大小写，参数名称必须与族类型名称完全一致。

3）对于长度、面积等类型参数必须输入单位，有效的单位类型包括：length，area，volume，angle，force 和 linear force 等。例如"宽度##length##millimeters"

4）当有些参数不知道如何申明时，可以定义参数类型为"other"，但应注意单位应为空，例如"压力## other ##"。

4.2.5　小结

本节介绍了创建族的流程中族样板、族编辑器、族参数和族的使用。族样板的选择决定了创建族的类型；不同的族样板所对应的族编辑器不同，本节通过图示和例题的形式对比加深读者的印象；新建族时，读者需要注意选择合适的族样板，创建族实体时灵活使用操作命令；族参数是族的最重要的内容，参照平面和对齐的锁定是创建活族时最常用到的功能，灵活运用该功能可起到简化参数的效果；族的使用方式很多，读者应根据实际情况选择。下一节将详细介绍常用二维族和三维族的创建。

4.3　常见族案例分析

4.3.1　独立族

独立的族是指其在项目中使用时不需要依附于其他构件，可以单独使用的族，分为二维族和三维族，三维族和二维族分别介绍家具和标题栏。

1. 家具族（三维）

根据图 4-127 给定的投影尺寸，创建办公桌模型。

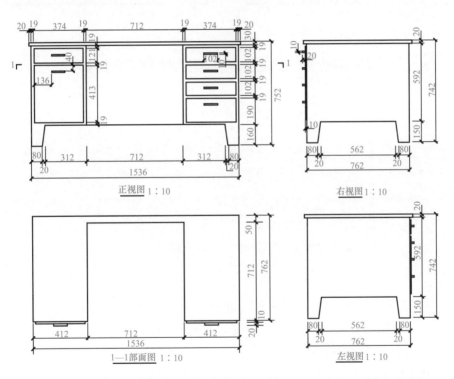

图 4-127

建模思路：家具的构造一般会比较复杂，充分提取图中信息，空间想象家具的形状，特别注意哪些尺寸需要绘制参照平面，以一定的顺序分构件进行绘制，同样使用给定的"公制家具"族样板文件进行绘制，主要使用拉伸和放样命令。

创建过程：

1）绘制参照平面。根据题意，桌脚高度 150mm，桌体高度 592mm，桌面厚度

30mm，桌子左右是对称的 2 个箱体，宽均为 412mm，相距 712mm。点击左上角应用程序菜单，新建→族，在打开的对话框中选择"公制家具"族样板进入族编辑器。进入右立面视图，分别绘制桌脚、桌体、桌面的水平面参照平面，如图 4-128 所示。进入前立面视图，绘制桌体、抽屉平面的竖向参照平面，如图 4-129 所示。进入参照标高平面如图 4-130 所示。

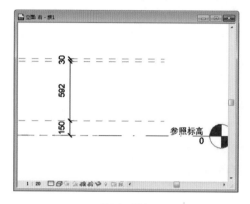

图 4-128   图 4-129

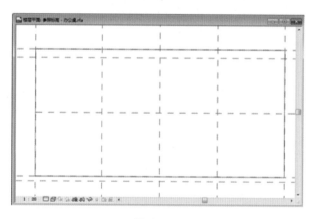

图 4-130

2）绘制桌脚。进入参照标高平面，使用"创建"选项卡下的"融合"命令如图 4-131 所示，绘制边长为 80mm 的正方形（桌脚底部），如图 4-132 所示，单击"编辑顶部"命令，再绘制边长为 100mm 的正方形，单击确认，如图 4-133 所示。

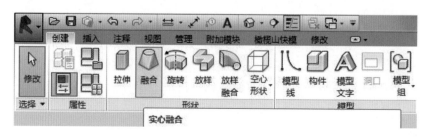

图 4-131

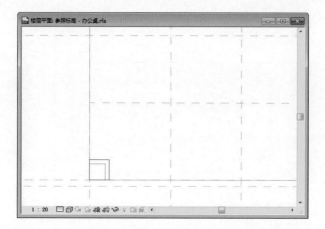

图 4-132

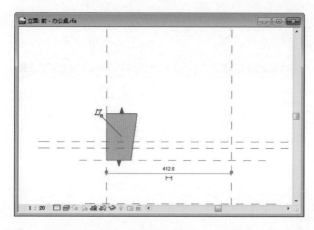

图 4-133

在参照标高视图选中一个桌脚镜像出另一个桌脚，如图 4-134 所示。

进入参照标高平面选中两个桌脚，用镜像命令（快捷键 MM）绘制另外的两个桌脚，如图 4-135 所示。

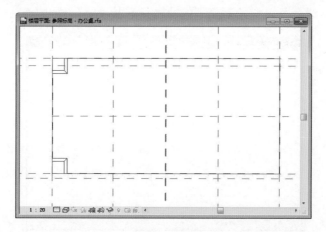

图 4-134

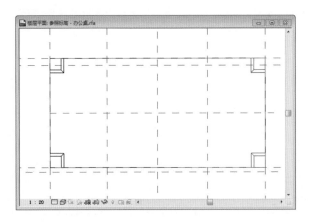

图 4-135

3) 绘制桌子主体。进入 F1 楼层平面，使用"创建"选项卡下的"拉伸"命令，按照题中剖面图绘制下图轮廓，单击"√"，如图 4-136 所示。

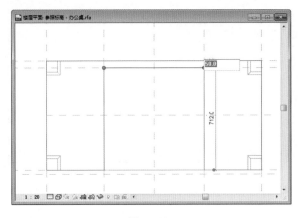

图 4-136

4) 绘制抽屉。进入前立面视图，选择"拉伸"命令，在"修改 | 创建拉伸"选项卡中单击选择拾取线命令 ，绘制桌子的抽屉，单击"√"，如图 4-137 所示。

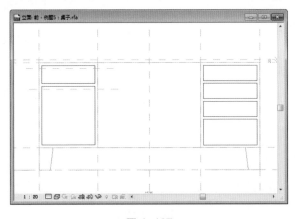

图 4-137

进入右立面视图,将所绘制的"抽屉拉伸"拉伸至参照平面上,如图 4-138 所示。

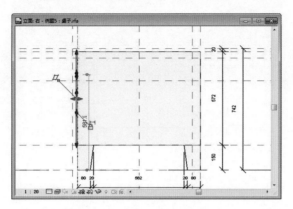

图 4-138

5)绘制把手。进入参照标高平面,选择"创建"选项卡下的"放样"命令,选择绘制路径,按抽屉把手的形状绘制路径如图 4-139 所示。

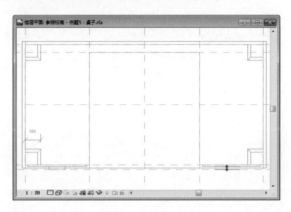

图 4-139

进入前立面视图,点击"编辑轮廓",绘制把手的放样轮廓,如图 4-140 所示,然后点击"√",完成放样的编辑,如图 4-141 所示。可使用相同的方法绘制桌子另一边的把手。

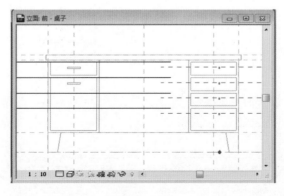

图 4-140

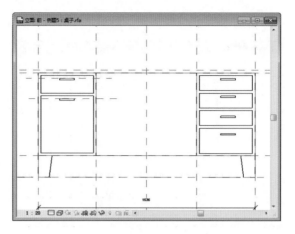

图 4-141

6）绘制桌面。进入参照标高平面，选择"拉伸"命令，绘制桌面如图 4-142 所示。进入立面视图，将桌面的底部与顶部拉伸至参照平面上，如图 4-143 所示，完成桌子的绘制如图 4-144 所示。

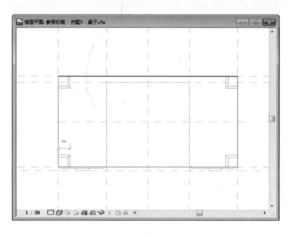

图 4-142

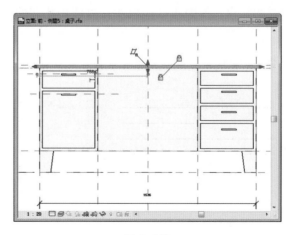

图 4-143

图 4-144

2. 标题栏族（二维）

标题栏族即图纸的图框，创建图纸的首要任务就是确定图框，也就是确定作为图纸样板的标题栏族文件。Revit 软件在默认安装的情况下，自带的标题栏族样板文件包含 A0~A4 和新尺寸公制六种尺寸，具体图纸尺寸见表 4-5。

表 4-5　　　　　　　　　　　图　纸　尺　寸

模板	模板尺寸	实际图纸尺寸	模板	模板尺寸	实际图纸尺寸
A0 公制	1190×840	1189×841	A3 公制	420×297	420×297
A1 公制	841×594	841×594	A4 公制	297×210	297×210
A2 公制	594×420	594×420	新尺寸公制	297×210	

标题栏样式有两种：一种为标签布置于图纸的右侧，A0~A2 号图纸如图 4-145 所示；另一种是标签布置于图纸下方，例如 A3 和 A4 号图纸标题栏，如图 4-146 所示，但每个设计院的标题栏都不一样，可以通过编辑修改现有族文件来得到所需的样式，也可以自己新建标题栏族文件。

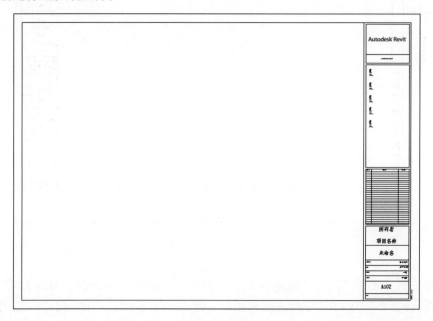

图 4-145

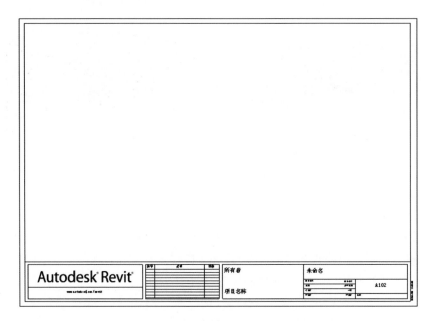

图 4-146

创建 A1 标题栏族文件，详图尺寸见 CAD 图纸，框中字体为仿宋，如图 4-147 所示。

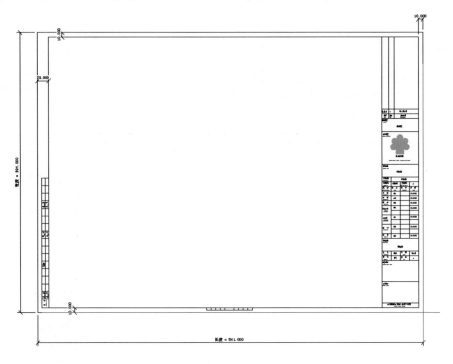

图 4-147

　　建模思路：此题可利用"新建图纸"的方法创建标题栏族文件，根据 CAD 图中的尺寸创建 A1 图框，从 CAD 中导入公司图标，使用"文字"定义项目信息，使用标签定义"建设单位""项目名称""姓名""图名"等信息栏，通过"编辑属性"修改参数。

创建过程：

（1）选择标题栏，单击"应用程序菜单"→"新建"→"标题栏"选择"A1 公制.rft"，如图 4-148 所示。

图 4-148

【提示】默认情况下标题栏模板存放于 C：\ ProgramData \ Autodesk \ RVT 2015 \ Family Templates \ Chinese \ 标题栏，包含"A0~A4、新尺寸公制"六个模板，具体尺寸见表 4-5。

（2）绘制图框，单击"创建"选项卡→"详图"面板→"直线"命令，进入到"修改 | 放置线"选项卡，可利用直线、矩形等命令，根据 CAD 详图绘制图框，如图 4-149 所示。

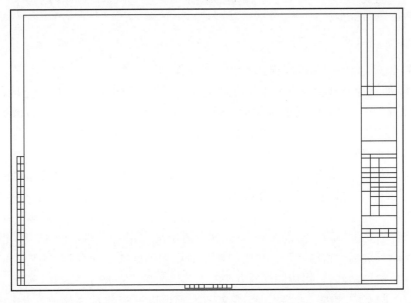

图 4-149

（3）导入 CAD 图标，单击功能区域中"插入"→"导入 CAD"，如图 4-150 所示，找到图源"公司图"，在"定位"下拉菜单中选择"手动—中心到中心"，打开如图 4-151 所示。选中导入的公司图标，在左侧属性栏中单击"编辑类型"命令，利用修改"比例系数"来调整公司图的大小，并拖动图标到合适的位置。

图 4-150

图 4-151

【操作技巧】为保持图纸原样，颜色选择"保留"。

（4）添加文字：图框中的项目信息使用"文字"定义。单击功能区域中"创建"→"文字"，在对应位置单击鼠标，输入文字，调整位置。单击"编辑类型"，在弹出的对话框中通过"复制"命令可以创建并定义其他类型（字体、尺寸等）的文字。定义好后如图 4-152 所示。

【提示】这类固定信息随族文件载入到项目文件后，在项目文件中无法修改。

（5）添加标签：通过"标签"命令定义"建设单位"、"项目名称"、"姓名"、"图名"等信息栏，并通过属性值更改实例。单击功能区域中"创建"→"标签"在相应的位置单击，选择需要添加的"类别参数"。例如，需定义"审定"右边的项，弹出对话框如图 4-153 所示，选择"审核者"→单击"将参数添加到标签"命令 →在"样例值"修改值属性→单击"确认"。再用同样的方法添加其他标签。完成后如图 4-154 所示。

【提示】所有添加的"标签"和"文字"都可以通过属性来修改，并且使用"标签"定义的内容，可以在项目环境中进行编辑。

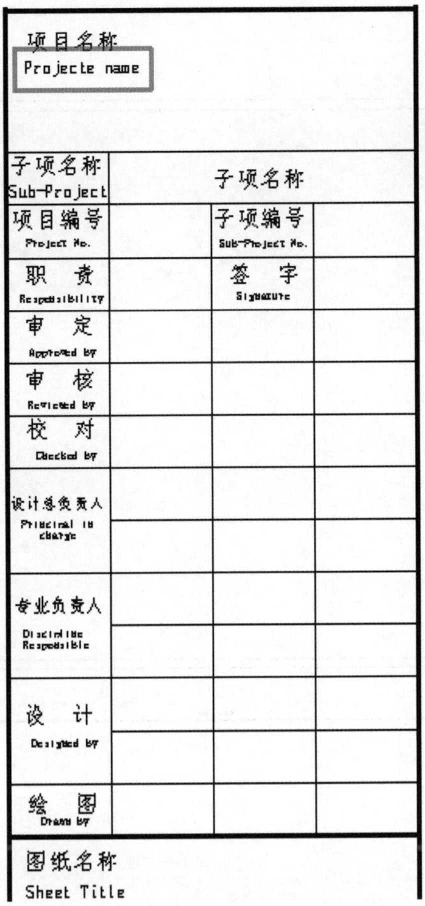

项目名称
Projecte name

子项名称 Sub-Project	子项名称	
项目编号 Project No.	子项编号 Sub-Project No.	
职　责 Responsibility	签　字 Signature	
审　定 Approved by		
审　核 Reviewed by		
校　对 Checked by		
设计总负责人 Principal in charge		
专业负责人 Discipline Responsible		
设　计 Designed by		
绘　图 Drawn by		

图纸名称
Sheet Title

图 4-152

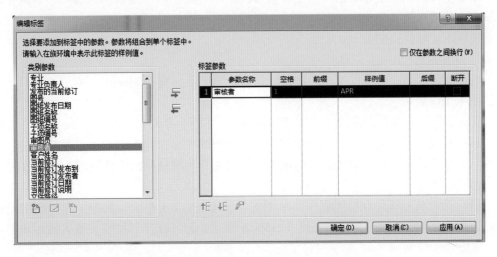

图 4-153

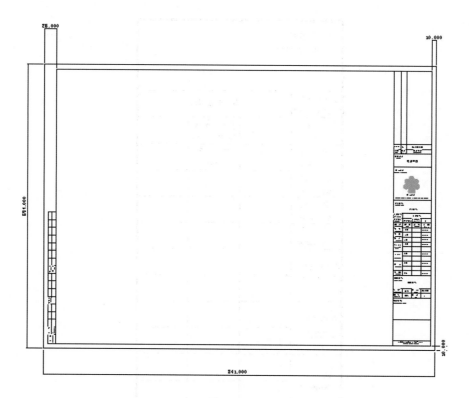

图 4-154

4.3.2　基于主体的族

基于主体的族是指必须依赖于主体放置，不能单独使用，例如门窗族必须依附于墙体放置，幕墙嵌板必须依附于幕墙放置，栏杆和栏杆嵌板必须依附于栏杆扶手放置，散水必须依附于墙线绘制等。

1. 门窗族

创建双开木门，含门框架、门嵌板、玻璃、门把手（直径 30mm）。双开木门具体尺寸如图 4-155 所示。

建模思路：门是由门框架、门嵌板、玻璃、门把手等构件组成，一般使用"公制门"族样板文件进行创建，但此门比较规则，使用放样和拉伸绘制即可，并且通过"符号线"绘制门的平立面开启线，为门添加材质时注意相同材质的构建设置关联参数。

创建过程：

（1）选择族样板：在应用程序菜单中选择"新建"→"族"命令，在弹出的对话框，选择"公制门 . rft"文件，如图 4-156 所示，单击"打开"按钮，进入族编辑器模型，如图 4-157 所示。

（2）修改门洞尺寸并绘制平、立面开启线，单击"项目浏览器"，分别进入参照标高视图和右立面视图，然后使该宽度为 1800，高度为 2100，如图 4-158 和图 4-159 所示。

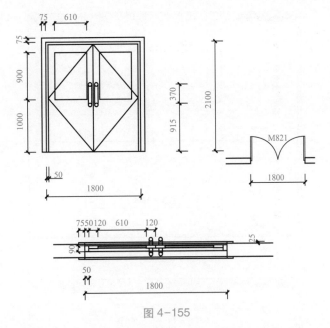

图 4-155

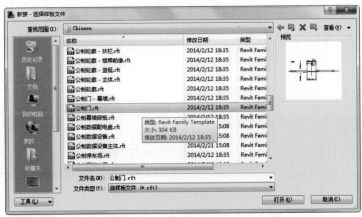

图 4-156

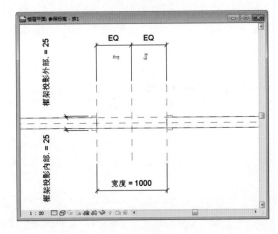

图 4-157

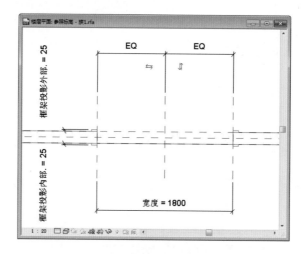

图 4-158

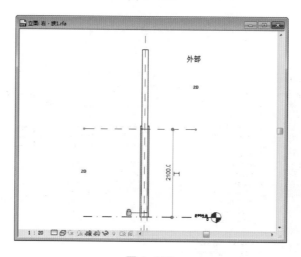

图 4-159

　　进入参照标高视图，单击"注释"选项卡下"详图"面板中的"符号线"按钮，在子类别面板中选择"平面打开方向［投影］"，如图 4-160 所示，然后单击"绘制"面板中的 ▭ 按钮和 ⌒ 按钮来绘制门平面开启线的圆弧部分，如图 4-161 所示。用同样方法进入外部立面视图绘制立面开启线，如图 4-162 所示。

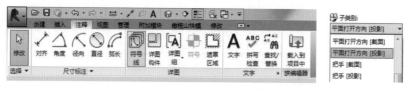

图 4-160

　　（3）创建实心拉伸，单击项目浏览器进入外部立面视图，然后单击"创建"选项卡下"形状"面板中的"拉伸"命令，单击"绘制"面板中的 ▭ 按钮，沿下列尺寸绘制大小 2 个矩形框，如图 4-163 所示。完成后单击 ✔ 命令，如图 4-164 所示。

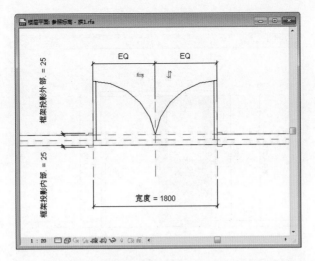

图 4-161

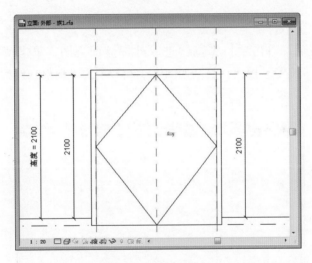

图 4-162

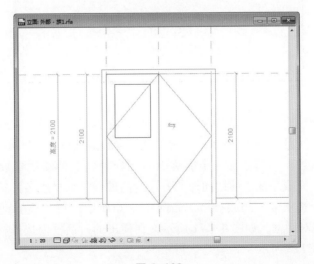

图 4-163

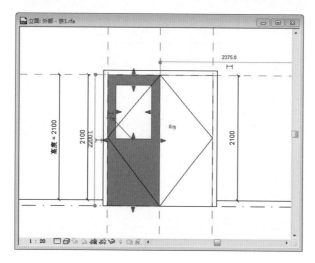

图 4-164

（4）创建门玻璃，单击项目浏览器进入外部立面视图，单击"创建"选项卡下"形状"面板中的"拉伸"按钮，绘制如图4-165所示的矩形框，然后单击 ✔ 确定，如图4-166所示。

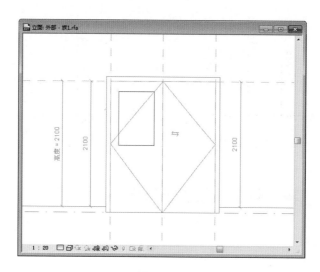

图 4-165

（5）为门板和玻璃添加材料参数，选中门板，在界面左边的"属性"对话框中。单击材质"按类别"，如图4-167所示，出现关联族参数对话框，如图4-168所示。

选择"添加参数"为门添加一个名称为"门板材料"的材质参数，如图4-169所示，单击"确定"完成添加。使用同样的方法为门玻璃添加材质参数。

单击"修改"选项卡下的族类型，如图4-170所示，在"族类型"对话框中点击门板材料对应的值对话框，如图4-171所示，在弹出的对话框内选择材质预设门板和玻璃的材质，如图4-172所示。

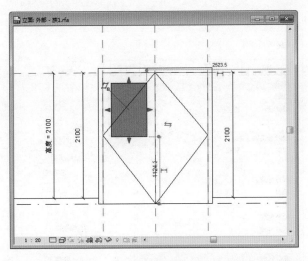

图 4-166

图 4-167

图 4-168

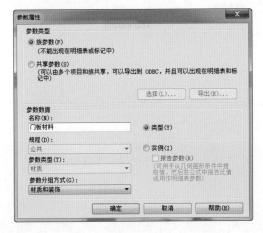

图 4-169

图 4-170

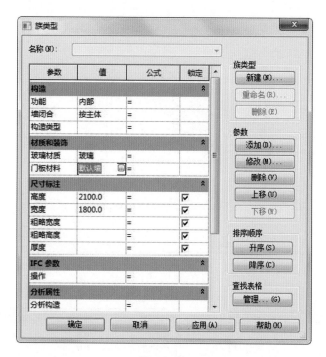

图 4-171

图 4-172

　　同时选中左边的门板和玻璃,然后使用"修改"选项卡下的"镜像"命令(MM)创建右扇门,如图 4-173 所示。

　　(6)载入门把手族,单击"插入"选项卡下"从库中载入"面板中的"载入族"命令,即 ,在"载入族"对话框中依次选择"建筑→门→门构件→拉手→立式长拉手3",如图 4-174 所示,单击"打开"。门把手的三维示意图,如图 4-175 所示。

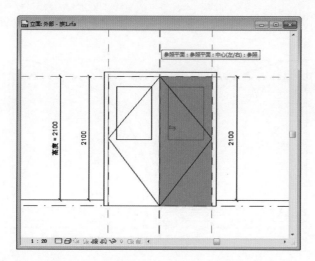

图 4-173

图 4-174

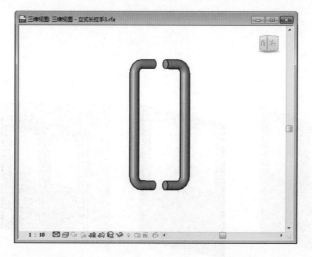

图 4-175

选择"创建"选项卡下"模型"面板中的"构件"按钮，其放置位置如图 4-176 所示。

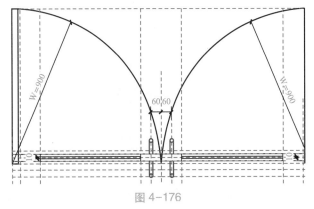

图 4-176

选中拉手，在"属性栏"选择"编辑类型"，将托板厚度改为 40mm，如图 4-177 所示，然后单击确定，完成拉手的创建。

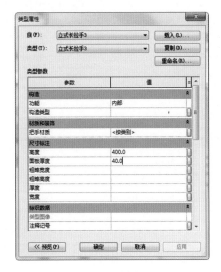

图 4-177

图 4-178 所示为双开木门（分别为无门框、有门框、嵌入墙后的门）。

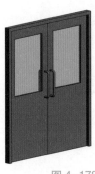

图 4-178

2. 幕墙嵌板族

创建幕墙嵌板窗族，窗框宽度和厚度均为50mm，玻璃厚度为10mm，并将该嵌板族运用到图4-179中的幕墙。

建模思路：选择"公制幕墙嵌板.rft"族样板创建图4-179中的幕墙嵌板窗族——单扇旋转窗，创建的幕墙嵌板窗可以根据幕墙网格的大小自动调整并嵌入幕墙。

创建过程：

（1）绘制参照平面，新建族，选择"公制幕墙嵌板.rft"族样板，进入族编辑器，打开"内部"立面视图，绘制四条参照平面，对齐尺寸标注并锁定尺寸，如图4-180所示。

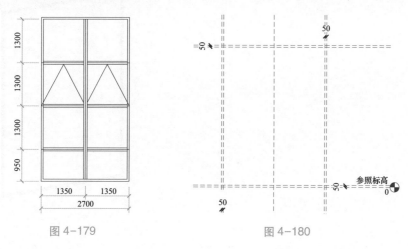

图4-179 图4-180

（2）绘制窗框，单击→"创建"→"拉伸"命令绘制窗框内外轮廓，并锁定在立面的八个参照平面，如图4-181所示，保证嵌板族能够自动关联；在属性栏将"拉伸起点"设置为"—25"，"拉伸终点"设置为"25"，将"材质"设置为"钢，抛光"，如图4-182所示，完成后单击"√"确定。

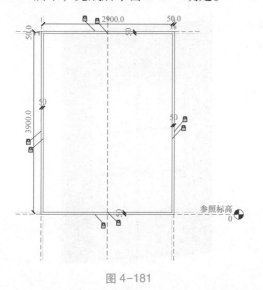

图4-181

图4-182

【提示】在创建"幕墙嵌板族"时，需要保证各个"参照平面"与"幕墙网格"发生关联，这样创建"幕墙嵌板族"时就不需要定义其高和宽，将其载入到项目中的幕墙后，幕墙网格的大小就是该嵌板的大小。

（3）单击→"创建"→"拉伸"命令，绘制窗玻璃轮廓，如图 4-183 所示，并锁定在立面的四个参照平面，保证嵌板族能够自动关联，在属性栏将"拉伸起点"设置为"—5"，"拉伸终点"为"5"，将"材质"设置为"玻璃"，完成后单击"√"确定，如图 4-184 所示，并保存命名为"幕墙嵌板窗"。

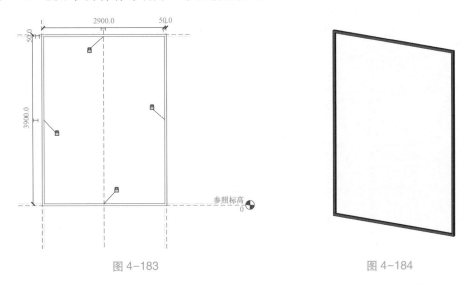

图 4-183　　　　　　　　　　　　　　　图 4-184

（4）使用幕墙嵌板。新建项目文件，绘制一段基本墙，在基本墙上绘制一段嵌入基本墙的幕墙，并划分网格，载入所建的"幕墙嵌板"族，选中幕墙，点击"编辑类型"命令，设置"幕墙嵌板"为"幕墙嵌板窗"，如图 4-185 左侧所示，完成结果如图 4-185 右侧所示。

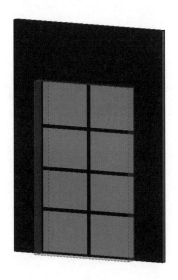

图 4-185

3. 栏杆族

以"900mm"栏杆为基础，绘制如图 4-186 所示的栏杆扶手，扶栏及扶手使用"矩形 50×50"，通长栏杆和其他栏杆均用"栏杆—正方形：25mm"，栏杆之间的距离为 120mm，栏杆和嵌板之间的距离为 0mm，嵌板使用"700×25mm"。

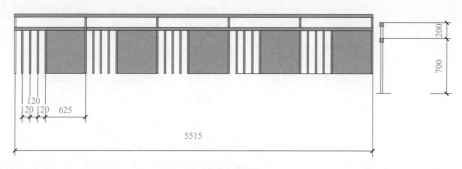

图 4-186

建模思路：栏杆由扶手、栏杆、嵌板和扶栏等组成，在项目中直接用"栏杆扶手"绘制即可，但此栏杆需要改变栏杆和嵌板的类型，所以要在"公制栏杆 .rft"和"公制栏杆嵌板 .rft"族样板中做栏杆和嵌板，然后载入到项目中。

创建过程：

（1）新建栏杆族，新建族，选择"公制栏杆 .rft"族样板打开，进入族编辑器，如图 4-187 所示。

（2）进入参照标高视图，单击"创建"→"形状"→"拉伸"命令，单击"绘制"面板中的■按钮绘制一个边长为 25mm 的矩形，如图 4-188 所示。单击"√"确定，修改拉伸高度为 700mm，完成后栏杆如图 4-189 所示，保存栏杆族为"栏杆—正方形：25mm"。

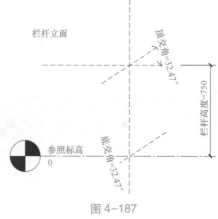

图 4-187

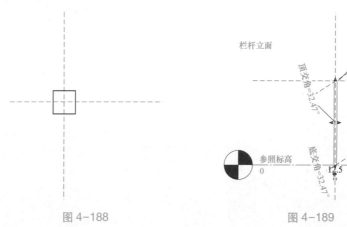

图 4-188　　　　　　　　图 4-189

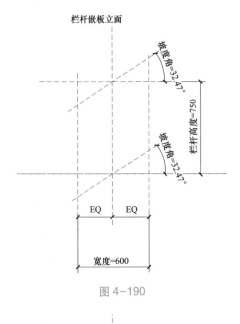

图 4-190

（3）新建嵌板族，新建族，选择"公制栏杆嵌板"族样板，单击"打开"按钮，进入族编辑器，修改"栏杆高度"为 700，如图 4-190 所示。

创建拉伸，进入前立面视图，单击"创建"→"形状"→"拉伸"命令，在弹出的"工作平面"框中选择"拾取一个平面"，如图 4-191 所示，单击确定，选中垂直参照平面。

在弹出的"转到视图"框中，选择进入左立面视图，单击"绘制"面板中的▣按钮，绘制矩形如图 4-192 所示。单击"√"确定，修改拉伸深度为 25mm，完成后嵌板如图 4-193 所示，保存嵌板族为"嵌板：25mm—700mm"。

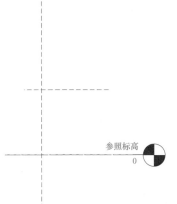

参照标高
0

图 4-191

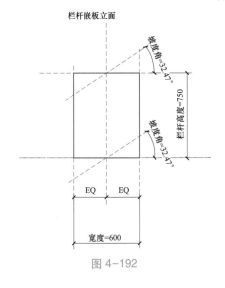

图 4-192

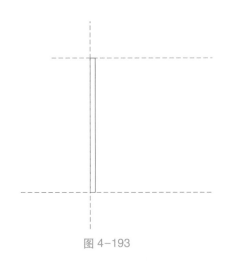

图 4-193

（4）绘制栏杆扶手，将嵌板族载入到新建的项目中，并且在项目中绘制"900mm"栏杆，如图 4-194 所示。

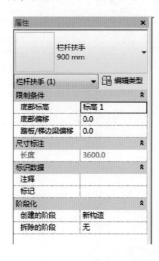

图 4-194

（5）使用"栏杆"族和"栏杆嵌板"族设置栏杆扶手属性，选中所绘制的栏杆，在"属性"对话框单击"编辑类型"命令，弹出"类型属性"对话框，如图 4-195 所示。

图 4-195

单击"编辑扶栏结构"命令，插入扶手并重命名为"扶手 1"，轮廓使用"矩形 50×50mm"高度改为 700，如图 4-196 所示，完成后单击"确定"，回到类型属性对话框。

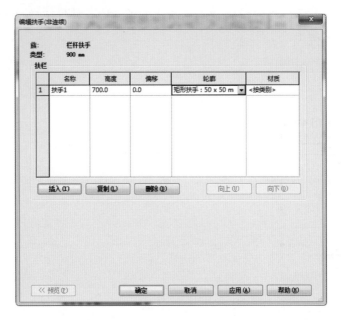

图 4-196

单击编辑栏杆位置命令，进入"编辑栏杆位置"视图，如图 4-197 所示，选中主样式中的常规栏杆进行复制，将栏杆族一栏改为相对应载入的栏杆族，并修改相应参数，如图 4-198 所示。

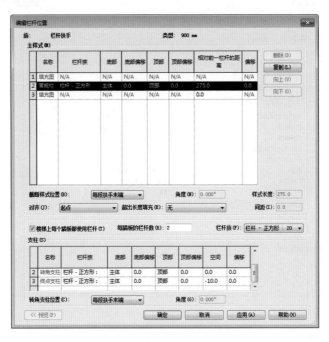

图 4-197

【提示】相对前一栏杆的距离是指后面一根栏杆对它前面一根栏杆的中心距离。
完成后单击确定，完成栏杆绘制，如图 4-199 所示。

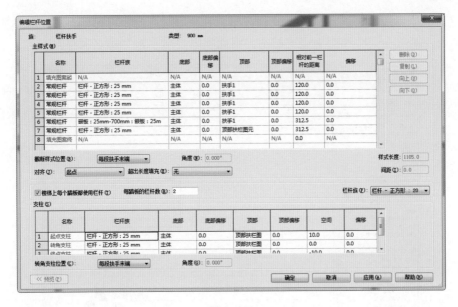

图 4-198

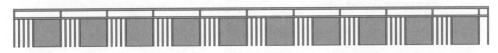

图 4-199

4. 散水

采用"基于线的公制常规模型.rft"族样板创建散水模型，宽度为 500mm，如图 4-200 所示。

建模思路：利用"基于线的公制常规模型"族样板可以通过绘制轮廓，用直线命令绘制即可，考虑到散水转角处的连接问题，故使用 45° 角的梯形轮廓使得模型完美接合。

图 4-200

创建过程：

（1）创建散水轮廓，新建族，选择"基于线的公制常规模型.rft"族样板，打开进入族编辑器。单击"创建"→"形状"→"拉伸"命令，在默认的"楼层平面"下的"参照标高"平面创建如图 4-201 所示的轮廓，并单击 ✅，完成编辑。

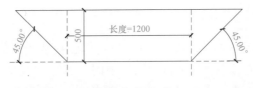

图 4-201

（2）关联参照面，进入"前"立面视图，利用 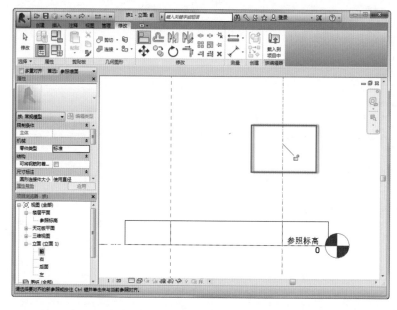 对齐命令将梯形上边界与参照面对齐并锁定，如图 4-202 和图 4-203 所示。将此族以"散水边"命名保存。

图 4-202

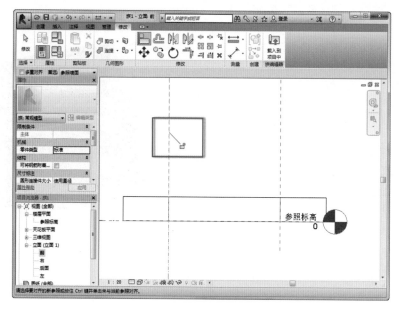

图 4-203

（3）绘制散水，新建一个项目，并在项目中创建任意闭合的墙体，将上述创建的"散水边"族载入到此项目中，在项目浏览器中的"族"中找到"散水边"，单击"散水边"，将其拖入绘图区域，并在"修改 | 放置构件"功能区单击"放置在工作平面上"，如图 4-204 所示。

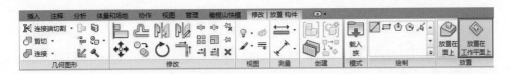

图 4-204

在楼层平面视图中，沿墙体外边线顺时针绘制"散水边"，结果如图 4-205 所示。

图 4-205

4.3.3　小结

本小节介绍了独立的族和基于主体的族，分别用案例介绍了二维族和三维族的创建，族的灵活性决定了族的多样性，为创建多变的构件提供了很大的方便，本节介绍的几种常用的族，其中涵盖了新建族所需要用到的知识点，为读者自行学习其他的族提供了便利。

4.4　本章小结

本章介绍了 Autodesk Revit 2015 最重要的概念——族，系统地介绍了族的基本概念和创建方法。Revit 为用户提供了多种常用族样板，通过族样板进入族编辑器读者可以开放地自定义各种族的类别，族参数的活用使族具有强大的生命力，族的使用是项目设计的灵魂。掌握创建族的五个要素（族样板、族编辑器、族参数和族文件测试）是灵活使用 Revit 软件的基础。本章内容作为族创建的基础知识，读者应熟练掌握，并通过案例加强练习和拓展应用，方能灵活自定义各种族。

第5章　体量的创建及运用

概述：Revit Architecture 2015 提供了体量工具，用于项目前期概念设计阶段使用设计环境中的点、线、面图元快速建立概念模型，从而探究设计的理念。完成概念体量模型后，可以通过"面模型"工具直接将墙、幕墙系统、屋顶、楼板等建筑构件添加到体量形状当中，将概念体量模型转换为建筑设计模型，实现由概念设计阶段向设计建筑设计阶段的快速转换。

5.1　体量的基本概念

5.1.1　体量的相关概念

概念设计环境：为建筑师提供创建可集成到建筑信息建模（BIM）中的参数化族体量的环境。通过这种环境，可以直接对设计中的点、边和面进行灵活操作，形成可构建的形状，选用 Revit 软件自带的"公制体量"族样板创建概念体量族的环境即为概念设计环境的一种。

体量：用于观察、研究和解析建筑形式的过程，分为内建体量和体量族。

内建体量：用于表示项目独特的体量形状，随着项目保存于项目之内。

创建体量族：采用"公制体量"族样板在体量族编辑器中创建，独立保存为后缀名为".rfa"的族文件，在一个项目中放置体量的多个实例或者在多个项目中需要使用同一体量时，通常使用可载入体量族。

体量面：体量实例的表面，可直接添加建筑图元。

体量楼层：在定义好的标高处穿过体量的水平切面生成的楼层，提供了有关切面上方体量直至下一个切面或体量顶部之间尺寸标注的几何图形信息。

5.1.2　体量的作用

体量化：通过创建内建体量或者体量族实例，用于表示建筑物或者建筑物群落，并且可以通过设计选项修改体量的材质和关联形式。

纹理化：处理建筑的表面形式，对于存在重复性图元的建筑外观，可以通过有理化填充实现快速生成，或者使用嵌套的智能子构件来分割体量表面，从而实现一些复杂的设计。

构件化：可以通过"面模型"工具直接将建筑构件添加到体量形状当中，从带有可完全控制图元类别、类型和参数值的体量实例开始，生成楼板、屋顶、幕墙系统和墙。另外，当体量进行更改时可以完全控制这些图元的再生成。

5.1.3　小结

概念体量是 Revit 2015 中非常重要的功能，了解概念体量的相关知识帮助读者灵活运用概念体量。内建体量族和体量族的区别和内建族与可载入族类似，体量楼层和体量面是概念设计阶段经常使用到的两个概念，体量的作用是体量的研究重点。

5.2　体量的创建

5.2.1　新建体量

Revit 2015 提供了内建体量和体量族两种创建体量的方式，与第 4 章的内建族和可载入族是类似的。

1. 新建内建体量

单击"体量和场地"选项卡→"概念体量"面板→"内建体量"命令，在弹出的如图 5-1 所示的"名称"对话框中输入内建体量族的名称，然后单击"确定"即可进入内建体量的草图绘制模式。

图 5-1

【提示】默认体量为不可见，为了创建体量，可先激活"显示体量"模式。如果在单击"内建体量"时尚未激活"显示体量"模式，则 Revit2015 会自动将"显示体量"激活，并弹出"体量—显示体量已启动"的对话框，如图 5-2 所示，直接单击"关闭"即可。

2. 创建体量族

单击"应用程序菜单"→"新建"→"概念体量"，在弹出的"新建概念体量—选择样板文件"对话框中找到并选择"公制体量.rft"的族样板，单击"打开"，进入体量族的绘制界面，如图 5-3 所示。

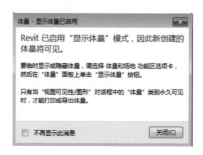

图 5-2

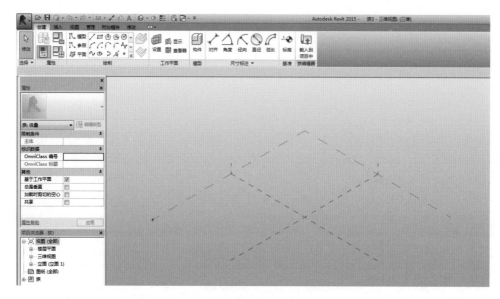

图 5-3

3. 内建体量与概念体量的区别与联系

表 5-1　　　　　　　　　　内建体量与概念体量的区别与联系

	内建体量	体量族
使用方式	创建于项目之内，不可单独保存，只存在于本项目	创建于体量之外，可载入到任何项目
创建环境	不可以显示三维参照平面、三维标高等用于定位和绘制的工作平面	可以显示三维参照平面、三维标高等用于定位和绘制的工作平面
形状创建方法	形状创建方法基本相同（参见 5.2.3 体量基本形状创建）	

5.2.2　工作平面、参照线、参照点

创建体量三维模型的流程：根据实际情况，选择合适的工作平面创建模型线或参照线，选择这些模型线或参照线，单击"实心形状"或"空心形状"命令创建三维体量模型。而参照点是空间点，可通过放置参照点增加参照面。工作平面、参照线、参照点是

创建体量的基本要素。另外，在体量族编辑器中创建体量的过程中，工作平面、参照线、参照点的使用比构件族的创建更加灵活，这也是体量族和构件族创建的最大区别。

1. 工作平面

工作平面是一个用作视图或绘制图元起始位置的虚拟二维表面。工作平面的形式包括模型表面所在面、三维标高、视图中默认的参照平面或绘制的参照平面、参照点上的工作平面。

（1）模型表面所在面：拾取已有模型图元的表面所在面作为工作平面；在量编辑器三维视图中，单击"创建"选项卡→"工作平面"面板 →"设置"工具，再拾取一个已有图元的一个表面来作为工作平面，单击激活"显示"工具，该表面显示为蓝色，如图 5-4 所示。

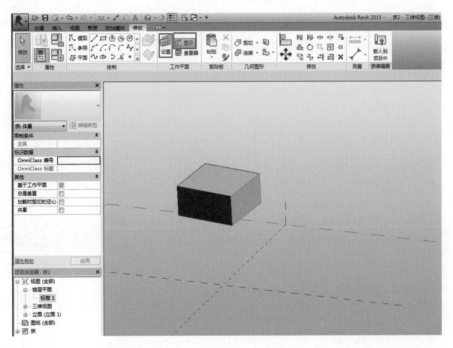

图 5-4

【提示】在量编辑器三维视图中单击"创建"选项卡→"工作平面"面板→"设置"工具后，直接默认为"拾取一个平面"，如果是在其他平面视图则会弹出"工作平面"对话框，需要手动选择"拾取一个平面"或指定命名的标高或参照平面"名称"来选择参照平面，如图 5-5 所示。

（2）三维标高：在体量族编辑器三维视图中，提供了三维标高面如图，可以在三维视图中直接绘制标高，作为体量创建中的工作平面，如图 5-6 所示。

在体量编辑器三维视图中，单击"创建"选项卡→"基准"面板→"标高"工具，标高移动到绘图区域现有标高面上方，光标下方会出现间距显示，可直接输入间距，例如"30000"，即 30m，按回车"Enter"键即可完成三维标高的创建，如图 5-7 所示。创建完成的标高，其高度可以通过修改标高下面的临时尺寸标注进行修改，同样，三维视图标高可以通过"复制"或"阵列"进行创建。

图 5-5

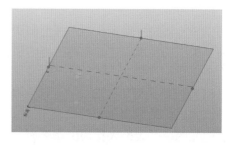

图 5-6

单击"创建"选项卡→"工作平面"面板→"设置"工具，光标选择标高平面即可将该面设置为当前工作平面，单击激活"显示"工具可始终显示当前工作平面，如图 5-8 所示。

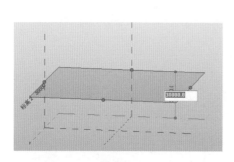

图 5-7

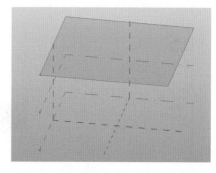

图 5-8

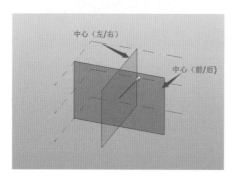

图 5-9

（3）默认的参照平面或绘制的参照平面：在体量编辑器三维视图中，可以直接选择与立面平行的"中心（前/后）"或"中心（左/右）"参照平面作为工作平面，如图 5-9 所示。单击"创建"选项卡→"工作平面"面板→"设置"工具，光标选择"中心（前/后）"或"中心（左/右）"，参照平面即可将该面设置为当前工作平面，单击激活"显示"工具，可始终显示为当前工作平面。

在平面视图中，通过单击"创建"→"绘制"→"平面"，如图 5-10 所示，在绘图区域绘制线可以添加更多的"参照平面"作为工作平面。

（4）参照点上的工作平面：每个参照点都有三个互相垂直的工作平面，单击"创建"选项卡→"工作平面"面板→"设置"工具，光标放置在"参照点"位置，单击 Tab 键可以切换选择"参照点"三个互相垂直的"参照面"作为工作平面，如图 5-11 所示。

图 5-10

2. 模型线、参照线

（1）模型线：使用模型线工具绘制的闭合或不闭合的直线、矩形、多边形、圆、圆弧、样条曲线、椭圆、椭圆弧等都可以被用于生产体块或面。

单击"创建"选项卡→"绘制"面板→"模型"命令，可以分别单击"直线"和"矩形"命令，如图 5-12 所示，绘制常用的直线和矩形；"内接多边形""外接多边形"和"圆形"的绘制，在绘图界面确定圆心，输入半径即可；另外"起点—终点—半径弧""圆角弧""椭圆"等都是用于创建不同形式的弧线形状，比较好理解，这里不再赘述。下面介绍"样条曲线"和"通过点的样条曲线"的创建过程。

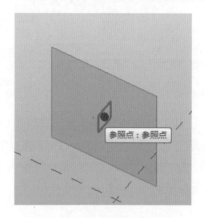

图 5-11

图 5-12

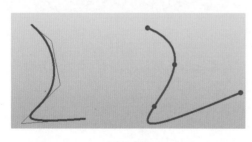

图 5-13

分别单击"样条曲线"和"通过点的样条曲线"，在绘图界面绘制平滑的曲线如图 5-13 所示，"通过点的样条曲线"在其端点和绘制时的转折点处自动生成紫色的参照点，而普通"样条曲线"需要选中才可以看到线外的拖拽线和拖拽线端点。"通过点的样条曲线"可以通过拖拽线上的参照点来控制样条曲线，而普通"样条曲线"是通过拖拽线外的控制点来控制曲线。

【提示】用"样条曲线"和"通过点的样条曲线"无法创建单一闭合形状，但是可以使用第二条"样条曲线"和"通过点的样条曲线"使其闭合。

【操作技巧】可使用"绘制"面板下"参照线"中的"点图元"工具绘制 2 个或多

个点图元，选择这些点，单击"修改 | 参照点"上下文选项卡下的"通过点的样条曲线"工具，将所选的点创建一条样条曲线，自由点将成为线的驱动点，通过拖拽这些点可修改样条曲线路径。

（2）参照线：用来创建新的体量或者作为创建体量的限制条件。

单击"创建"选项卡→"绘制"面板→"参照"工具，选择具体的绘制工具，例如，"线""矩形""样条曲线"等进行绘制闭合或不闭合的直线或者曲线，如图 5-14 所示。

图 5-14

对于绘制的直线或者由直线组成的形状，每一条直线参照线都有 4 个工作平面可以使用（沿长度方向有两个相互垂直的工作平面，端点位置各有 1 个工作平面），因此用一条参照线，可以控制基于这条参照线的 4 个工作平面的多个几何图形，如图 5-15 所示。

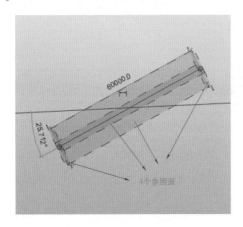
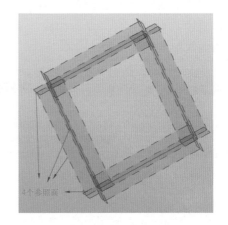

图 5-15

【提示】参照线是有长度和中点的，可以对参照线的长度尺寸进行标注，实现一些特殊控制。

弧形参照线则只在端点位置有 2 个工作平面，如图 5-16 所示。

3. 参照点

（1）自由点：是一个自由的空间点，可以通过放置参照点来绘制线、样条曲线。

在三维视图中，单击"创建"选项卡→"绘制"面板→"参照"命令→"点图元"工具，在绘图区域放置"参照点"，如图 5-17 所示，选中这个参照点，出现三个互相垂直的坐标，该点可以沿着任一方向自由移动。另外，将光标放置在该点，Tab 键切换可以捕捉三个互相垂直的参照面，如图 5-18 所示。

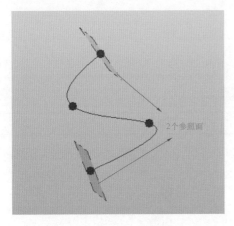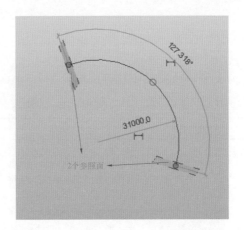

图 5-16

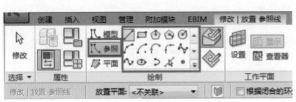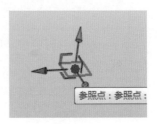

图 5-17　　　　　　　　　　　　　　　　　图 5-18

（2）基于主体的点：单击"创建"选项卡→"绘制"面板→"点图元"工具；移动光标在已有的模型线、参照线、三维形状的表面或边，单击创建的参照点，如图 5-19 所示，选中该参照点出现垂直于线、边或者平行与面的一个参照面。

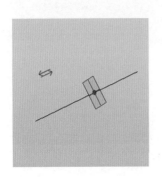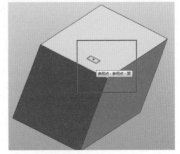

图 5-19

【提示】选中基于主体的参照点，到功能区单击"拾取新的主体"命令，可以重新放置参照点的位置。

（3）驱动点：使用"通过点的样条曲线"工具绘制样条曲线时自动创建的点，可以通过拖拽该点来控制线。

5.2.3 体量基本形状的创建

体量基本形状的创建方法见表5-2。

表 5-2　　　　　　　　　　　　实心与空心体量模型基本创建方法

选择的形状	说明	实心模型	空心模型
	选择一条线，单击"创建实心形状"或"空心形状"线将垂直向上生成实心面或空心面，相当于创建构件族里面的"拉伸"命令（但创建构件族只能选择封闭的形状）		
	选择一个封闭的形状，单击"创建实心形状"或"空心形状"，形状将沿垂直工作平面生成实心体或空心体，相当于创建构件族里面的"拉伸"命令		
	选择两条线（其中一条须为直线），单击"创建实心形状"或"空心形状"，选择两条线创建形状时预览图形下方的提示可选择创建方式，可以选择以直线为轴旋转弧线，相当于创建构件族里的"旋转"命令（但创建构件族只能选择封闭的形状和线），也可以选择两条线作为形状的两边形成面	或	或
	选择一条直线及一条闭合轮廓（线与闭合轮廓位于同一工作平面）单击"创建实心形状"或"空心形状"，将以直线为轴旋转闭合轮廓创建形体，相当于创建构件族里的"旋转"命令		
	选择一条线以及线的垂直工作平面上的闭合轮廓，单击"创建实心形状"或"空心形状"，闭合形状将沿线放样创建实心或空心形体，相当于创建构件族里的"放样"命令		

选择的形状	说明	实心模型	空心模型
	选择一条线以及线的垂直工作平面上的多个闭合轮廓，单击"创建实心形状"或"空心形状"，封闭形状将沿着指定的线作为路径融合成三维形状，相当于创建构件族里的"放样融合"命令		
	选择两个及以上不同工作平面的闭合轮廓"创建形状"，单击"创建实心形状"或"空心形状"，不同位置的垂直闭合轮廓将自动融合创建体量形状，相当于创建构件族里的"融合"命令		

表 5-3　　　　　　　　　　　　体量与构件族形状创建的区别

	体　量	构件族
创建命令	有创建"实心形状"和"空心形状"命令，无"拉伸""旋转""放样""放样融合"等命令，根据所选择的形状对象和"实心""空心"命令，自动生成形状	有创建"实心形状"和"空心形状"命令，有"拉伸""旋转""放样""放样融合"等命令
创建环境	可以显示三维参照平面、三维标高等用于定位和绘制的工作平面	不可以显示三维参照平面、三维标高等用于定位和绘制的工作平面
轮廓形状	形状可以是不封闭的或者是线，比构件族的创建更加灵活	形状必须是封闭的

▌5.2.4　小结

本节介绍了内建体量和体量族的创建、区别和联系，创建体量时使用参照面、参照线和参照点可以灵活创建自由形态的体量，请读者对基本体量形状的创建自行练习，这是创建复杂体量族的基础。下一小节介绍体量的编辑。

5.3　体量编辑

在概念设计环境中，Revit 2015 提供了参照线、模型线、参照点等图元的绘制，可以通过绘制这些图元和已有模型的边线来创建体量模型。根据不同创建方法生成的体量形状编辑状态不一样，可以分为自由形状和基于参照的形状。

自由形状：选择绘制的模型线，单击"修改丨线"选项卡的"实心形状"和"空心形状"命令，创建的实心和空心形状。选中这种形状可以通过"透视""添加边"和"添加轮廓"等操作进行编辑。

基于参照的形状：选择绘制的参照线，单击"修改 | 参照线"选项卡的"实心形状"和"空心形状"命令创建的实心和空心形状。

5.3.1　点、边、面的编辑

1. 形状修改

将光标放置在创建好的三维模型中，按 Tab 键切换选择点、线、面，将出现 X、Y、Z 方向三维控制箭头，选中任意一个坐标方向，左键单击并拖拽，选中的点、线或面将沿着被选择的坐标方向移动，如图 5-20 所示。

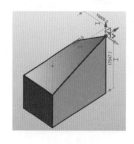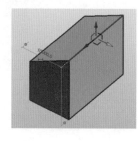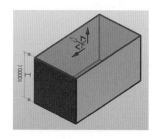

图 5-20

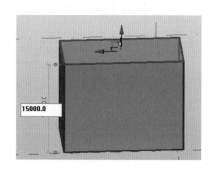

图 5-21

【操作技巧】面的移动，除了选中拖拽，还可以选中面修改临时尺寸值，如图 5-21 所示，选中体量顶部面，将临时尺寸值由 10 000 改为 15 000。

【提示】只有自由形状才可以使用三维控制箭头任意编辑每个点、边和面，而基于参照的形状必须通过单独选择原始的参照线来控制形状。

2. 透视

选择体量，单击"修改 | 形式"上下文选项卡→"修改形状图元"面板→"透视"命令，观察体量模型变化，在透视模式下体量将显示所选形状几何框架。这种模式下便于更清楚的选择体量几何架构并对它进行编辑，如图 5-22 所示。再次单击"透视"工具则将关闭透视模式。

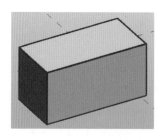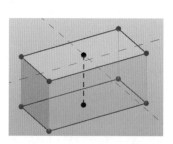

图 5-22

对于自由形状，在透视模式下可以直接通过三维控制箭头任意编辑点、线、面，但是对于基于参照的形状，需要选择体量，单击"修改 | 形式"上下文选项卡→"修改形状图元"面板→"解锁轮廓"命令，轮廓虚线变成实线，也可以单独对点、线、面进行编辑，如图 5-23 所示。

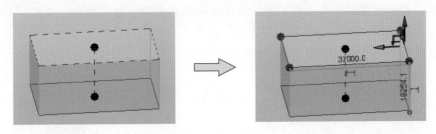

图 5-23

【提示】在一个视图中对某个形状使用透视模式时，其他视图中也会显示"透视"模式，关闭"透视"模式的话，其他视图也会关闭。

3. 添加边

创建体量时，为了增加形状修改的灵活性，有时需要额外添加边，便于编辑。

单击"修改 | 形式"上下文选项卡→"修改形状图元"面板→"添加边"命令，光标移动到体量面上，将出现新边的预览，在适当位置单击即完成新边的添加，同时也添加了与其他边相交的新的控制参照点，新添加的边和点与自动生成的边和点一样，可选择进行拖拽来编辑体量，如图 5-24 所示。

【提示】建议在"透视"模式下进行"添加边"的操作。

4. 添加轮廓

与"添加边"工具一样，选择体量，单击"修改 | 形式"上下文选项卡→"修改形状图元"面板→"添加轮廓"命令，光标移动到体量上，将出现与初始轮廓平行的新轮廓的预览，在适当位置单击可以添加新的轮廓，新的轮廓同时将生成新的参照点及边缘线，可以通过操纵它们来编辑体量，如图 5-25 所示。

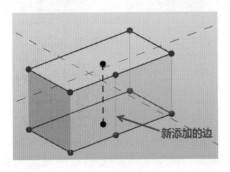

图 5-24

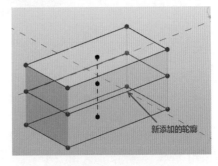

图 5-25

【提示】对于自由形状，选择体量（或者某一轮廓），单击"修改 | 形式"上下文选项卡→"修改形状图元"面板→"锁定轮廓"命令，手动添加的轮廓将消失，并且无法再添加新轮廓。同样，单击"解锁轮廓"工具，将取消对操纵柄的操作限制，添加的

轮廓也将重新显示并可进行添加轮廓的编辑。另外，对于基于参照的形状，轮廓默认是锁定的，此时，"添加轮廓"命令灰显，必须通过"解锁轮廓"才能"添加轮廓"。

5. 拾取新主体和体量

选择体量，单击"修改 | 形式"上下文选项卡→"修改形状图元"面板→"拾取新的主体"命令，可以拾取工作平面，将体量移动到其他体量的面上，单击"修改 | 形式"上下文选项卡，在功能区单击"连接"命令，分别单击需要连接的两个体量，两个体量即连接成一个整体，如图 5-26 所示。

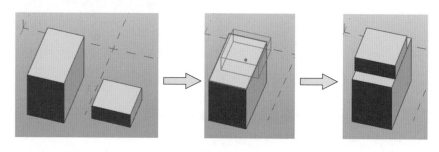

图 5-26

6. 空心转换

同上一步，在两体量连接前，选择上面的小体量，在属性对话框"空心/实心"下拉按钮选择"空心"，则实心体量转换为空心体量，空心体量可以用于剪切实心体量，使得设计更加灵活。如图 5-27 所示，选中空心体量下表面，通过操纵手柄向下拖拽，与实心体量相交的部分即会被剪切。

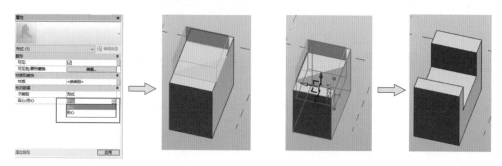

图 5-27

5.3.2 UV 网格分割表面

UV 网格是用于非平面表面的坐标绘图网格，由于表面不一定是平面，因此绘制位置时采用 UVW 坐标系。这相当于平面上的 XY 网格，针对非平面表面或形状的等高线进行调整，即两个方向默认垂直交叉的网格，其投影对应的纬线方向是 U，经线方向是 V。

选择形状的体量上任意面，单击"修改 | 形式"上下文选项卡→"分割"面板→"分割表面"命令，状态栏设置如图 5-28 所示，U 网格编号为 10，V 网格编号为 10，

即在 U、V 方向，网格分割数量均为 10，所选表面通过 UV 网格进行分割。

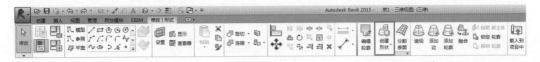

图 5-28

图 5-29 所示分别为长方体表面、圆柱体表面和球体表面按照"编号"后的网格数平均分布后的显示。

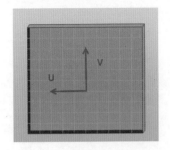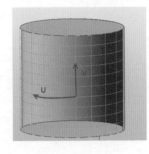

图 5-29

【提示】UV 网格彼此独立，并且可以根据需要开启和关闭，选择分割后的表面，可以在"属性"面板中设置 UV 网格"布局""距离"等参数，如图 5-30 所示。

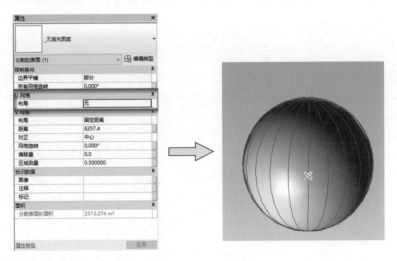

图 5-30

U、V 网格的数量可以通过"固定数量"和"固定距离"两种规则进行控制，规则可以在属性栏的"布局"和状态栏中进行设置。例如在状态栏中，"编号"用以设置"数量"，"距离"下拉列表可以选择"固定距离""最大距离""最小距离"并设置距离，如图 5-31 所示。

【提示】下拉菜单里"固定距离""最大距离""最小距离"分别对网格划分的影响：

图 5-31

（1）固定距离：表示以固定间距排列网格，第一个和最后一个不足固定距离也自成一格。

（2）最大距离：以不超最大距离的相等间距排列网格。

（3）最小距离：以不小于最小距离的相等间距排列网格。

5.3.3　分割面填充

分割表面后，可以基于分割后的单元格创建表面填充图案。Revit 2015 提供了专用的填充图案集，包含了常用的六边形、八边形、错缝、菱形等 14 种图案填充，可以直接选择应用于填充分割表面。

1. 创建表面填充图案

选择尺寸为 24 000×18 500 的体量表面，在"属性"对话框 UV 网格"布局"和"编号"分别设置为"固定数量"和"10"，并在类型选择器下拉列表中选择填充图案，例如选择"1/2 错缝"，则该表面根据网格数量进行填充图案，如图 5-32 所示。

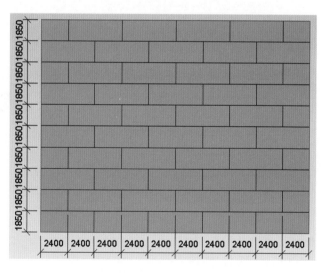

图 5-32

2. 编辑表面填充图案

添加的分割面填充图案可以通过属性对话框中"对正""网格旋转"和"偏移量"进行修改。

（1）对正：在"布局"设置为"固定距离"时设置 UV 网格的对齐方式，可以设置"起点""中心""终点"三种样式，例如选中上图的填充表面，在属性栏 V 网格中"布局”和"间距"设置为"固定间距"和"2600"，如图 5-33 所示。分别调整对正方式"起点""中心""终点"，它们对填充图案的影响分别为：

1）起点：从左向右排列 V 网格，最右边有可能出现不完整的网格，如图 5-34所示。

图 5-33

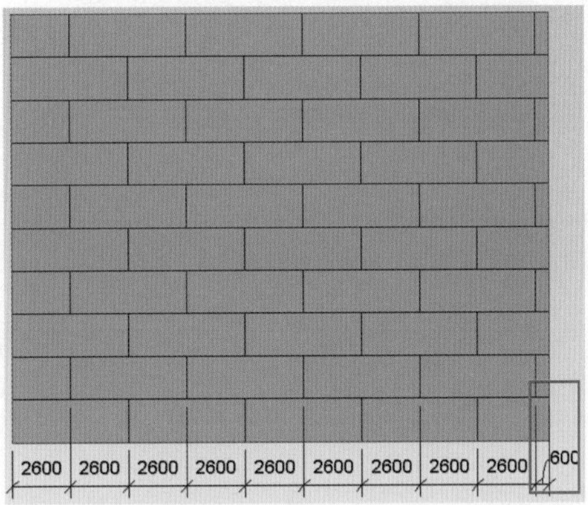

图 5-34

2）中心：V 网格从中心开始排列，有不完整的网格左右均分，如图 5-35 所示。

3）终点：从右向左排列 V 网格，最左边有可能出现不完整网格，如图 5-36 所示。

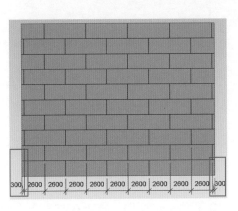

图 5-35

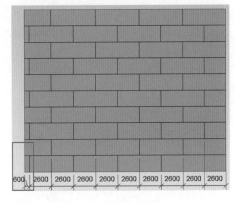

图 5-36

（2）旋转：以 U 网格为例，选择填充图案表面，属性栏"网格旋转"设置为60°，U 网格旋转，如图 5-37 所示。

（3）偏移量：属性栏中"偏移量"数值的设置可为正值，也可为负值，调整 U 网格时，正偏移时，图案向下移动，负偏移时，图案向上移动；调整 V 网格，正偏移时，图案向右移动，负偏移时，图案向左移动。选择填充图案表面，以 V 网格为例，"偏移量"设置为 0 时，如图 5-38 所示，"偏移量"分别设置为-1000 和 1000 时，如图 5-39

所示。同理，读者可自行尝试 U 网格的"偏移量"数值对比区别。

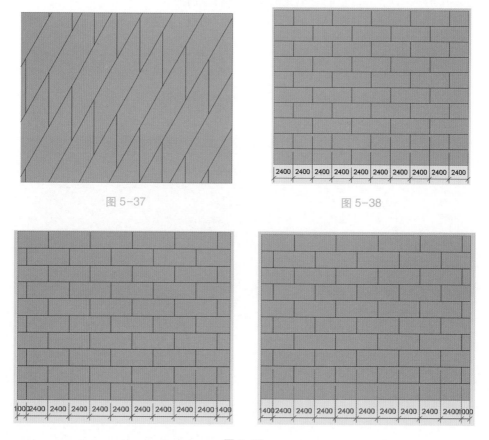

图 5-37　　　　　　　　　　　　图 5-38

图 5-39

3. 自定义填充图案

Revit 2015 提供的 14 种填充图案只是简单的二维图案，如果需要完成更加复杂的体量表面填充，仅仅二维图案是不够的，下面以三维参数"四边形填充图案构件族"为例介绍自定义填充图案构件族的流程。

（1）创建填充图案构件族：单击应用程序菜单"新建"→"族"命令，选择族样板"基于公制幕墙嵌板填充图案 . rft"进入族编辑器，绘图区域已有一个矩形网格，包含四条参照线和四个参照点，如图 5-40 所示。

【操作技巧】可以选择已有的矩形网格，从"属性栏"类型选择器下拉列表中选择需要的类型网格，如图 5-41 所示。

（2）创建"四边形填充图案构件族"的框架：单击"创建"选项卡→"工作平面"面板→"设置"命令，移动光标到一个参照点的位置，按 Tab 键切换拾取与参照线垂直的一个参照面作为工作平面，如图 5-42 所示。

单击"绘制"面板→"圆形" ⊘命令，在工作平面上以参照点为圆心绘制一个半径为 100mm 的圆，如图 5-43 所示。

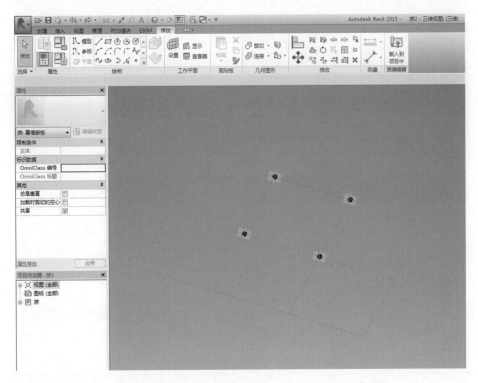

图 5-40

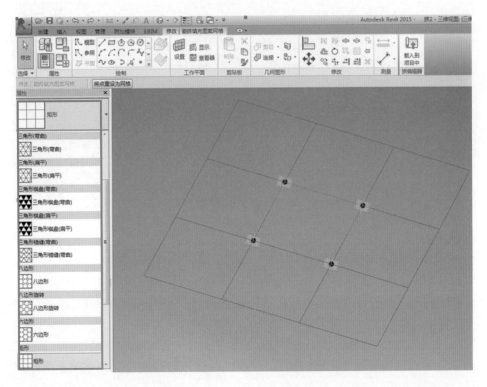

图 5-41

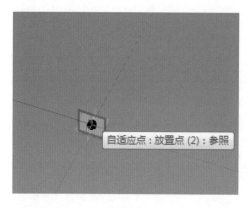

图 5-42

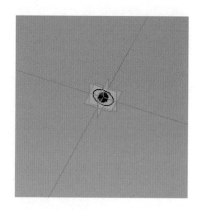

图 5-43

选这个圆以及四个参照点和四条参照线，单击"创建形状"，如图 5-44 所示，创建"四边形填充图案构件族"的框架，如图 5-45 所示。

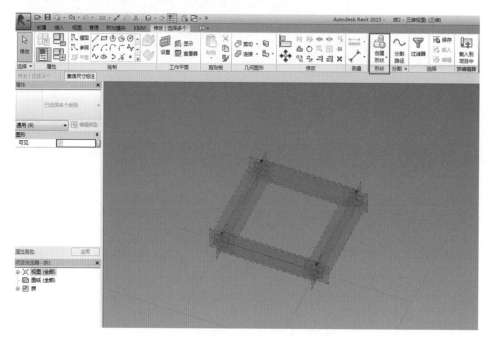

图 5-44

（3）创建"四边形填充图案构件族"的面嵌板：选择四条参照线，单击"创建形状"→"实心形状"，如图 5-46 所示，在下方出现的两个形状预览图形中选择第二个面形状，自动创建"四边形填充图案构件族"的面嵌板，如图 5-47 所示。将族以"四边形填充图案构件族"为文件名保存。

【提示】创建族的时候可以根据需要对自定义的填充图案进行材质设置。

（4）使用"四边形填充图案构件族"：新建项目，将"四边形填充图案构件族"载入项目。

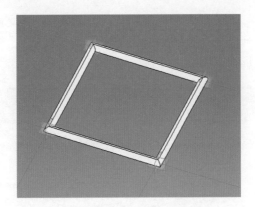

图 5-45

图 5-46

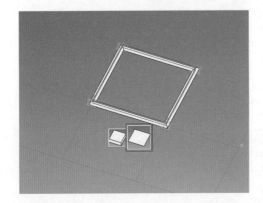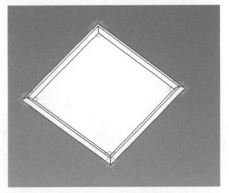

图 5-47

新建一个内建体量，选择一个表面，单击"分割表面"，设置 UV 网格后，在"属性栏"类型选择器下拉列表中选择"四边形填充图案构件族"，则该表面根据 UV 网格设置的尺寸填充"四边形填充图案构件族"，如图 5-48 所示。

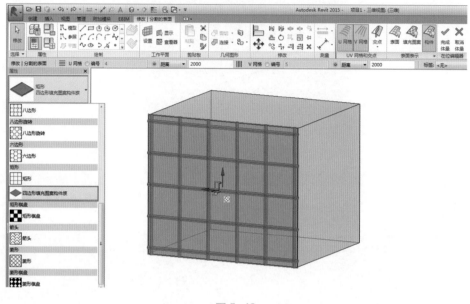

图 5-48

5.3.4　小结

本小节用示例介绍了体量编辑的基本方法，灵活运用体量点、边、面对体量进行编辑，并可以对体量表面进行 UV 网格划分和分割面填充，在做分割面的填充时，除了现有图案的选择，也可自定义图案族，通过载入的方式使用。下一小节介绍体量楼层和面模型的运用。

5.4　体量运用

5.4.1　体量楼层

在 Revit 2015 中，使用体量楼层划分体量，可以在项目中定义的每个标高处创建体量楼层。体量楼层在图形中显示为一个在已定义标高处穿过体量的切面。体量楼层提供了有关切面上方体量直至下一个切面或体量顶部之间尺寸标注的几何图形信息，可以通过创建体量楼层明细表进行建筑设计的统计分析。

1. 创建体量楼层

新建项目，进入立面视图创建标高如图 5-49 所示，内建体量或者将创建好的体量族放置到标高 1。

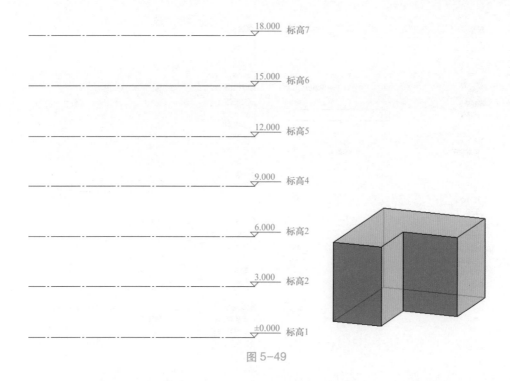

图 5-49

选择项目中的体量，单击上下文选项卡"修改 | 体量"→"模型"面板→"体量楼层"工具，弹出的"体量楼层"对话框将列出项目中标高名称，勾选所有标高并确定，Revit 将在体量与标高交叉位置自动生成楼层面，如图 5-50 所示。

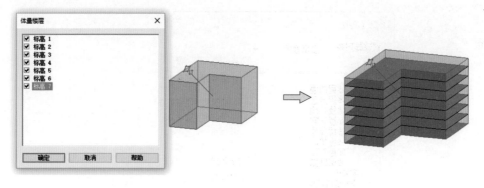

图 5-50

【提示】如果体量的顶面与设定的顶标高重合，则顶面不会生成楼层，其面积包括在下一楼层的外表面积当中。

选中体量，在属性对话框中可以读取体量的"总楼层面积""总表面积"和"总体积"等信息，单独选中楼层，可以单独读取"楼层周长""楼层面积""外表面积"和"楼层体积"等信息，如图 5-51 所示。

2. 体量楼层明细表

在创建体量楼层后，可以创建这些体量楼层的明细表，进行面积、体积、周长等设计信息的统计，并且如果修改体量的形状，体量楼层明细表会随之更新，以反映该变化。

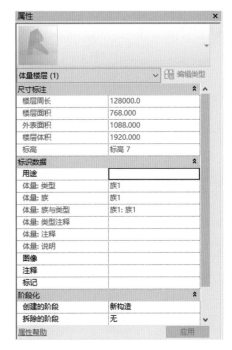

图 5-51

单击"视图"选项卡→"创建"面板→"明细表"下拉列表→明细表/数量 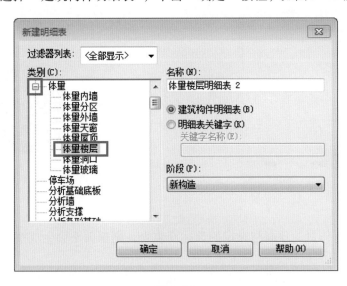 →
"体量楼层"，选择"建筑构件明细表"，单击"确定"按钮，如图 5-52 所示。

图 5-52

在"字段"选项卡上选择需要的字段，如图 5-53 所示，使用其他选项卡指定明细
表过滤、排序和格式的设置（参见 3.14 明细表统计）。最后单击"确定"，该明细表将
显示在绘图区域中，如图 5-54 所示。

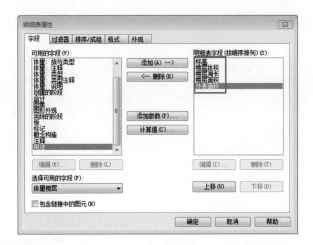

图 5-53

<体量楼层明细表>				
A	B	C	D	E
标高	楼层体积	楼层周长	楼层面积	外表面积
标高 1	879.60	77000	293.20	231.00
标高 2	879.60	77000	293.20	231.00
标高 3	879.60	77000	293.20	231.00
标高 4	879.60	77000	293.20	231.00
标高 5	879.60	77000	293.20	231.00
标高 6	879.60	77000	293.20	524.20

图 5-54

5.4.2　面模型应用

完成概念体量模型后，可以通过"面模型"工具拾取体量模型的表面生成幕墙、墙体、楼板和屋顶等建筑构件。

1. 面楼板

接着上一节内容，在三维视图中，单击"体量和场地"选项卡→"面模型"面板→"楼板"工具，如图 5-55 所示，在属性栏选择楼板类型为"常规—150mm"，在绘图区域单击体量楼层，或直接框选体量，单击上下文选项卡"修改 | 放置面楼板"→"多重选择"面板→"创建楼板"工具，如图 5-56 所示，所有被框选的楼层将自动生成"常规—150mm"的实体楼板，如图 5-57 所示。

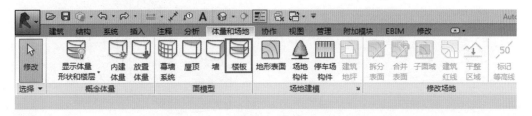

图 5-55

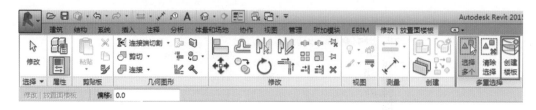

图 5-56

2. 面屋顶

单击"体量和场地"选项卡→"面模型"面板→"屋顶"工具，在绘图区域单击体量的顶面，在属性栏选择屋顶类型为"常规—400mm"，单击"修改 | 放置面屋顶"上下文选项卡→"多重选择"面板→"创建屋顶"工具，顶面添加屋顶实体，如图 5-58 所示。

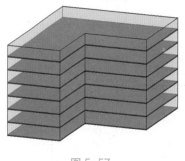

图 5-57

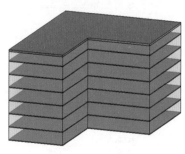

图 5-58

3. 面幕墙系统

单击"体量和场地"选项卡→"面模型"面板→"幕墙系统"工具，属性栏选择"幕墙"并设置网格和竖梃的规格等参数属性，如图 5-59 所示，在绘图区域依次单击需要创建幕墙系统的面，并单击"修改 | 放置面幕墙系统"选项卡→"多重选择"面板→"创建系统"工具，即在选择的面上创建幕墙系统，如图 5-60 所示。

图 5-59

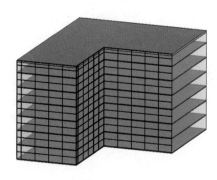

图 5-60

4. 面墙

单击"体量和场地"选项卡→"面模型"面板→"墙"工具，只要在绘图区域单击需要创建墙体的面，即可生成面墙如图5-61所示。

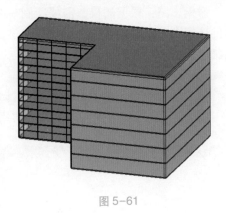

图 5-61

【提示】通过体量面模型生成的构件只是添加在体量表面，体量模型并没有改变，可以对体量进行更改，并可以完全控制这些图元的再生成。单击关闭"体量和场地"选项卡→"概念体量"面板→"显示体量"则体量隐藏，只显示建筑构件，即将概念体量模型转化为建筑设计模型。

5.4.3 小结

本小节通过一个案例介绍了如何将概念体量模型快速转换为建筑设计模型，在项目设计过程中，可以利用体量楼层快速分割建筑模型楼层，通过面模型工具快速生成建筑构件。读者可以利用这些功能快速生成建筑设计模型。下一小节将通过案例介绍体量的应用。

5.5 案例应用

【例题 5-1】根据图 5-62 中给定的投影尺寸，采用内建体量创建形体体量模型，通过软件自动计算该模型体积。

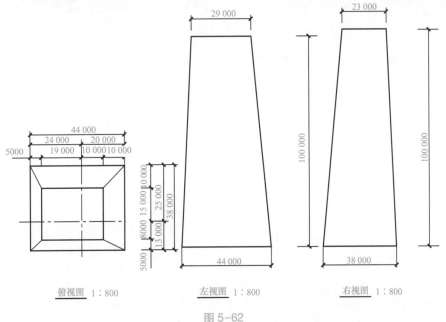

图 5-62

建模思路：根据题目，需要绘制一个高为 100m 的不规则六面体的体量，计算此体量的体积则可以直接选中已创建好的体量，查看左侧的"属性"栏即可，也可通过使用明细表的统计功能来实现。

创建过程：

（1）建项目，创建标高。新建项目，进入东立面，绘制标高 2F，如图 5-63 所示。

（2）绘制参照平面。进入 1F 楼层平面，按图 5-64 尺寸绘制参照平面。

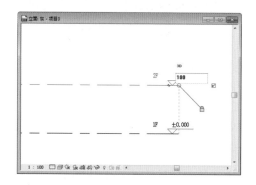

图 5-63

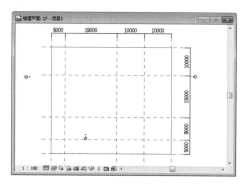

图 5-64

（3）绘制主体体量。点击"体量和场地"选项卡下的"内建体量"命令，如图 5-65 所示，软件会自动弹出"体量—显示体量已启用"的提示框，直接单击"关闭确定"，出现体量名称的对话框，可以自行定义名称，也可使用系统默认，单击"确定"。

图 5-65

单击"绘制"面板中的"拾取线"命令，拾取最外一圈参照平面，并利用"修改"面板中修剪命令 ，依次单击每个交点处的两条线最终得到一个矩形（也可以直接单击"绘制"面板中的矩形命令 ，选择参照平面的四个角点而快速绘制矩形），如图 5-66 所示。

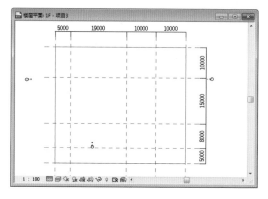

图 5-66

进入到 2F 楼层平面，同上述方法绘制内部的矩形如图。切换到 3D 视图中，按住"Ctrl"键选择所绘制的两个矩形，选择"创建形状"下拉单中的"实心形状"命令，生成一个实心台柱，如图 5-67 所示。

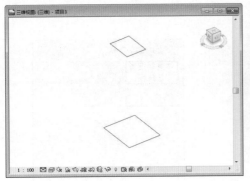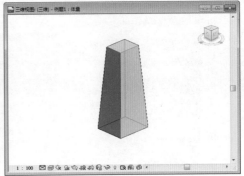

图 5-67

（4）算体积，完成体量绘制后，退出体量绘制模型，可通过两种方式查看体量体积。

方法一：选中生成的台柱体量，通过查看右侧的"属性"栏，可以在"尺寸标注"栏中查看总体积、总表面，如图 5-68 所示。

方法二：单击"视图"选项卡"创建"面板中的"明细表"命令，选择"明细表/数量"，在新建明细表对话框中选择体量后确定，如图 5-69 所示，打开明细表属性对话框，选择总体积后单击"添加"按钮，单击"确定"，可得到体积的统计结果，如图 5-70 所示。

【例题 5-2】请用体量面墙建立图 5-71 所示的 90 厚长方形斜墙，并在墙面开一个扇形洞口，洞口半径分别为 1500 和 500。

建模思路：斜墙需要通过体量创建形状并通过在体量表面添加"面墙"得到。通过创建实心拉伸和空心拉伸创建图示体量，本题的关键在于设置参照平面，绘制时注意选取适当的参照平面作为工作平面，斜墙拉伸的绘制要在斜面完成。完成概念体量模型后，可以通过拾取体量模型的表面生成墙，将概念体量模型转换为建筑设计模型。

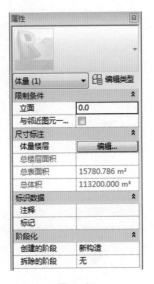

图 5-68

图 5-69

图 5-70

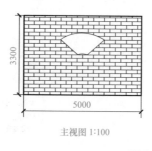

主视图 1:100

右视图 1:100

图 5-71

创建过程：

（1）绘制参照平面：新建一个项目，分别进入东立面和南立面，单击"参照平面"命令，分别按照图 5-72 和图 5-73 所示的尺寸绘制参照平面。

图 5-72

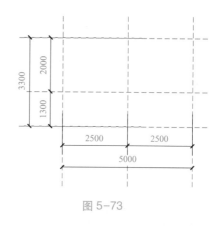

图 5-73

（2）绘制体量主体：在楼层平面视图下，点击"体量和场地"选项卡下的"内建体量"命令，单击"设置"→"拾取一个平面"，拾取竖直方向的参照平面作为工作面，进入到东立面，沿 60°斜参照平面绘制一条直线，如图 5-74 所示，选中这条直线，点击"创建实体形状"，生成一个面。

进入南立面视图，将体量的各边对齐到相应的位置，形状如图 5-75 所示。

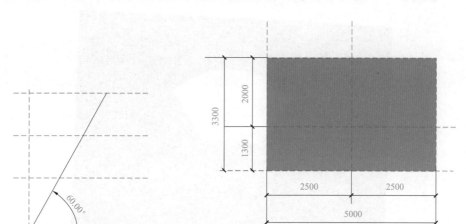

图 5-74　　　　　　　　　　　　　　　　　　图 5-75

在体量上用"圆心—端点弧"命令分别绘制半径为 1500 和 500 的两个半圆，再用直线命令绘制与水平线成 45°角的直线，修剪生成一个扇形，如图 5-76 所示。选中扇形，单击"创建形状"中的"空心形状"命令，单击"完成体量"，如图 5-77 所示。

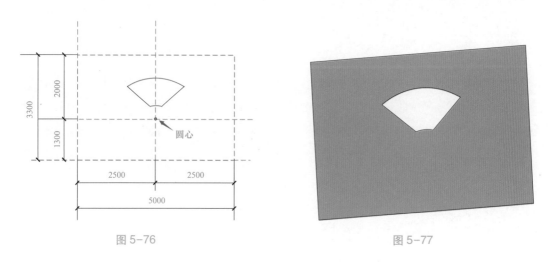

图 5-76　　　　　　　　　　　　　　　　　　图 5-77

（3）将体量模型转换为建筑设计模型：在建筑功能区单击"墙"→"面墙"命令，选择"常规—90mm 砖"的墙体，在体量中选择前平面，则前平面被附上了 90 厚的墙，按"Esc"退出，用"Tab"键选中体量并按"Delete"删除，则开洞的斜墙创建完成，如图 5-78 所示。

【例题 5-3】按照图 5-79 所示尺寸建立幕墙系统模型，幕墙嵌板采用 1500mm×3000mm，水平网格起点对齐，垂直网格中点对齐，竖梃采用圆形半径 25mm。

建模思路：此幕墙系统模型形状比较特殊，直接创建幕墙难度太大，可以通过内建体量，面模型拾取体量模型的表面生成幕墙系统，并设置工作平面按图示进行标注尺寸。

图 5-78

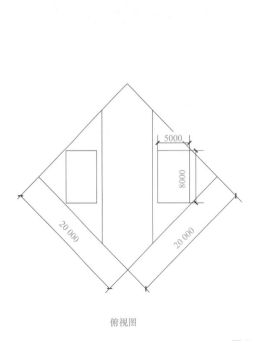

俯视图　　　　　　　　　　　主视图

图 5-79

创建过程：

（1）创建体量模型。新建项目，进入南立面视图修改 F2 的标高为 100，在"体量和场地"选项卡中单击"概念体量"面板下的"内建体量"命令新建一个体量，重命名为"幕墙"，进入 F1 平面视图，绘制间距为 20 000 的四个参照平面，如图 5-80 所示。

框选四个参照平面，将其旋转 45°，单击"绘制"面板下的直线模型线，沿参照平面绘制矩形，选中矩形，创建"实心形状"，如图 5-81 所示。进入南立面视图，拖拽竖直向上的箭头至 F2。

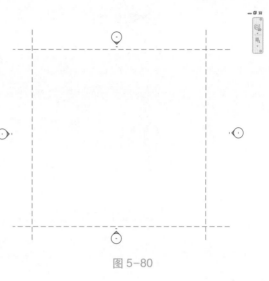

图 5-80

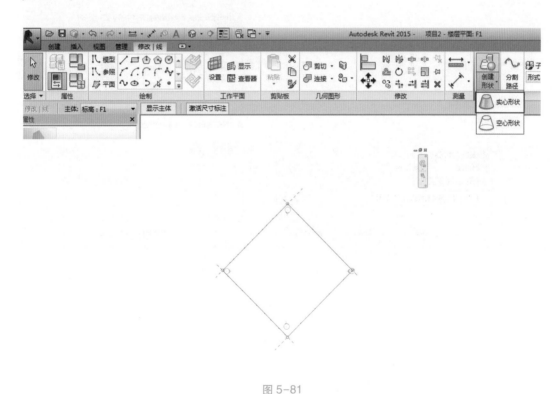

图 5-81

（2）创建空心形状，进入 F2 平面视图，绘制如图 5-82 所示的参照平面，点击"工作平面"面板下的"设置"→"拾取一个平面"，选择绘制的参照平面，选择进入南立面视图，如图 5-83 所示。

单击"绘制"面板下的直线模型线命令，绘制图示尺寸三角形，例如将三角形移动到图示位置，如图 5-84 所示。

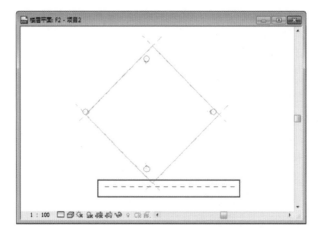

图 5-82

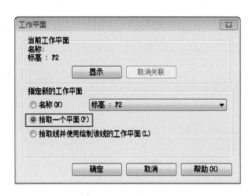

图 5-83

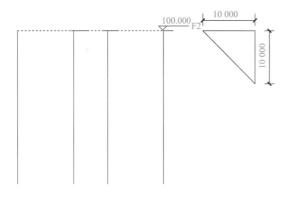

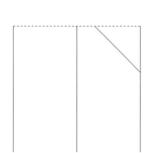

图 5-84

选中三角形，创建空心形状，将其拉伸到至可完整剪切的程度，并进入 F2 平面视图，用 Tab 键选中空心三角形，使用"镜像—绘制轴"命令镜像，如图 5-85 所示。

点击"几何图形"面板下的剪切按钮，将两个空心形状剪切，如图 5-86 所示。

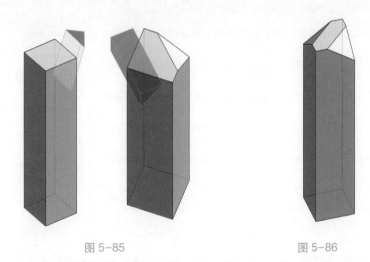

图 5-85　　　　　　　　　　　　　　　　　图 5-86

进入 F2 平面视图，在右边绘制一个竖直的参照平面，并拾取此参照平面进入东立面视图，绘制宽 8000、高 5000 的矩形，进入右视图，调整位置如图 5-87 所示。

选中矩形，创建空心形状并进行剪切后，如图 5-88 所示。点击确定完成体量。

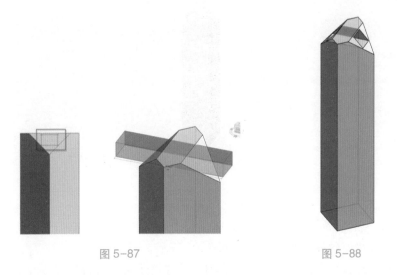

图 5-87　　　　　　　　　　　　　　　　　图 5-88

（3）通过面模型创建幕墙系统：单击"建筑"选项卡→"构建"面板→"幕墙系统"命令建立一个幕墙系统，打开属性中的"编辑类型"，如图 5-89 所示。点击确定后设置属性栏为：水平网格起点对齐，垂直网格中心对齐，如图 5-90 所示。

点击"选择多个"命令用 Tab 键分别选中体量的各个面，单击"创建系统"，完成幕墙系统模型的创建，如图 5-91 所示。

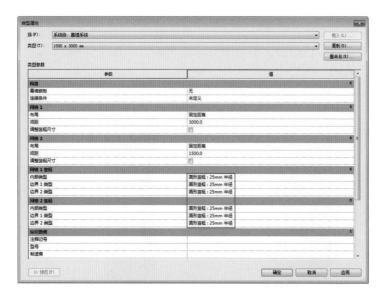

图 5-89

图 5-90

图 5-91

【例题 5-4】按照图 5-92 尺寸创建综合楼，要求：楼板 150mm，屋顶 400mm，面墙采用带砌块与金属立筋龙骨复合墙，幕墙嵌板 1500×3000，竖梃：圆形竖梃−25mm 半径，并且统计各楼层的面积和周长，如图 5-93 所示。

建模思路：综合楼看似复杂，可先按图示尺寸创建出综合楼体量模型，将其导入项目中，按照标高要求创建体量楼层，通过面楼板、面屋顶、面墙及面幕墙命令快速创建出综合楼外观，实现体量模型向建筑模型的快速转换，最后使用体量楼层明细表统计每层的建筑面积和周长。

创建过程：

（1）新建综合楼体量族，新建概念体量族，将其命名为"综合楼体量"。

（2）创建体量模型，在标高 1 楼层平面中用模型线绘制如图 5-94 所示的图形，选

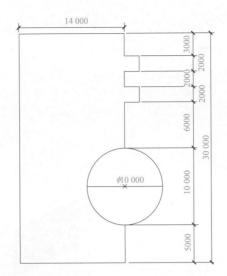

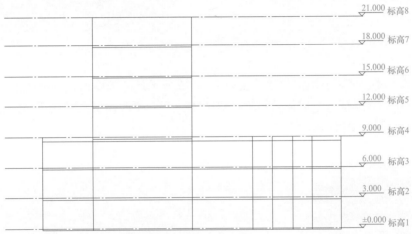

图 5-92

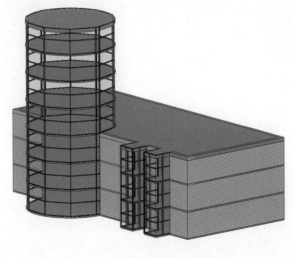

图 5-93

中所绘制的形状，单击"创建实心形状"，生成体量模型，进入南立面，修改体量高度为 9000mm，生成的体量模型如图 5-95 所示。

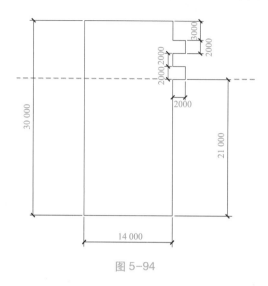

图 5-94

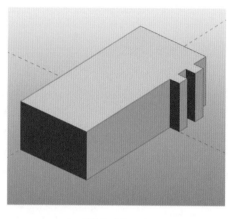

图 5-95

在标高 1 楼层平面中用模型线绘制如图 5-96 所示尺寸的图形，选中所绘制的线段，点击"创建实心形状"，生成体量模型，进入南立面，修改体量高度为 20 800mm，生成的体量模型如图 5-97 所示。

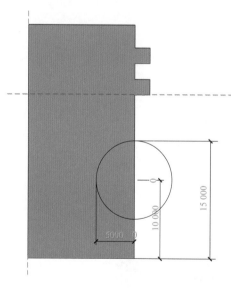

图 5-96

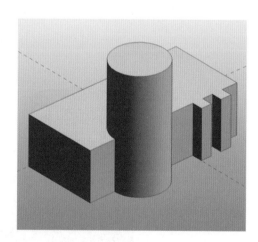

图 5-97

进入三维视图，单击"修改 | 形式"选项卡→"连接"→"连接几何图形"，如图 5-98 所示，分别点击两个体量模型，使两个体量模型连接为一个体量模型，如图 5-99 所示。

（3）新建项目，保存为"综合楼"。进入北立面，绘制如图 5-100 所示的标高。

将"综合楼体量族"载入到项目中，放置体量在标高 1 楼层视图。选中"体量族"，单击"修改 | 体量"选项卡→"体量楼层"，出现"体量楼层"对话框，将"标高 1"

图 5-98

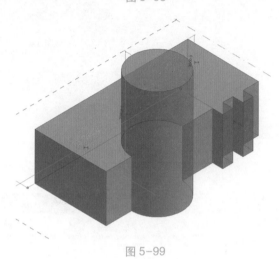

图 5-99

	20.600	标高8
	16.000	标高7
	15.000	标高6
	12.000	标高5
	9.000	标高4
	6.000	标高3
	3.000	标高2
	±0.000	标高1

图 5-100

至"标高8"全部勾选，再点击"确定"，完成体量楼层的划分，如图 5-101 所示。

（4）通过面模型创建面墙、面楼板、面屋顶。

面楼板的创建：在"建筑"选项板中，单击"楼板"→"面楼板"命令，如图 5-102 所示。楼板的"属性"为"常规—150mm"，再切换到三维视图中选中需要生成楼板，

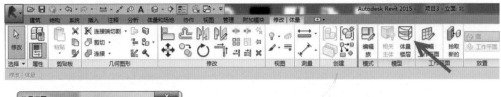

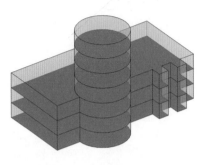

图 5-101

图 5-102

在"修改 | 放置面楼板"中，单击"创建楼板"，生成的模型如图 5-103 所示。

面屋顶的创建：在"建筑"选项板中，单击"屋顶"→"面屋顶"命令，楼板的"属性"为"常规—400mm"，再到三维视图中选中需要生成屋顶的顶面，在"修改 | 放置面屋顶"中，点击"创建屋顶"，生成的模型如图 5-104 所示。

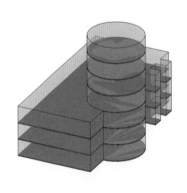

图 5-103

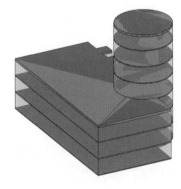

图 5-104

　　面墙的创建分为"基本墙"的创建和"幕墙"的创建。首先，在"建筑"选项卡中，点击"墙"→"面墙"命令，在属性中选择基本墙"外部—带砌块与金属立筋龙骨复合墙"，选中体量面墙体位置，生成基本墙体，如图 5-105 所示。

　　面幕墙的创建，在"建筑"选项框中，点击"幕墙系统"，进入"三维视图"，选择如图 5-106 所示的墙面，然后在"修改 | 放置面幕墙系统"中点击"创建系统"，在属性框设置幕墙系统参数，如图 5-107 所示，生成模型如图 5-108 所示。

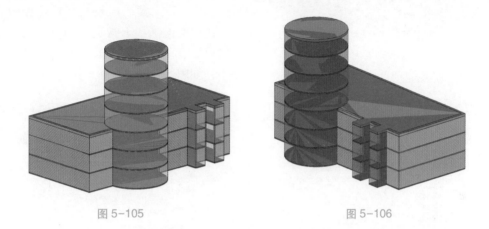

图 5-105　　　　　　　　　　　　　　　　图 5-106

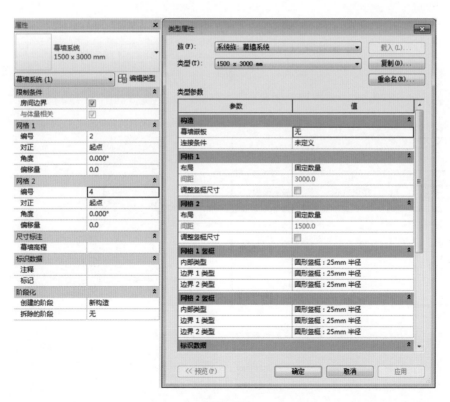

图 5-107

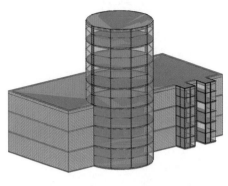

图 5-108

（5）建明细表统计各楼层的面积和周长。

单击"视图"选项卡→"创建"面板→"明细表"下拉列表→明细表/数量 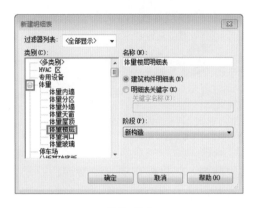→"体量楼层"，选择"建筑构件明细表"，单击确定，如图 5-109 所示。

在"可用的字段"选项卡上选择"标高""楼层面积"和"楼层周长"字段，如图 5-110 所示，使用其他选项卡指定明细表过滤、排序和格式的设置，单击确定，该明细表将显示在绘图区域中，如图 5-111 所示。

图 5-109

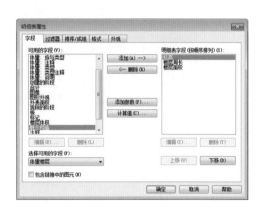

图 5-110

最后，使用 Tab 键切换选择"体量族"，删除，最终模型如图 5-112 所示。

A	B	C
<体量楼层明细表>		
标高	楼层周长	楼层面积
标高 1	101708	467.28
标高 2	101708	467.28
标高 3	101708	467.28
标高 4	31416	78.54
标高 5	31416	78.54
标高 6	31416	78.54
标高 7	31416	78.54

图 5-111

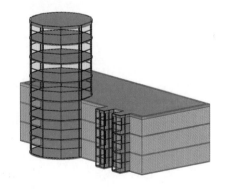

图 5-112

▌小结

体量的创建过程与 Revit 中族的创建过程十分类似，但是概念体量族的灵活度为概念设计提供了强大工具，本小节设置的案例介绍了创建体量和体量的应用，创建体量时，非常规体量注意使用合适的参照平面，概念体量族的灵活应用读者可自行练习。

5.6　本章小结

　　本章介绍了体量的创建和基本应用，利用"内建体量"和"概念体量"工具可以灵活创建和编辑体量模型，在项目概念设计阶段对建筑形态进行设计，结合"体量楼层"，可以在不生成建筑设计模型的情况下得到概念设计中的楼层面积等信息，并方便进行体量的编辑修改；使用"面模型"工具可以将墙、幕墙系统、屋顶、楼板等建筑构件添加到体量形状表面，将概念体量模型直接转化成建筑设计模型。体量的创建过程与族的创建过程十分相似，同样可以为体量模型添加控制参数，方便使用时通过参数调节体量形态，读者可以对照第 4 章族的创建及应用进行学习。

第6章 BIM 技能考试解题技巧与详解

概述：本章节内容是根据考评大纲要求专门设置，第一部分通过解析由中国图学学会主办的 2013 年第三期全国 BIM 技能等级考试一级考试的真题，让读者对考试题型、题量、重点和难点有所把握，第二部分对由中国建设教育协会主办的 2015 年全国 BIM 应用技能考试试题进行了深刻剖析，第三和第四部分设置的模考题，是为读者量身打造的练兵场。

6.1 BIM 技能考试介绍

目前，全国范围的 BIM 技能考试有两类：一类是由中国图学学会组织的全国 BIM 技能等级考试，另一类是由中国建设教育协会组织的全国 BIM 应用技能考试。通过全国统一考试，成绩合格者，统一颁发相应的资格证书。

中国图学学会从 2012 年举办第一期全国 BIM 技能等级考试，至今已经举办了七期。全国 BIM 技能等级考试分为三级，BIM 技能一级不区分专业，能掌握 BIM 软件操作和基本 BIM 建模方法；二级根据设计对象的不同，分为建筑、结构、设备三个专业，能创建达到各专业设计要求的专业 BIM 模型；三级根据应用专业的不同，分为建筑、结构、设备设计专业以及施工、造价管理专业，能进行 BIM 技术的综合应用。考试考评内容包括 BIM 基础知识和相关标准、工程绘图和 BIM 建模环境设置、BIM 参数化建模、BIM 属性定义与编辑、创建图纸以及模型文件管理，其中 BIM 参数化建模占的比重最大。

中国建设教育协会 2015 年举办了第一期全国 BIM 应用技能考试，考评大纲分为三级，分别为 BIM 建模、专业 BIM 应用和综合 BIM 应用。BIM 建模考评不区分专业，要求被考评者熟悉 BIM 的基本概念和内涵、技术特征，能掌握 BIM 软件操作和 BIM 基本建模方法；专业 BIM 应用考评按专业领域，本科目的考评分为 BIM 建筑规划与设计应用、BIM 结构应用、BIM 设备应用、BIM 工程管理应用（土建）、BIM 工程管理应用（安装）共五种类型；综合 BIM 应用考评内容包括：组织编制和控制 BIM 技术应用实施规划、综合组织 BIM 技术多专业协同工作、BIM 模型及数据的质量控制以及多种 BIM 软件集成应用等能力。考试考评内容包括：BIM 基础知识，BIM 相关标准和施工图识读与绘制，BIM 建模环境与方法，标记、标注与注释，创建明细表与图纸，模型文件管理与数据转换方法。

6.2 全国 BIM 技能考试考点分析

深度解析往期真题，将历年常见考点进行汇总，见表 6-1，通过对考试大纲的深刻解读，让读者对考试的解题深度和题量有所了解，帮助读者把握考试趋势。

表 6-1

类型	考　点
标高轴网	① 设置 2D、3D 模式控制轴网显示；② 设置属性控制轴网颜色；③ 标头的显隐设置；④ CAD 底图的导入与隐藏；⑤ 斜轴网的绘制；⑥ 弧形轴网的绘制
楼梯	① 栏杆样式的设置；② 楼梯踏步数的设置；③ 楼梯踏板宽度的设置；④ 楼梯踢面数量的设置；⑤ 楼梯类型的绘制
墙体	拆分墙体并划分材质
幕墙	① 玻璃幕墙的自动嵌入设置；② 设置竖梃尺寸样式
屋顶	① 设置材质；② 坡度箭头；③ 老虎窗、竖井开洞
族	① 拉伸、放样、融合和放样融合命令的综合使用，创建三维模型；② 参数化设置：控制数量、尺寸、角度等；③ 栏杆样式设置
体量	① 拉伸、放样、融合和放样融合命令的综合使用，创建三维模型；② 明细表统计体积；③ 明细表统计面积；④ 使用面模型将体量模型转换成建筑模型
综合题	① 三维建模；② 项目信息；③ 布置家居；④ 创建房间；⑤ 明细表；⑥ 创建视图；⑦ 创建图纸；⑧ 渲染；⑨ 导出图纸

6.3　2013 年第三期全国 BIM 技能等级考试试题解题技巧与详解

[试题一] 某建筑共 50 层，其中首层地面标高为 ±0.000，首层层高为 6.0m，第二至四层层高为 4.8m，第五层及以上层高均为 4.2m。请按要求建立项目标高，并建立每个标高的楼层平面视图。并且，请按照图 6-1 中的轴网要求绘制项目轴网。最终结果以"标高轴网"为文件名保存为样板文件，放在考生文件夹中。（10 分）

（1）解题思路：此题考查的是标高轴网的绘制，层高相同的标高，可通过复制或者阵列命令来快速完成，利用 2D 轴网与 3D 轴网适用范围的不同进行轴网的调整。

（2）创建过程。

1）绘制标高：在立面图里创建标高，如图 6-1 所示，2 ~4 层标高用复制命令，第五层及以上层高一样，用阵列命令，不勾选"成组并关联" ▢成组并关联，并单击"视图"选项卡→"平面视图"面板→"楼层平面"命令，将上述创建的楼层平面添加到"项目浏览器"，完后如图 6-2 所示。

2）绘制轴网：在标高 1 里平面视图中绘制轴网，如图 6-3 所示。

3）修改轴网：进入南立面或北立面将①到④号轴网下拉到标高 6 层以下，如图 6-4 所示。则 6 层以上标高就看不见①到④号轴网。

进入标高 6 楼层平面，单击 A—F 号轴网，将 A—F 号轴网改成 2D，并向右拖动至靠近⑤号轴网，如图 6-5 所示。

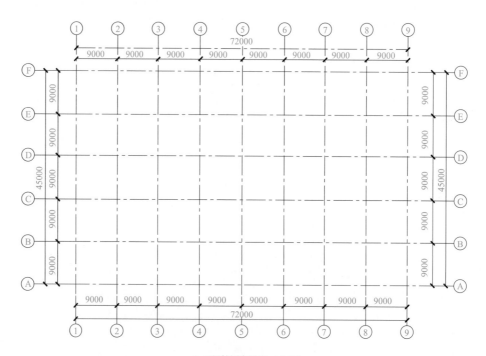

1—5层轴网布置图　1∶500

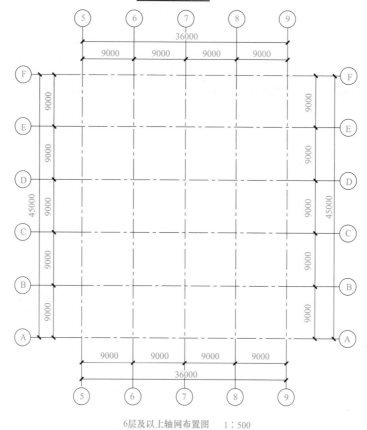

6层及以上轴网布置图　1∶500

图 6-1

图 6-2

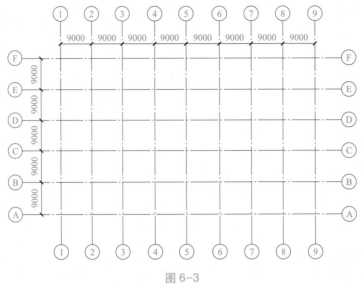

图 6-3

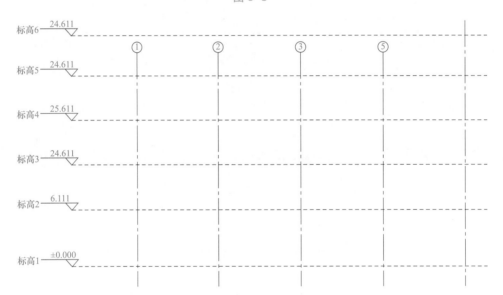

图 6-4

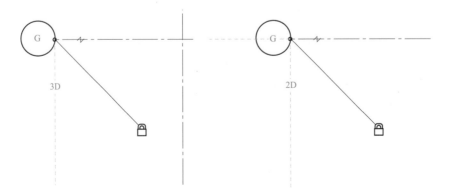

图 6-5

框选标高 6 楼层平面里修改的轴网，单击"影响范围"选择需要修改的楼层平面，即 6 楼层至 50 楼层如图 6-6 所示，单击确定。则 6 层以上标高平面显示轴网，如图 6-7 所示。最后将结果以"标高轴网 . rte"保存到考生文件夹中。

图 6-6

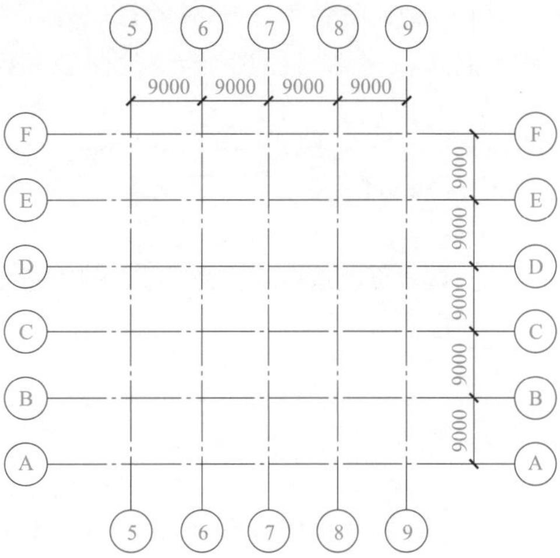

图 6-7

（3）解题技巧。

1）2~5 层的标高可通过复制命令或者阵列命令进行绘制，6 层及以上楼层使用阵列命令较为快捷，但使用阵列命令时不要勾选"成组并关联"按钮。

2）在绘制标高时，如果零标高在负标高之下，是因为零标高的"立面零标高"发生偏移，可在属性对话框中进行修改。

3）轴网是三维的图元，如果在立面图中将其拖动至标高下方，则该标高所在视图平面内不显示轴网。

4）轴网在 3D 条件下修改的内容会在整个项目中显示，而在 2D 条件下修改的内容需要通过"影响范围"影响到其他视图。

（4）小结。标高轴网是在 revit 建模中重要的定位信息，绘制方法比较简单，但是轴网的显示设置是历年的常考题型，考生需要多加注意。

[试题二] 按照图 6-8 所示，新建项目文件，创建如下墙类型，并将其命名为"等级考试—外墙"。之后，以标高 1 到标高 2 为墙高，创建半径为 5000mm（以墙核心层内侧为基准）的圆形墙体。最终结果以"墙体"为文件名保存在考生文件夹中。（20 分）

（1）解题思路。此题考察的是复合墙，通过修改垂直结构的方法将外饰面拆分，并运用"指定层"命令按要求将面层材质在指

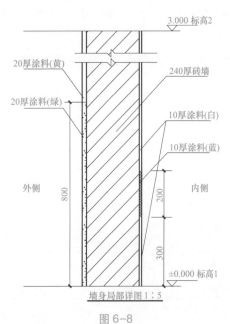

图 6-8

定区域进行拆分,并且要求绘制圆形墙体,需要使用"圆心—端点弧"命令绘制。

（2）创建过程。

1）新建项目:单击建筑面板下"墙"选项,在"实例属性"下选择"基本墙 常规—240"复制命名为"等级考试—外墙",单击"编辑类型"→"结构（编辑）"插入四个面层,将结构［1］修改为面层,再修改材质和厚度。如图 6-9 所示。

层					
			外部边		
	功能	材质	厚度	包络	结构材质
1	面层 1 [4]	<按类别>	0.0	☑	☐
2	面层 1 [4]	<按类别>	20.0	☑	☐
3	核心边界	包络上层	0.0		
4	结构 [1]	<按类别>	240.0	☐	☑
5	核心边界	包络下层	0.0		
6	面层 2 [5]	<按类别>	10.0	☑	☐
7	面层 2 [5]	<按类别>	0.0	☑	☐

图 6-9

2）修改材质:单击面层 1［4］的材质,弹出"材质浏览器"对话框,搜索"灰浆"单击灰浆材质库中的灰浆右侧的"将材质添加到文档"按钮 ⬆,则文档材质中出现灰浆,如图 6-10 所示。右击"灰浆"进行复制重命名为"20 厚涂料（绿）"。单击"材质浏览器"右下方的"打开/关闭材质编辑器"按钮 ⊞。

在弹出的"材质编辑器"对话框中,单击"资源"列表中的"外观"特性,右击"精细-白色"外观将其复制出"精细-白色（1）"。需对其重命名则需在"外观"列表下的"信息"修改其名称为"20 厚涂料（绿）"。同时在"常规"列表中将其颜色修改为绿色,图形修改为"删除图形"。回到"资源"列表中的"图形"特性,勾选"使用渲染外观",则该材质在着色模式下的显示效果能和渲染模式下一致。设置好的"20 厚涂料（绿）"如图 6-11 所示。其他三种材质在"20 厚涂料（绿）"基础上进行图形、外观的重命名与颜色修改。

图 6-10

图 6-11

【提示】 在新建一种材质后，例如从"20 厚涂料（绿）"复制出的"20 厚涂料（黄）"，其继续使用的是"20 厚涂料（绿）"的外观，则需进行"外观"的复制才能实现修改的是"20 厚涂料（黄）"的外观，否则会直接替换掉"20 厚涂料（绿）"的外观。

对各面层的材质进行修改，完成后如图 6-12 所示。

	功能	材质	厚度	包络	结构材质
1	面层 1 [4]	20厚涂料（黄）	0.0	☑	
2	面层 1 [4]	20厚涂料（绿）	20.0	☑	■
3	核心边界	包络上层	0.0		
4	结构 [1]	<按类别>	240.0		☑
5	核心边界	包络下层	0.0		
6	面层 2 [5]	10厚涂料（白）	10.0	☑	
7	面层 2 [5]	10厚涂料（蓝）	0.0	☑	

图 6-12

3）拆分区域：单击"编辑"下的"拆分区域"命令，在预览选项卡下按要求在面层拆分涂料层。完成后选择"20 厚涂料（黄）"，单击"指定层"，在剖面预览视图中单击选择 800mm 上方的面层，再单击"修改"命令，则上层面层修改为"20 厚涂料（黄）"。同样方法修改右侧面层。完成后如图 6-13 所示。

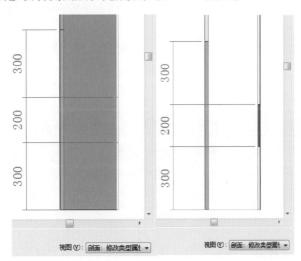

图 6-13

4）绘制墙体：到平面图里按要求绘制 3m 高的圆形墙体，设置高程，完成后如图 6-14 所示，最后将模型以"墙体"为文件名保存在考生文件夹中。

（3）解题技巧。

1）拆分区域时，将出现的"拆分小刀"放置在需要拆分面层上，如果放置在面层之外，会造成拆分不成功的情况；

2）在"编辑部件"状态下时，如果按"Esc"

图 6-14

键，会造成全部面层都需要重新编辑的情况。

（4）小结。墙是 Revit 最灵活的建筑构件，其结构构造及材质都可以通过直接给定参数生成三维墙体模型。本题中的墙体主要考察墙体垂直结构材质的拆分和合并，题目并不难，需要考生细心操作。

[试题三] 根据图 6-15 中给定的投影尺寸，创建形体体量模型，基础底标高为—2.1m，设置该模型材质为混凝土。请将模型体积用"模型体积"为文件名以文本格式保存在考生文件夹中，模型文件以"杯形基础"为文件名保存到考生文件夹中。（20 分）

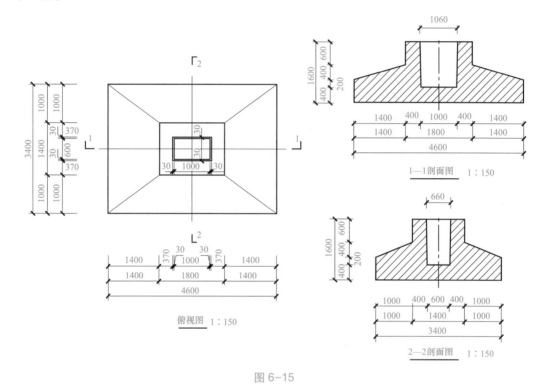

俯视图　1:150

1—1剖面图　1:150

2—2剖面图　1:150

图 6-15

（1）解题思路。此体量为杯形基础。先从南北立面绘制形状进行拉伸，再到东西立面进行空心拉伸，将多余的部分剪切，通过空心融合绘制中间的洞口。绘制时注意绘参照平面和拾取相应的工作平面，修改材质即可完成体量创建。

图 6-16

（2）创建过程。

1）绘制标高：进入东立面创建标高，如图 6-16 所示，单击"体量和场地"→"内建体量"。

2）绘制参照平面：进入-1F 平面，绘制长度方向和宽度方向的参照平面，如图 6-17 所示，进入任一立面图绘制高度方向的参照平面，如图 6-18 所示。

3）绘制拉伸形状：在"创建"选项卡中点击"设置"，选择"拾取一个工作平面"，拾取最南边的水平线，然后在弹出的对话框中选择"南"，进入南立面视图进行绘制轮廓，如图 6-19 所示。

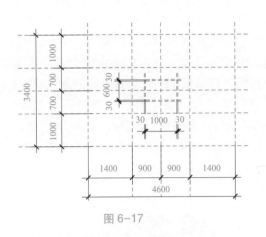

图 6-17

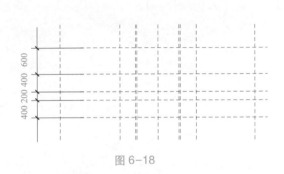

图 6-18

选中绘制的轮廓，单击"创建形状"→"实心形状"命令，创建拉伸形状，进入东立面，拖动右边的绿色箭头至最右边的参照平面。如图 6-20 所示。

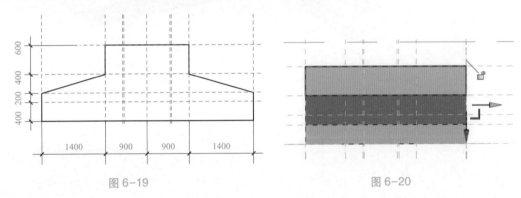

图 6-19

图 6-20

4）创建空心拉伸：进入-1F 平面，单击"设置"拾取一个平面，拾取最右边的参照平面，进入东立面，绘制形状如图 6-21 所示。选中形状单击"创建形状—空心形状"命令，进入三维视图，拖动红色箭头，将空心拖动至切过体量，如图 6-22 所示。

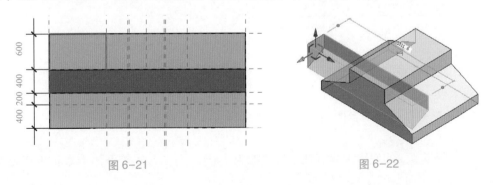

图 6-21

图 6-22

单击"剪切"命令，先后单击实心体量和空心体量，剪切后进入-1F，通过过滤器将空心体量选中，并镜像到另外一边，完成后如图 6-23 所示。

5）创建空心融合：进入任一立面，单击"工作平面"面板中的"设置"命令，选

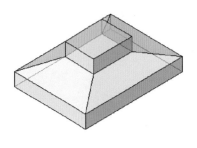

图 6-23

择"拾取一个平面"。拾取标高方向的第二个平面，即高出-1F 平面 400 的平面，进入 1F 平面视图，在体量中间根据参照平面绘制一个 600×1000 的矩形。同样的设置，立面中最上面的参照平面为工作平面，完成后在 1F 平面中绘制 660×1060 矩形，完成后转到三维中查看绘制的两个矩形，如图 6-24 所示。选中两个矩形，单击"创建形状—空心形状"完成，选中生成的体量的一个面，在"属性"框中将材质修改为"混凝土"，完成后如图 6-25 所示。

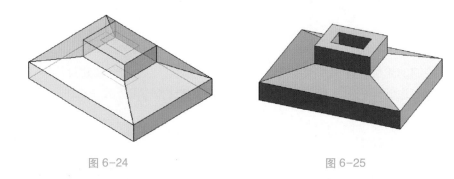

图 6-24　　　　　　　　　　　图 6-25

6）标注尺寸：图 6-26 为剖面平面标注尺寸，图 6-27 为平面标注尺寸。

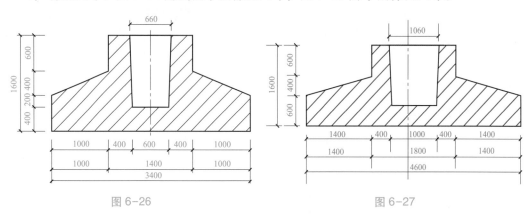

图 6-26　　　　　　　　　　　图 6-27

7）计算体积：选中体量，从"属性"中可以查看体量体积。最后将模型体积用"模型体积"为文件名，在新建的文本中，以文本格式保存在考生文件夹中，模型文件以"杯形基础"为文件名保存到考生文件夹中。

（3）解题技巧。

1）参照平面的使用十分方便，通过绘制和平面尺寸一致的参照平面，可快速绘制相应尺寸的平面形状。

2）在拉伸体量时，可以用不同的拉伸形状进行"拼接"，也可以拉伸一个整体体量模型，再使用空心体量剪切进行修剪。

3）要切割一个体量，需要在一个实心体量在位编辑的情况下绘制一个空心体量，单独绘制空心体量会被提示没有切割的图元而无法完成。

4）对于形状不太规则的体量可以分开来绘制，然后使用"连接几何形状"的命令进行连接。

（4）小结。体量的创建过程与族的创建过程十分相似，本题主要考查了创建基本实心形状和空心剪切，在绘制体量的过程中，使用参照平面可加快模型的绘制速度，考查考生的操作熟练程度。

[试题四] 根据图 6-28 给定的轮廓与路径，创建内建构建模型。请将模型文件以"柱顶饰条"为文件名保存到考生文件夹中。（10 分）

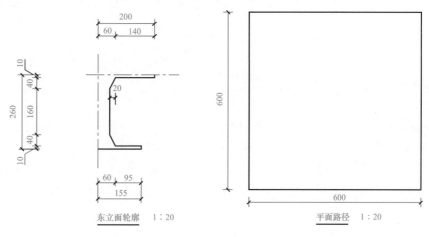

图 6-28

（1）解题思路。此题已给出轮廓和平面路径，选择放样命令进行绘制，使用参照平面进行轮廓和平面路径的定位。

（2）创建过程。

1）新建项目：在项目浏览器中单击"楼层平面"进入标高二，绘制参照平面如图 6-29 所示。

2）创建放样：单击"建筑"选项卡→"构件"面板→"内建模型"→"柱"，然后选择"放样"命令，再点击"绘制路径"，绘制的路径如图 6-30 所示，最后单击完成路径的绘制。

点击"编辑轮廓"进入东立面，绘制的参照平面如图 6-31 所示。

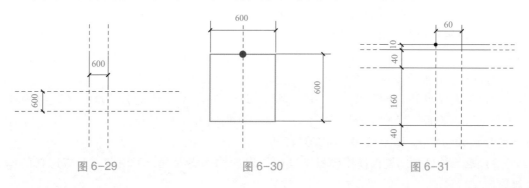

图 6-29　　　　　　　图 6-30　　　　　　　图 6-31

绘制轮廓如图 6-32 所示，完成编辑模式。创建模型如图 6-33 所示。将模型文件以"柱顶饰条"为文件名保存到考生文件夹中。

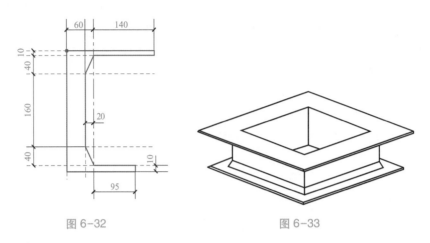

　　　图 6-32　　　　　　　　　　　　　　　　　图 6-33

（3）解题技巧。

1）使用参照平面对东立面进行轮廓的绘制，加快绘制速度。

2）"内建模型"中的放样，需要先绘制路径，再绘制轮廓，最先绘制的路径会出现红十字，根据所绘制的路径对轮廓进行拉伸，在绘制轮廓时，不要超过最先绘制路径线的一半，否则无法创建放样。

（4）小结。创建内建模型的方法与创建族的方式基本相同，本题中只用到了放样命令，考生只要进入相应视图，绘制路径和轮廓即可。

[试题五] 参照图 6-34～图 6-40 给出的平面图、立面图，在考生文件夹中给出的"三层建筑模型"文件的基础上，创建三层建筑模型，具体要求如下：（40 分）

（1）基本建模。（10 分）

1）创建墙体模型，其中内墙厚度均为 100mm，外墙厚度均为 240mm。

2）建立各层楼板模型，楼板厚度均为 150mm，顶部与各层标高平齐。楼板在楼梯间处应开洞，并按图中尺寸创建并放置楼梯模型。楼梯扶手和梯井尺寸取适当值即可。

3）建立屋顶模型。屋顶为平面顶，厚度为 200mm，出檐取 240mm。

4）按平面图要求创建房间，并标注房间名称。

5）三层与二层的平面布置与尺寸完全一样。

（2）放置门窗及家具。（15 分）

1）按平、立面要求，布置内外门窗及家具。其中外墙门窗布置位置需精确，内部门窗对位置不作精确要求，家具布置位置参考图中取适当位置即可。

2）门构件集共有四种型号：M1、M2、M3、M4，尺寸分别为 900×2000、1500×2100、1500×2000、2400×2100。同样的，窗构件集共有三种型号：C1、C2、C3，尺寸分别为 1200×1500、1500×1500、1000×1200。

3）家具构件和门构件使用模板文件中给出的构件集即可，不用载入和应用新的构建集。

（3）创建视图和明细表。（15 分）

1）新建平面视图，并命名为"首层房间布置图"。该视图只显示墙体、门窗、房间和房间的名称。视图中房间需着色，着色颜色自行取色即可。同时给出房间图例。

2）创建门、窗明细表，门、窗明细表均应包含构建集类型、型号、高度及合计字段。明细表按构件集类型统计个数。

3）建筑各层和屋顶标高处均应有对应平面的视图。

4）最后，请将模型文件以"三层建筑"为文件名保存到考生文件夹中。

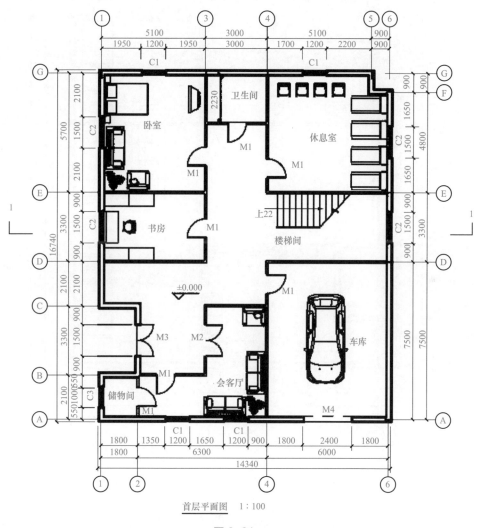

首层平面图　1∶100

图 6-34

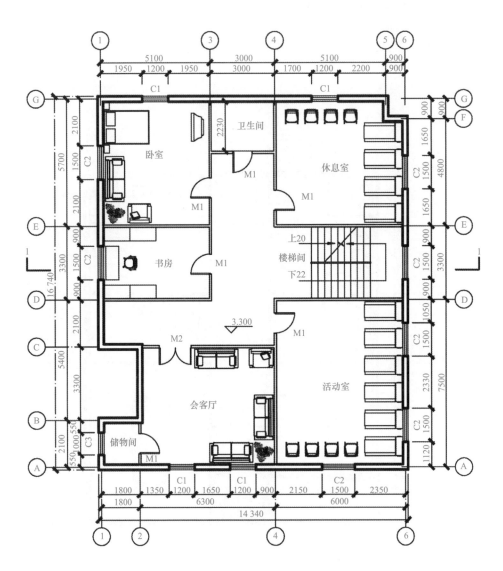

二层平面图　1：100

图 6-35

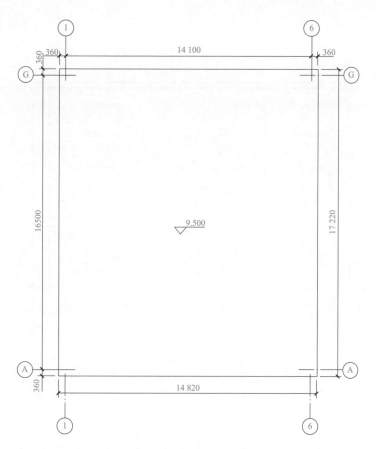

屋顶平面图　1∶100

图 6-36

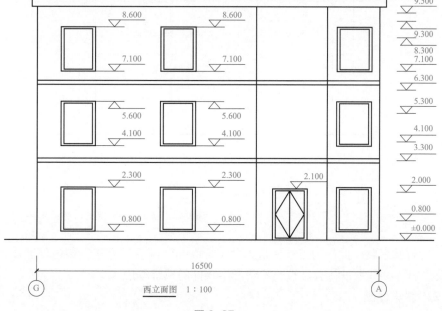

西立面图　1∶100

图 6-37

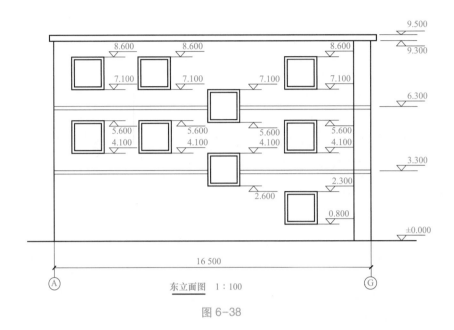

东立面图　1∶100

图 6-38

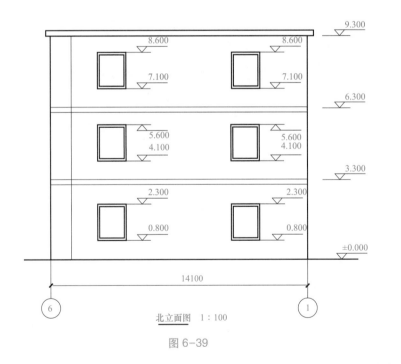

北立面图　1∶100

图 6-39

（1）解题思路。此题为三层平房，确定标高和轴网后，直接绘制内外墙体，放置家具以及门窗等，基本没什么难点，考察考生软件的熟练程度。

（2）创建过程。

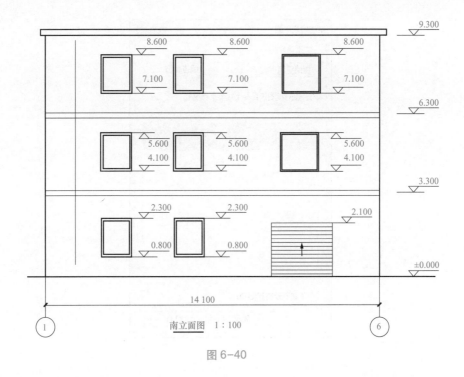

南立面图　1 : 100

图 6-40

1）创建标高：新建项目，进入东立面图，绘制如图 6-41 所示的标高线。

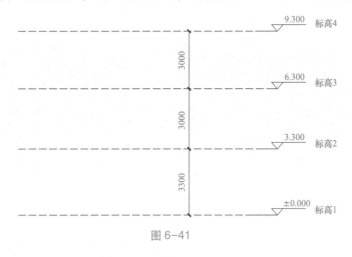

图 6-41

2）创建平面视图：通常情况下，在画墙的时候就应该建立平面视图，以便之后各层楼房的编辑以及门窗的放置等。具体步骤如下：单击"平面视图"下拉列表中的"楼层平面"命令 ，之后按住 Shift/Ctrl 选中所有楼层，如图 6-42 所示，单击"确定"即可创建各层的平面视图。

3）创建轴网：进入 1F 平面图，使用"轴网"和"复制"命令共同绘制轴网，并对轴网进行局部修改，如图 6-43 所示，选中所有轴网，单击"影响范围"，将局部修改影响到其他楼层，最后将所有轴网锁定。

图 6-42

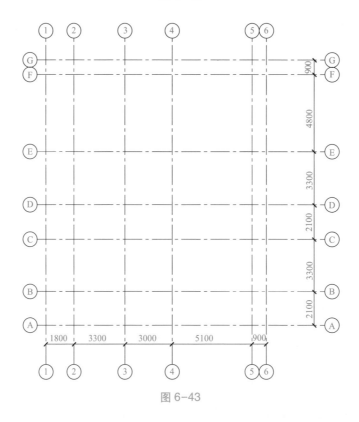

图 6-43

4）设置墙体：根据题意，内外墙厚都是 240mm，本题选用的墙即为基本墙"常规—240mm"，绘制 1F 内外墙，如图 6-44 所示。

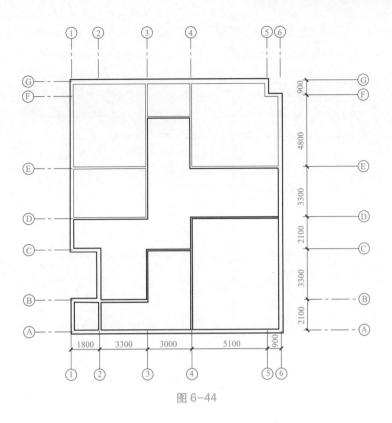

图 6-44

切换至 2F 平面图，按照 1F 的墙绘制，绘制 2F 的外墙以及内墙，如图 6-45 所示。

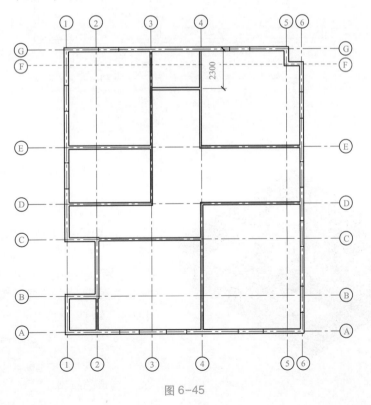

图 6-45

5）放置门、窗：分别选择"门"和"窗"命令，根据图 6-46 所示放置门窗，放之前单击"放置时进行标记"，完成所有门窗后的三维效果，如图 6-47 所示。

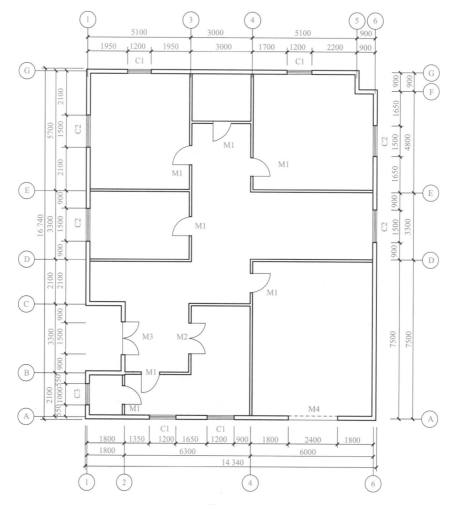

图 6-46

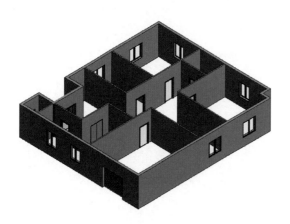

图 6-47

进入 2F 平面视图，放置门窗如图 6-48 所示。

6）绘制 1F 楼板：打开 1F 视图，单击"建筑—楼板（用建筑楼板）"，进入楼板绘制界面。选择"拾取墙"，绘制楼板边界，注意的是应拾取外墙的内边界，取消勾选选项栏中"延伸到墙中（至核心层）"

| 偏移: 0.0 | ☐ 延伸到墙中(至核心层) |

拾取完成后如图 6-49 所示，单击"完成"楼板的编辑。

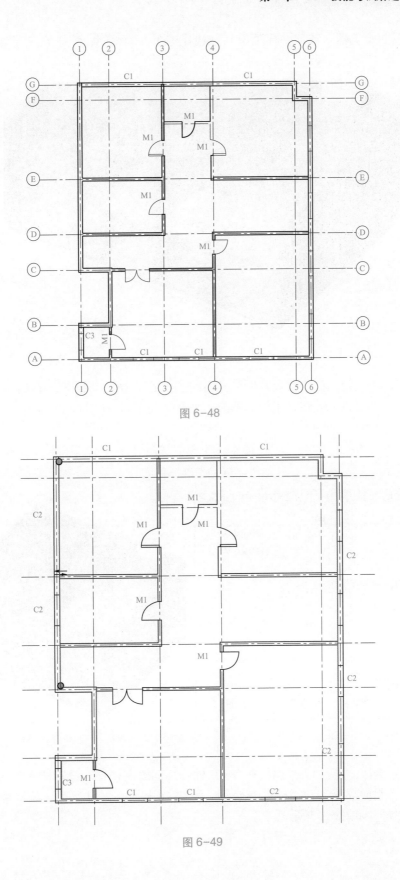

图 6-48

图 6-49

在"项目浏览器"或"快捷菜单"中选择进入三维视图，整体的三维图形如图 6-50 所示。

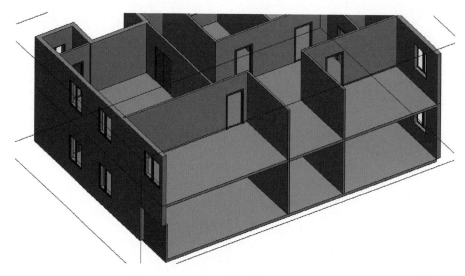

图 6-50

7）2F 的墙、门、窗、楼板复制到第 3F：进入 2F 视图，框选所有的墙、门、窗，以及楼板。点击过滤器按钮，不勾选轴网，单击"确定"，如图 6-51 所示。

单击"剪切板"面板中的"复制到剪切板"命令，进入 3F 视图，再单击该面板中的"从剪切板中粘贴"下拉列表中选择"与当前视图对齐"，3F 复制完成之后，如图 6-52 所示。

图 6-51　　　　　　　　　　　　　　　　图 6-52

8）绘制楼梯：进入 1F 平面，在 D、E 轴线之间绘制楼梯，设置楼梯属性。其中高为 3150mm，踢面数为 23，楼梯宽为 1500。绘制 1F 楼梯，并且通过"编辑楼界"命令在楼梯处挖洞，如图 6-53 所示。

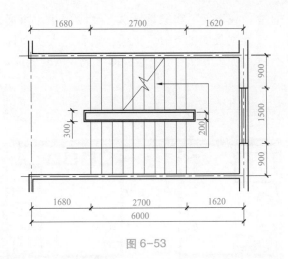

图 6-53

9) 绘制屋面: 进入 4F 平面视图, 在 "屋顶" 下拉列表中选择 "迹线屋顶", 绘制屋面迹线如图 6-54 所示, 取消勾 "选定义坡度", 选 "常规—200"

悬挑: 240.0 , 完成后单击 ☑ 完成屋顶绘制。

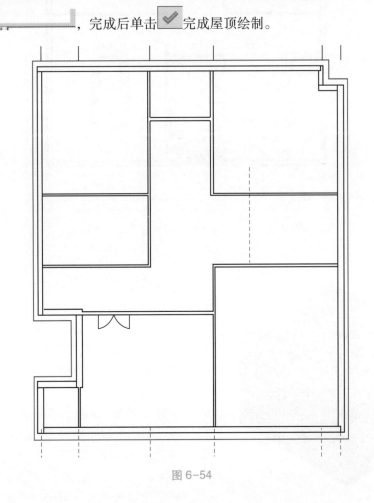

图 6-54

10）放置家具：通过"载入族"将家具族载入到项目中，可通过快捷键"CM"快速提取载入的族文件。布置家具如图 6-55 所示，然后进入房间标记环节，标注房间，有的命名在样板中找不到，则选择载入系统族，即可载入需要的族。

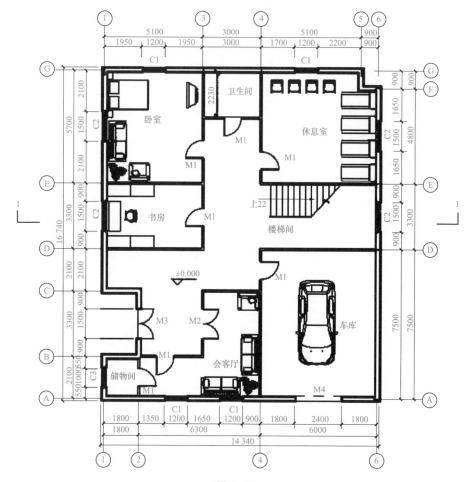

图 6-55

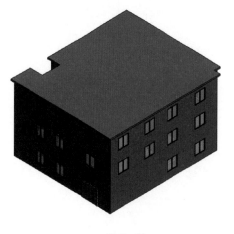

图 6-56

完成模型后，进入三维视图，如图 6-56 所示。

11）创建门窗明细表：单击视图面板"明细表"下拉列表中的"明细表/数量"，在弹出的"新建明细表"对话框的类别中选择"门"，如图 6-57 所示。

单击"确定"，进入"明细表属性"对话框，将可用的字段里的高度、宽度、合计、类型添加进入明细表"字段"，确定即可，如图 6-58 所示。

在"明细表属性"当中，单击"格式"选

项卡中的"合计"字段，点选"计算总数"如图 6-59 所示。生成的门明细表如图 6-60 所示。

图 6-57

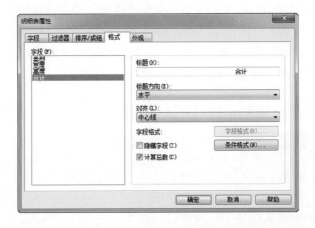

图 6-58

图 6-59

同理可得窗明细表，此时，"项目浏览器"中就多了门明细表和窗明细表。最后将模型文件以"三层建筑"为文件名保存到考生文件夹中，如图 6-61 所示。

门明细表			
高度	宽度	合计	类型
2000	900	1	M1
2000	900	1	M1
2000	900	1	M1
2000	900	1	M1
2000	900	1	M1
2000	900	1	M1
2000	900	1	M1
2000	900	1	M1
2000	900	1	M1
2000	900	1	M1
2000	900	1	M1
2000	900	1	M1
2100	1500	1	2100 x 15
2100	1500	1	2100 x 15
2000	1500	1	2000 x 15
2100	2400	1	2400 x 21
2000	900	1	M1
2000	900	1	M1
2000	900	1	M1
2000	900	1	M1
2000	900	1	M1
2100	1500	1	2100 x 15

图 6-60

窗明细表			
高度	宽度	类型	合计
1500	1200	1200 x 15	1
1500	1200	1200 x 15	1
1500	1200	1200 x 15	1
1500	1200	1200 x 15	1
1500	1200	1200 x 15	1
1500	1500	1500 x 15	1
1500	1500	1500 x 15	1
1500	1500	1500 x 15	1
1500	1500	1500 x 15	1
1500	1500	1500 x 15	1
1500	1500	1500 x 15	1
1500	1500	1500 x 15	1
1500	1500	1500 x 15	1
1200	1000	1000 x 12	1
1200	1000	1000 x 12	1
1500	1200	1200 x 15	1
1500	1200	1200 x 15	1
1500	1200	1200 x 15	1
1500	1200	1200 x 15	1
1500	1500	1500 x 15	1
1500	1500	1500 x 15	1
1200	1000	1000 x 12	1
1500	1500	1500 x 15	1
1500	1500	1500 x 15	1
1500	1500	1500 x 15	1

图 6-61

（3）解题技巧。

1）墙体、楼板和门窗可通过复制首层的布置，再进行局部修改来加快做题速度。

2）三层与二层的平面布置与尺寸完全一样，二层的布置完成之后，使用过滤器命令，过滤出需要复制的构件，快速完成三层的绘制。

3）平面需要放置的家具较多，可通过快捷键"CM"快速提取载入的族文件。

4）绘制的时候要综合考虑各个平立面图的标注，注意对齐的方式。

5）读题的时候注意要求，生成的明细表不要遗漏要求添加的字段。

（4）小结。BIM 考试中最后一题占的分数都比较大，会让考生绘制一个完整的小建筑，并完成标记和明细表，导出图纸。因此要特别注意标注的字体规范，同时绘制的时候应该注意墙体、门等的对齐方式。如果改动较少的，可以绘制完成后用对齐命令（AL）。如果改动较多则可事先在"属性"栏中设置对齐方式对齐。

6.4　2015 年第一期全国 BIM 应用技能考试试题解题技巧与详解

［试题一］ 选择题（20 分）

1. 单选题（10 分）

（1）下列立面图的图名中错误的是（　　）。

A. 主入口立面图　　　　　　　　　　　B. 东立面图

C. ⑦——① 立面图　　　　　　　　　D. 房屋立面图

答案：选 D。立面图的命名方式有三种：① 按主要立面分为正立面图、背立面图、左侧立面图、右侧立面图；② 按房屋的朝向分为南立面图、北立面图、东立面图、西立面图；③ 根据立面图两端轴线的编号来命名。

（2）详图索引符号⑤中数字的 2 表示（　　　）。

A. 详图所在的图纸编号　　　　　　　B. 详图的编号

C. 详图所在的定位轴线编号　　　　　D. 被索引的图纸的编号

答案：选 A。详图索引编号方法：上半圆用阿拉伯数字表示详图的编号，下半圆用阿拉伯数字表示详图所在图纸的图纸号。

（3）下列说法正确的是（　　　）。

A. 三维建模是 BIM 建模

B. BIM 是一套软件

C. 要真正实现 BIM，需开发一个软件支持建筑全生命周期的各项应用

D. 不同阶段的 BIM 模型有不同细度

答案：选 D。根据不同阶段对 BIM 模型要求的不同，BIM 模型的细度也不同。

（4）对 BIM 模型深度的规定涉及两个维度的信息，这两个维度的信息是指（　　　）。

A. 设计信息与施工信息　　　　　　　B. 几何信息与非几何信息

C. 三维信息与二维信息　　　　　　　D. 设计模型信息与分析模型信息

答案：选 B。BIM 模型深度应分为几何和非几何两个信息维度。

（5）应用 BIM 技术，其最大的受益者是（　　　）。

A. 业主　　　　　　B. 设计师　　　　　　C. 总包　　　　　　D. 分包

答案：选 A。业主是 BIM 最大的受益者。

（6）BIM 软件按功能可分为三大类，不包括（　　　）。

A. BIM 平台软件　　B. BIM 工具软件　　C. BIM 基础软件　　D. BIM 设计软件

答案：选 D。BIM 软件按功能可分为三大类：BIM 平台软件、BIM 工具软件和 BIM 基础软件。

（7）5D BIM 软件中的 5D 不包括（　　　）。

A. 质量信息维度　　　　　　　　　　B. 几何信息维度

C. 进度信息维度　　　　　　　　　　D. 成本信息维度

答案：选 A。5D 是指：3D 集合信息+进度信息+成本信息。

（8）下列应用情形不属于典型 BIM 应用点的是（　　　）。

A. 碰撞检查　　　　　B. 工程算量　　　　C. 施工模拟　　　　D. 物料管理

答案：选 D。BIM 常用的应用点有：碰撞检查、工程算量和施工模拟等。

（9）目前国际上通用的 BIM 数据中性数据标准为（　　　）。

A. IFC　　　　　　　B. IDM　　　　　　C. XML　　　　　　D. RVT

答案：选 A。IFC（工业基础类别）现在被公认为是国际性的 BIM 标准。

（10）IDM（Information Delivery Manual）属于（　　　）。

A. 过程标准　　　　　　　　　　　　B. 数据模型标准

C. 编码标准　　　　　　　　　　　　　　D. 建模标准

答案：选 B。IDM（信息交付手册）是 BIM 的建筑信息交换标准。

2. 复选题（10 分）

（1）建筑总平面图主要表示整个建筑基地的总体布局，其用地比例尺一般包括（　　）。

A. 1∶100　　　　　　B. 1∶1000　　　　　　C. 1∶200　　　　　　D. 1∶500

E. 1∶2000

答案：选 B、D、E。建筑总平面图常用图形比例：1∶500、1∶1000、1∶2000。

（2）BIM 技术应用需依托的资源包括（　　）。

A. BIM 平台软件　　　　　　　　　　　　B. BIM 实施需求

C. BIM 基础软件　　　　　　　　　　　　D. BIM 构件和构件资源库

E. BIM 实施计划

答案：选 A、B、C、D、E。以上均是 BIM 技术应用需依托的资源。

（3）BIM 应用软件与传统 CAD 软件相比，其特征包括（　　）。

A. 面向对象　　　　　　　　　　　　　　B. 支持各类分析

C. 基于三维几何模型　　　　　　　　　　D. 包含非几何信息

E. 支持开放式标准

答案：选 A、B、C、D、E。以上均是 BIM 应用软件的特征。

（4）以下属于 BIM 建模软件的是（　　）。

A. AutoCAD　　　　　　B. Revit　　　　　　C. Navisworks　　　　　　D. ArchiCAD

E. SAP2000

答案：选 B、D、E。BIM 建模软件有 Revit、ArchiCAD、SAP2000 等。

（5）一般而言，BIM 标准可分为三类，它们是（　　）。

A. 过程标准　　　　　　　　　　　　　　B. 实施标准

C. 数据模型标准　　　　　　　　　　　　D. 编码标准

E. 建模标准

答案：选 B、C、E。BIM 标准可分为：实施标准、数据模型标准和建模标准。

[试题二]　建筑局部建模（20 分）

某住宅楼入口处的楼梯及坡道示例，按照以下平面图与立面图，创建楼梯与坡道模型，栏杆高度为900，栏杆样式不限，结果以"楼梯坡道"为文件名保存在考生文件夹中。其他建模所需尺寸可参考给定的平、剖面图自定。如图 6-62~图 6-64 所示。

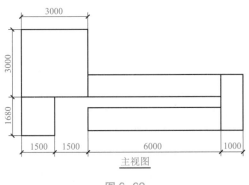

图 6-62

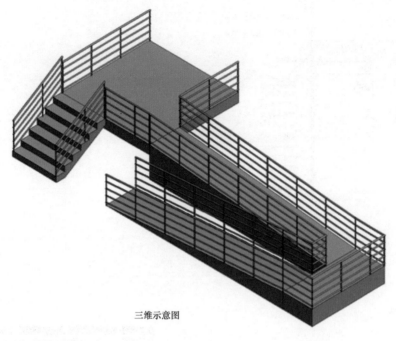

三维示意图

图 6-63

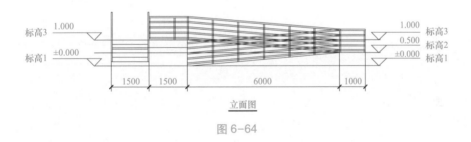

立面图

图 6-64

（1）解题思路。此题为楼梯与坡道的组合体，关键在于正确设置楼梯和坡道的属性，以及栏杆扶手的绘制。

（2）创建过程。

1）创建标高：进入立面视图，根据给出的立面图创建相应标高。

2）创建楼梯：在"标高 1"视图，选择"建筑—楼梯（按草图）"，在属性列表选择"整体浇筑楼梯"，设置楼梯参数如图 6-65 所示，在平面图中绘制楼梯草图，如图 6-66 所示，点击✔完成编辑，楼梯选择默认的"900mm 圆管"即可。

3）绘制平台：在"标高 1"视图，选择"建筑—楼梯（按构件）"，在属性列表选择"整体浇筑楼梯"，设置"底部标高"为标高 1，"顶部标高"为标高 3，选择"平台—创建草图"命令（图 6-67），绘制平台轮廓，如图 6-68 所示，设置平台"相对高度"为 1000，点击✔完成平台编辑，再点击✔完成编辑。

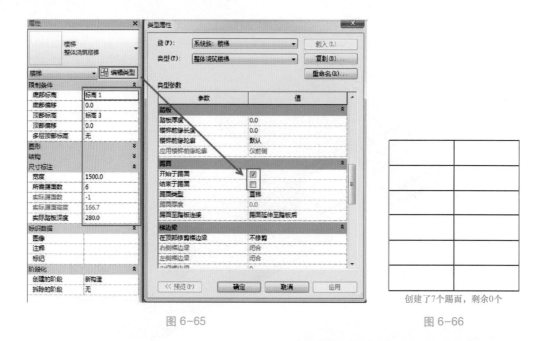

图 6-65

图 6-66

创建了7个踢面，剩余0个

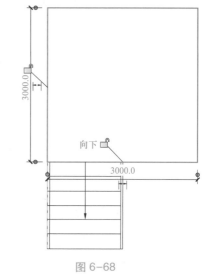

图 6-67

图 6-68

　　选择平台上自动生成的栏杆扶手，选择"编辑路径"，如图 6-69 所示，删除上、下、右三条路径，如图 6-70 所示，完成编辑如图 6-71 所示。

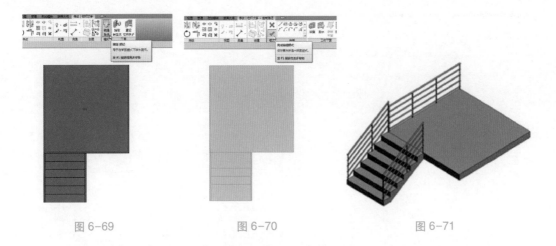

图 6-69　　　　　　　　　　图 6-70　　　　　　　　　　图 6-71

4）绘制坡道：在"标高 1"视图，选择"建筑—坡道"，设置坡道参数如图 6-72 所示。

图 6-72

使用"梯段—直线"命令选择合适位置绘制第一段坡道（图 6-73），再向上翻折适当距离，绘制第二段坡道，配合移动命令 ✛ 移动到题目要求的位置（图 6-74），单击 ✔ 完成绘制。

5）修改扶手栏杆：选中坡道内部扶手栏杆，选择"编辑路径—直线"命令，补充平台下侧栏杆路径（图 6-75），完成编辑；再选中坡道外部扶手栏杆，选择"编辑路径—直线"命令，补充平台右侧栏杆路径（图 6-76），完成编辑。

（3）解题技巧。

1）编辑栏杆扶手时，可以直接左键双击栏杆进入编辑状态，加快建模速度。

2）绘制坡道时，可以绘制完之后，运用"对齐"或者"移动"等修改命令去移动坡道位置。

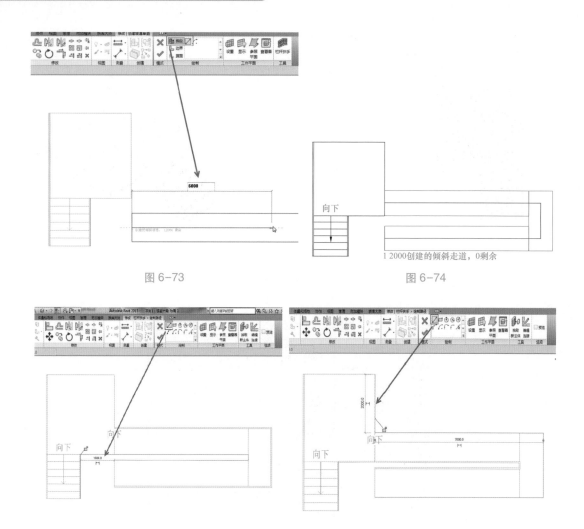

图 6-73　　　　　　　　　　　　　　　　　图 6-74

图 6-75　　　　　　　　　　　　　　　　　图 6-76

3）一个楼梯梯段的踏板数是基于层高与楼梯属性定义的最大踢面高度之间的距离确定。绘图区域中将显示一个矩形，表示楼梯梯段的迹线。

4）创建新楼梯时，也可以事先指定要使用的扶手类型。

（4）小结。本题考察考生对 Revit 中楼梯各属性的了解程度，在观察题目给的平立面图时，考生需要注意楼梯的属性参数的设置。

[试题三] 建筑部品的参数化建模（20 分）

根据以下三视图的要求，建立一个置物架，该置物架需要设置的参数如图 6-77 所示。请以"置物架"为名将构建集模型保存到考生文件夹中。

（1）解题思路。本题需要用到的命令为拉伸和阵列、镜像等主要命令，难点在于阵列命令的使用。依照图纸，合理的建模顺序为先做两侧的挡板，再做底部置物板，再依次阵列其他置物板。

（2）创建过程。

1）选择族样板：新建→族，在打开的对话框中选择"公制家具"确定。

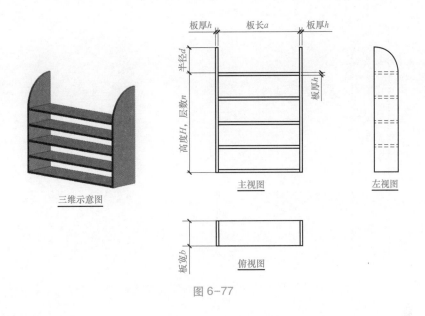

图 6-77

2）创建参照平面：进入"参照标高"视图，创建参照平面，并添加相应的参数控制尺寸，结果如图 6-78 所示。

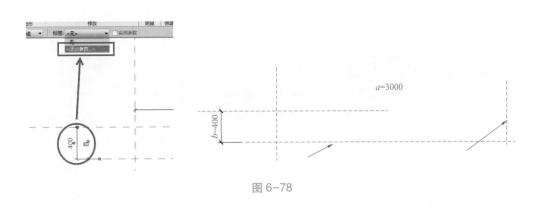

图 6-78

3）创建两侧挡板：进入左视图，创建参照平面并添加相应的参数控制尺寸，以确定高度 $H=2000\text{mm}$，选择"创建—拉伸"命令，运用"直线"和"圆心—端点弧"命令绘制挡板轮廓，设置轮廓与参照平面对齐锁定，并为挡板上部 1/4 圆设置半径参数（图 6-79），单击 ✔ 完成编辑。

转到"参照标高"视图，设置挡板拉伸厚度的参数，运用相同方式绘制右侧挡板，并添加相应的参数，结果如图 6-80 所示。

4）绘制置物挡板：转到左视图，运用"拉伸"命令创建挡板，并设置将底部与参照平面标高锁定约束，如图 6-81 所示。

转至前视图，选中底部挡板，设置拉伸终点关联参数 a，如图 6-82 所示。

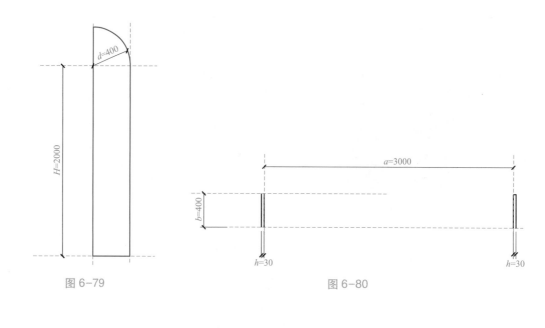

图 6-79　　　　　　　　　　　　　　　　　图 6-80

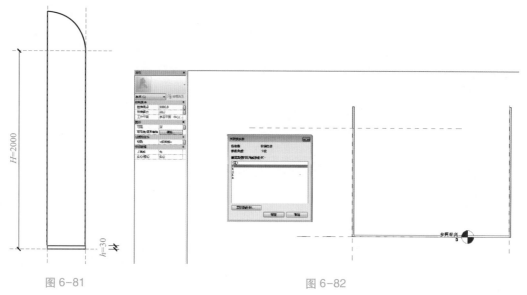

图 6-81　　　　　　　　　　　　　　　图 6-82

5）阵列其他置物挡板：在前视图，选中底部挡板，运用"阵列"命令，具体阵列设置如图 6-83 所示，键盘"Enter"键结束阵列。

选中任一置物板，选中阵列数量，为其添加参数 n（图 6-84），参数设置如图 6-85所示。

运用"对齐"（快捷键 AL）命令使顶层置物板的上表面和参照平面对齐并锁定，如图 6-86 所示。最后完成结果如图 6-87 所示。

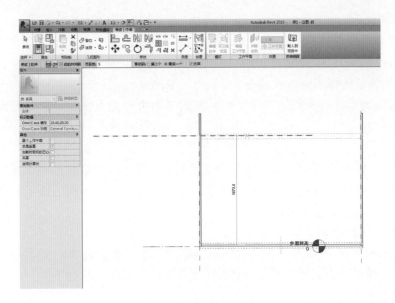

图 6-83

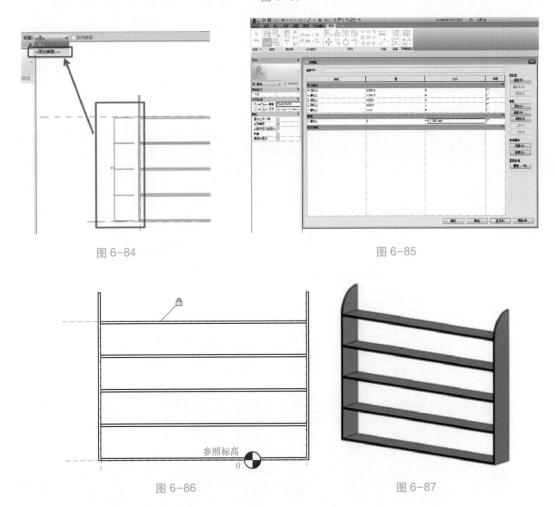

图 6-84

图 6-85

图 6-86

图 6-87

（3）解题技巧。

1）如果题目要求拉伸形状阵列且个数可变，那么建模时，被阵列的形状的拉伸长度最好由属性列表的"拉伸起点"和"拉伸终点"控制，而不是用尺寸标注，这样设置阵列参数之后报错的概率会大大减小。

2）有时复制构件时需要把"选项栏"里的"约束"命令关掉，但是每次鼠标去点比较麻烦，可在复制时按住键盘的"Shift"键，也可以达到同样的效果，而且较方便、快捷。

（4）小结。本题中主要考查考生对创建族的基本命令的熟练程度和添加族参数，在设置族参数时，参照平面是经常使用的命令，设置构件与参照平面的锁定实现构件尺寸的可变是族参数设置的重要实现手段。

[试题四] 综合建模（40 分）

根据图 6-88~图 6-96 平面图及立面图给定的尺寸，建立如图 6-88 所示的别墅建筑模型。请以"别墅"为名将模型保存到考生文件夹中。具体要求如下：

（1）基本建模。

1）建立墙模型，其中内墙厚度均为 100mm，外墙厚度均为 240mm，墙体材料自定。

2）建立各层楼板模型，其中各层楼板厚度均为 150mm，顶部均与各层标高平齐，并放置楼梯模型，扶手尺寸取适当值即可。

3）建立屋顶模型，其中屋顶为坡屋顶，厚度为 400mm，各坡面坡度均为 30°，各方向出檐均取 600mm。

（2）布置门窗。

1）按平、立面要求，布置内外门窗，其中外墙门窗布置位置需精确，内部门窗对位置不做精确要求，门窗类型不做要求，采用建模软件内置构件集即可。

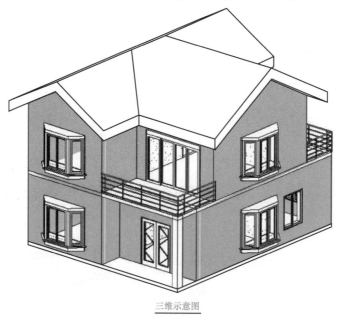

三维示意图

图 6-88

2）门构件集共有 4 种型号 M—1、M—2（门洞）、M—3、M—4，尺寸分别为 750×2000、1200×2400、1600×2100、3000×2100。

3）窗构件集共有 2 种型号 C1、C2（凸窗），尺寸分别为 1200×1500、2100×1600，窗台高分别为 900mm、600mm。

（3）建立图纸与明细表。

1）建立平面及立面图，并进行基本尺寸及房间的标注。

2）建立门、窗明细表，明细表均应包含构件集类型、型号、高度及合计字段，并按类型统计个数。

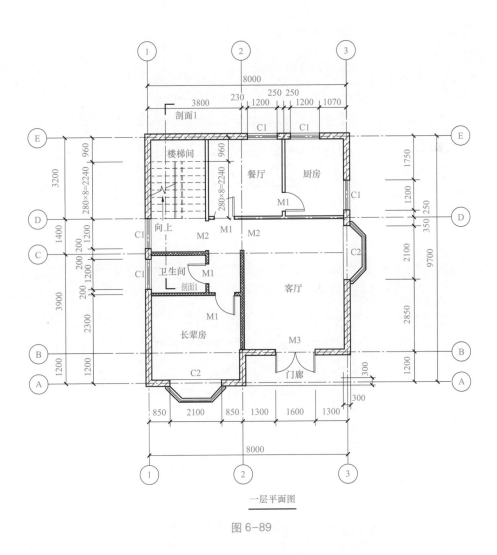

一层平面图

图 6-89

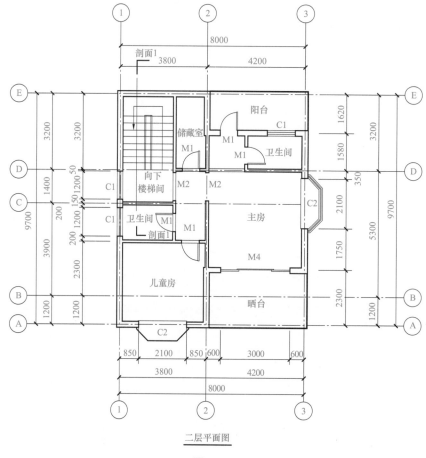

二层平面图

图 6-90

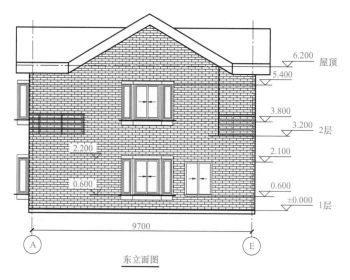

东立面图

图 6-91

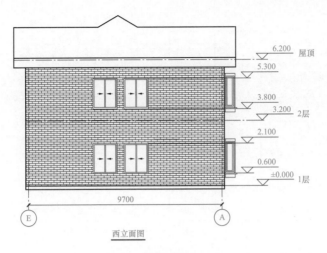

西立面图

图 6-92

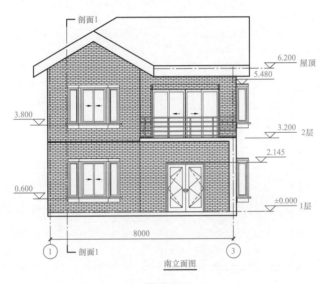

南立面图

图 6-93

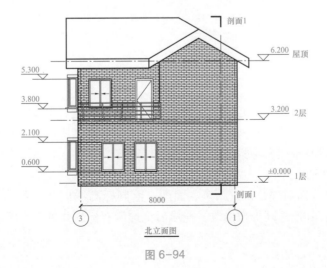

北立面图

图 6-94

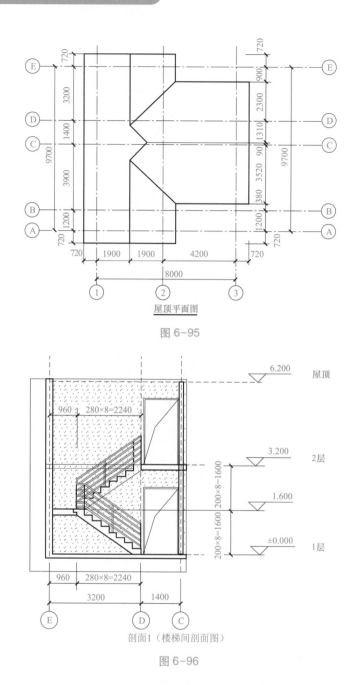

图 6-95

图 6-96

（1）解题思路。此题为二层别墅，屋顶为坡屋顶，确定标高轴网后，直接绘制内外墙体、楼板和坡屋顶，放置楼梯和门窗，对平面图和立面图进行尺寸标注，并创建明细表和图纸，基本没有难点，考察考生软件的熟练程度。

（2）创建过程。

1）创建标高：新建项目，进入东立面图，绘制标高线以及给各标高重命名，将标高 1 修改为 1 层，其他标高类似修改，完成后全选所有标高并锁定。所绘的标高如图 6-97 所示。

图 6-97

2）绘制轴网：点击进入 1F，绘制轴网如图 6-98 所示。

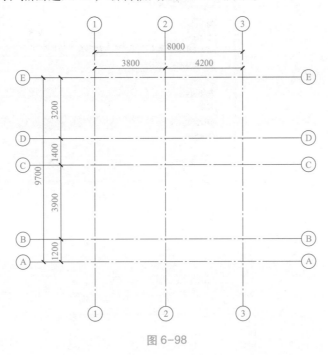

图 6-98

3）绘制墙体：单击"建筑"选项卡"墙"命令，选择"建筑墙：基本墙—普通砖200"，单击"类型编辑"，进入"类型属性"对话框，单击"复制"重命名为"外墙"，单击"确定"，如图 6-99 所示。并编辑墙体的厚度改为 240mm，单击"确定"按钮。与外墙设置方式相似，新建墙体厚度为 100mm 的内墙。沿轴网绘制题中所示轮廓的外墙和内墙，如图 6-100 所示。

4）绘制楼板：点击"建筑"选项卡下的"楼板"命令进入绘图模式，点击"拾取线"命令，按照平面图给出的标记，绘制楼板边界，如图 6-101 所示，然后点击完成楼板的绘制。

5）放置门、窗：选择"建筑"选项卡中的"窗"命令，根据平面图选择相应的窗户在墙上放置窗户并调整"底标高"。同"窗"的放置相似，在"建筑"选项卡中选择"门"命令后，放置不同形式的门，如图 6-102 所示。

6）绘制二层墙体及门窗：同一层墙体的绘制方法和门窗的放置方式相同，绘制二层的墙体并按照二层平面图放置门窗，如图 6-103 所示。

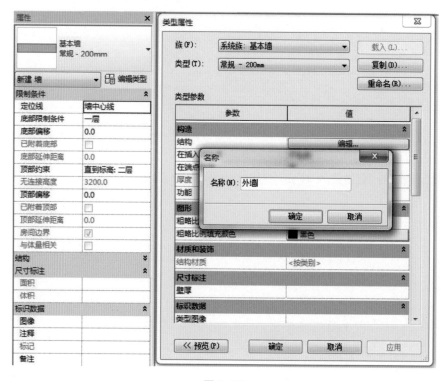

图 6-99

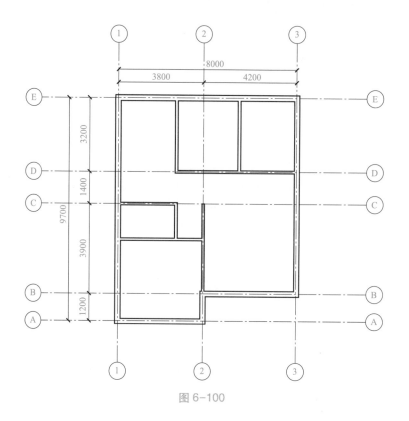

图 6-100

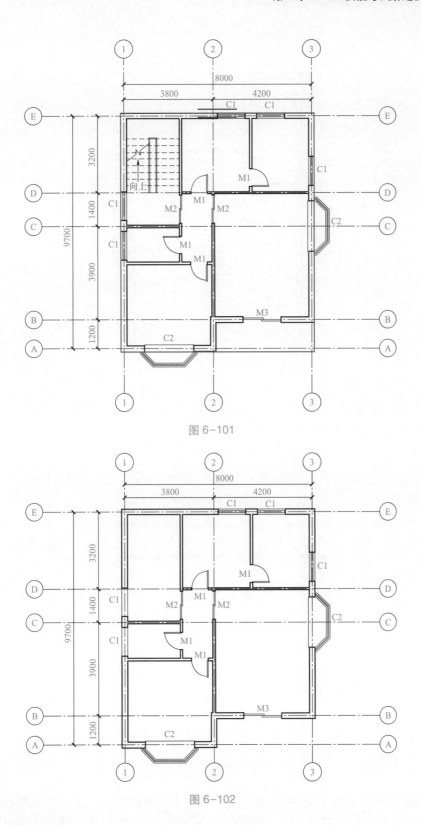

图 6-101

图 6-102

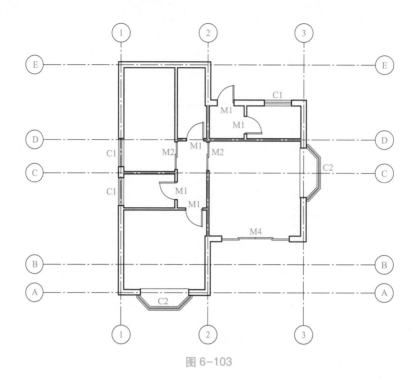

图 6-103

7）绘制二层楼板：同一层的楼板绘制方法一样，点击"建筑"选项卡下的"楼板"命令，完成如图 6-104 所示的楼板。

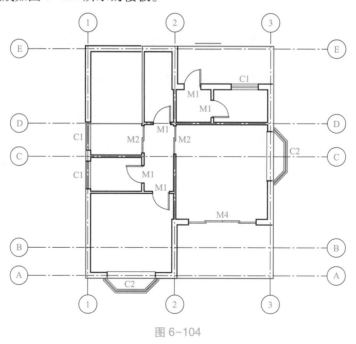

图 6-104

8）绘制楼梯：进入 1 层平面，在 D、E 轴线之间绘制楼梯，设置楼梯高为 1 层至 2 层，踢面数为 18，楼梯宽为 1000，勾选"开始于踢面"，不勾选"结束于踢面"，绘制

1F 楼梯，如图 6-105 所示。

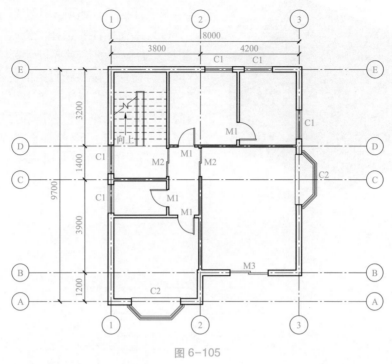

图 6-105

9）绘制坡屋顶：进入屋顶平面视图，单击"屋顶"下拉列表中选择"迹线屋顶"，绘制屋面迹线，如图 6-106 所示，定义坡度为 30°，完成后单击 ✅ 完成屋顶绘制，并将二层的外墙和内墙"附着"到屋顶。

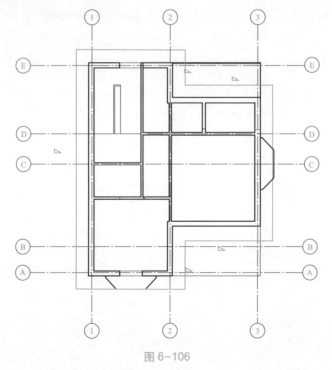

图 6-106

10）绘制阳台栏杆：在 2F 阳台楼板边缘绘制栏杆扶手，如图 6-107 所示。

11）平面标注：选择"修改"选项卡下"测量"面板中的"对齐尺寸标注"和"高程标注"命令，按照题目给的标准对平面视图和立面视图进行标注，单击"建筑"面板中的"房间"命令，对一层和二层的房间进行标记，并按照题中的平面图的名称重命名，如图 6-108 ~ 图 6-114 所示。

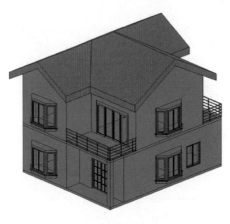

图 6-107

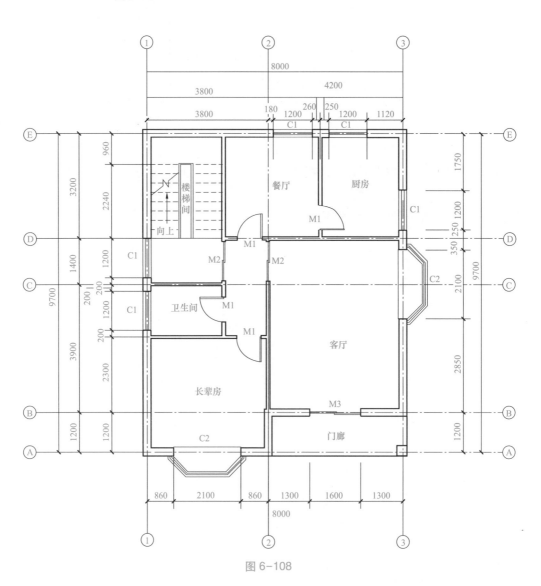

图 6-108

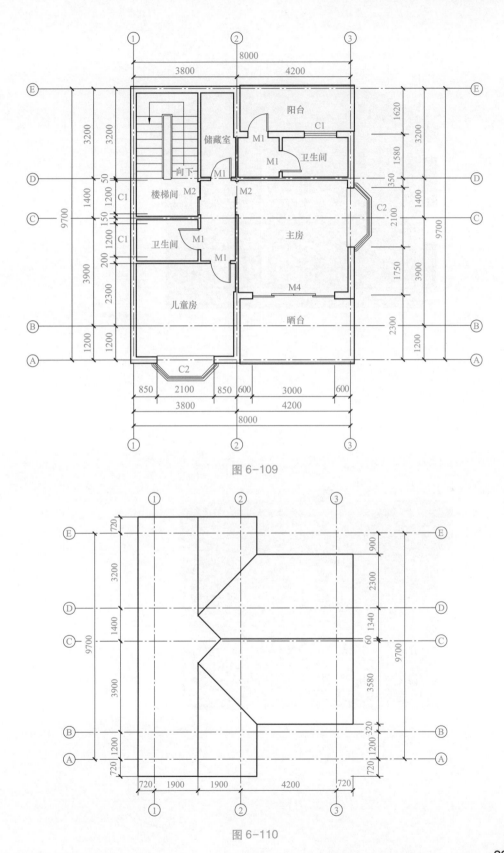

图 6-109

图 6-110

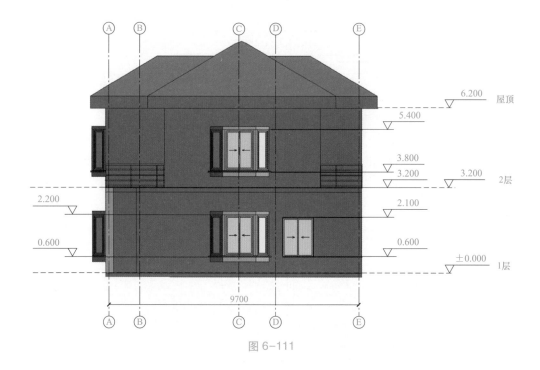

图 6-111

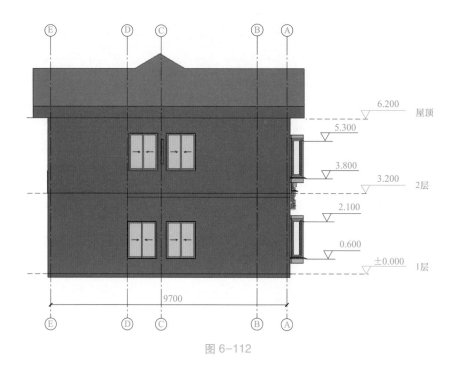

图 6-112

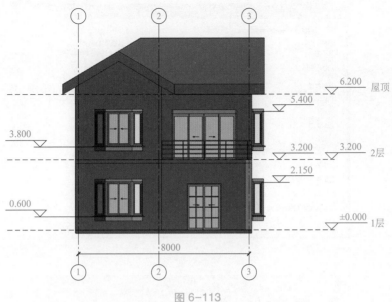

图 6-113

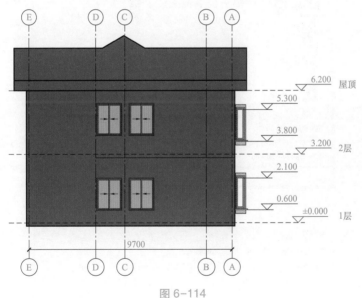

图 6-114

12）创建门窗明细表：单击"视图"面板中的"明细表"下拉列表"明细表/数量"，在"类别"中选择门，如图 6-115 所示。

单击"确定"，进入"明细表属性"对话框，将"可用的字段"里的类型、型号、高度及合计添加进入"明细表字段"，单击"确定"即可，如图 6-116 所示。

在"明细表属性"当中，单击"排序/成组"选项卡中的"排序方式"字段，选择"类型"，如图 6-117 所示。生成的门明细表如图 6-118 所示。

同门的明细表，生成窗的明细表，如图 6-119 所示。

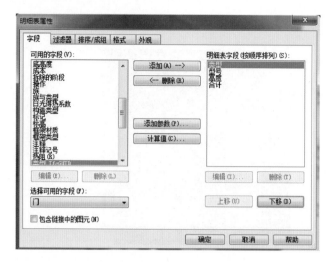

图 6-115

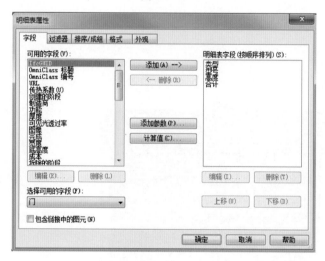

图 6-116

图 6-117

<门明细表>

A	B	C	D
类型	型号	高度	合计
M1		2000	1
M1		2000	1
M1		2000	1
M1		2000	1
M1		2000	1
M1		2000	1
M1		2000	1
M1		2000	1
M1		2000	1
M2		2400	1
M2		2400	1
M2		2400	1
M2		2400	1
M3		2100	1
M4		2100	1
总计: 15			

图 6-118

<窗明细表>

A	B	C	D
型号	类型	高度	合计
	C1	1500	1
	C1	1500	1
	C1	1500	1
	C1	1500	1
	C1	1500	1
	C2	1600	1
	C2	1600	1
	C1	1500	1
	C1	1500	1
	C2	1600	1
	C2	1600	1
	C1	1500	1
总计: 12			

图 6-119

13）创建图纸：在"视图"选项卡中选择"图纸"命令，如图 6-120 所示，在新建图纸对话框中选择 A1 公制，如图 6-121 所示，然后在"项目浏览器"中将需要的各平面图拖动到图纸中，并放置在合适位置，如图 6-122 所示。

最后单击保存，将模型以"别墅"为名保存到文件夹即可。

（3）解题技巧。

1）绘制楼板时，可使用拾取线命令进行绘制，绘制二层楼板可通过复制一层楼板进行编辑修改，提高建模速度。

2）绘制二层墙体时，通过复制一层墙体，再修改局部墙体，并全选中二层墙体修改属性框中的限制高度，快速绘制墙体。

3）创建房间时，阳台处没有墙体的地方，需使用"房间分隔"命令确定阳台范围，否则无法创建房间。

（4）小结。综合题的别墅建模主要考查了墙体、门窗、楼板、楼梯和屋顶，建模过程并无难点，在应用部分，使用了尺寸标注、创建房间、创建明细表和图纸，都是历年常考题型，考查的是学生的软件操作熟练程度。

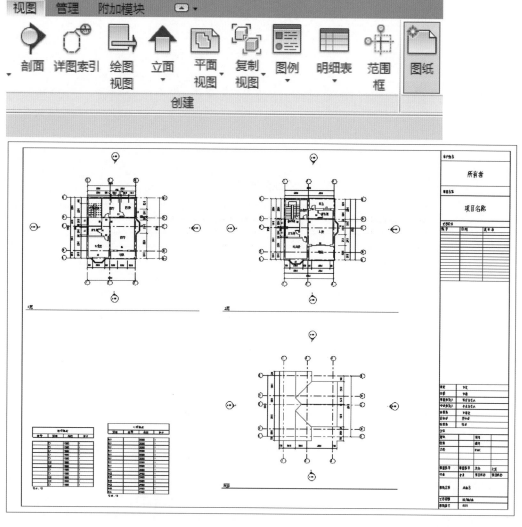

图 6-120

图 6-121

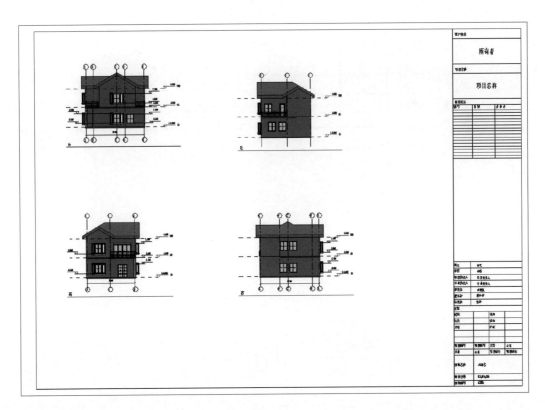

图 6-122

6.5　BIM 技能考试模拟试题 （一）

[试题一]　根据图 6-123 和图 6-124 中给定的尺寸创建如下标高轴网，轴网样式以及排布情况严格按照图纸显示，建立每个标高的楼层平面视图，并对 F1 层轴网进行尺寸标注。最终结果以"标高轴网"为文件名保存为文件，放在考生文件夹中。（10 分）

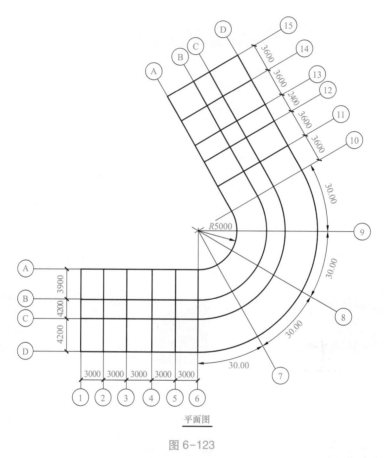

平面图

图 6-123

南立面图

图 6-124

（1）解题思路。此题考查标高轴网的绘制，标高使用复制或者阵列命令进行快速绘制，轴网使用旋转命令绘制斜轴网，弧形轴网使用"轴网—多段"命令即可。

（2）创建过程。

1）绘制标高：利用建筑样板，新建项目文件，在立面视图创建标高，如图 6-125 所示。并单击"视图"选项卡→"平面视图"面板→"楼层平面"命令，将上述创建的楼层平面添加到"项目浏览器"。

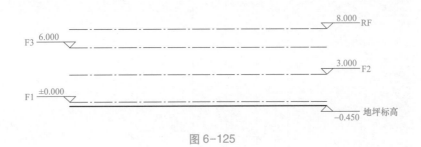

图 6-125

2）绘制轴网：在标高 F1 平面视图中创建参照平面，如图 6-126 所示，绘制 1~6 号轴线，如图 6-127 所示。

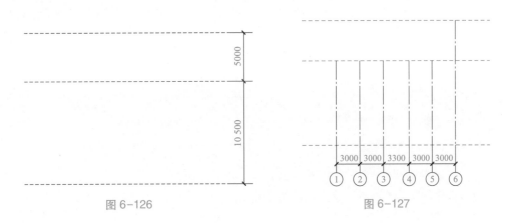

图 6-126　　　　　　　图 6-127

选择轴网 6，使用修改面板的"旋转（RO）"命令，旋转并复制出轴网 7，具体设置如图 6-128 所示，用同样方式绘制 8~10 号轴网，再用"复制"命令创建轴网 11~15，如图 6-129 所示。

绘制弧形轴网：运用"轴网—多段"命令（图 6-130），绘制如图 6-131 所示的轴网 A，其他弧形轴网请读者自行绘制，最后进行尺寸标注，最后结果如图 6-132 所示。

最后将结果以"标高轴网 . rvt"保存到考生文件夹中。

（3）解题技巧。

1）旋转轴网需要切换旋转中心时，可以直接按键盘的"空格"键进行切换。

2）创建轴网 B~D，可以通过利用轴网 A 设置偏移量。选择"轴网—多段"，选用"拾取线"命令，设置偏移量，鼠标拾取 A 轴，即得 B 轴，具体设置如图 6-133 所示。

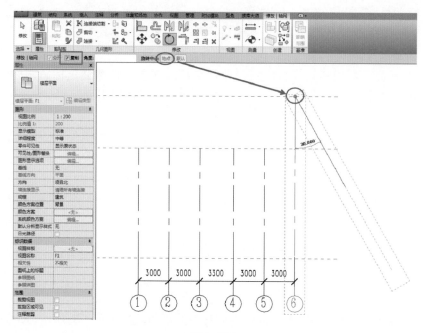

图 6-128

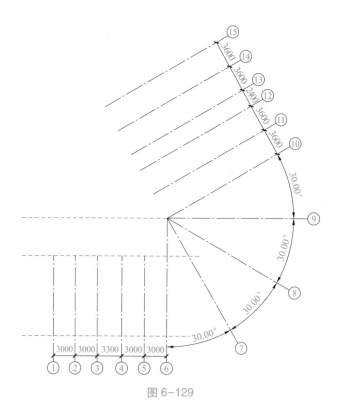

图 6-129

图 6-130

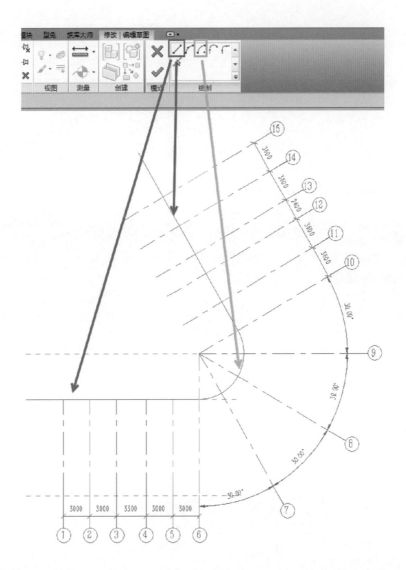

图 6-131

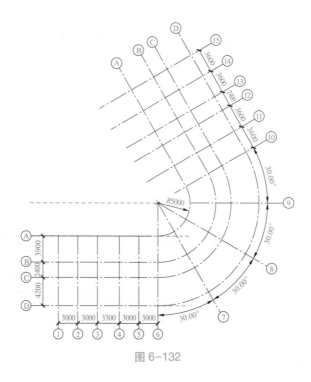

图 6-132

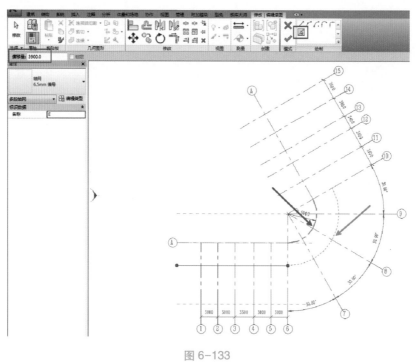

图 6-133

（4）小结。

标高轴网是在 Revit 建模中重要的定位信息，本题综合考查轴网的三种形式：垂直轴网、斜轴网和弧形轴网，绘制轴网的方式和一般轴网一致，注意选择相应的命令。

[**试题二**] 按照平面图和立面图（图 6-134）所给尺寸创建内建构件。请将模型以"弧形楼梯"为文件名保存在考生文件夹中。（10 分）

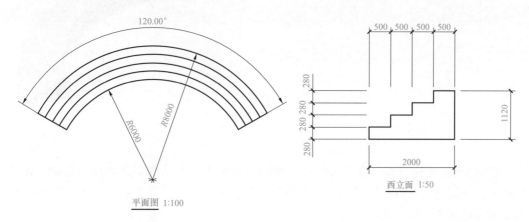

图 6-134

（1）解题思路。使用放样命令，按尺寸编辑路径和轮廓即可。

（2）创建过程。

创建放样：在"楼层平面：标高 1"，单击"建筑"选项卡→"构件"面板→"内建模型"→"常规模型"，然后选择"放样"命令，再点击"绘制路径"，创建参照平面，绘制的路径如图 6-135 所示，最后单击完成路径的绘制。

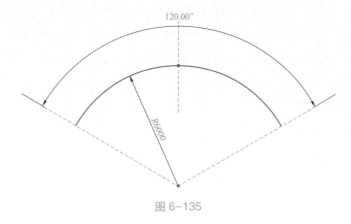

图 6-135

点击"编辑轮廓"进入西立面，绘制的楼梯轮廓如图 6-136 所示，完成编辑模式。最终完成台阶如图 6-137 所示。

（3）解题技巧。

在绘制轮廓的台阶时，创建好一个台阶后，可以运用复制的方式创建其他台阶的草图。

（4）小结。创建内建模型的方法与创建族基本相同，本题比较简单，考查考生对放样命令的掌握程度。

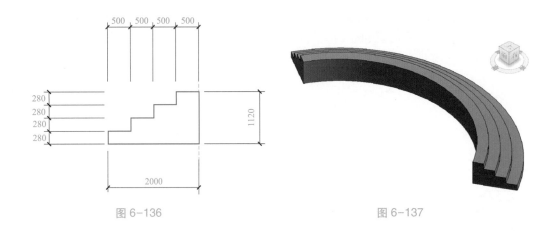

图 6-136　　　　　　　　　　　　图 6-137

[**试题三**] 根据三视图给定的尺寸，建立如图 6-138 所示的中央电视台总部大楼简化模型，并通过软件自动计算改模型的体积与总表面积。请以"央视"为名将模型保存到考生文件夹中。（20 分）

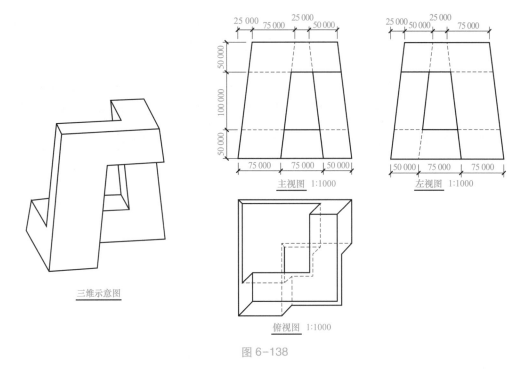

图 6-138

（1）解题思路。此体量需要用空心形状剪切实心形状创建而成。先根据图中尺寸创建参照平面，再进入对应的楼层平面创建形状。

（2）创建过程。

1）绘制标高：进入南立面，创建标高如图 6-139 所示，单击"体量和场地"→"内建体量"。

2）绘制参照平面：进入标高 1 平面，绘制长度方向和宽度方向的参照平面，如图 6-140 所示。

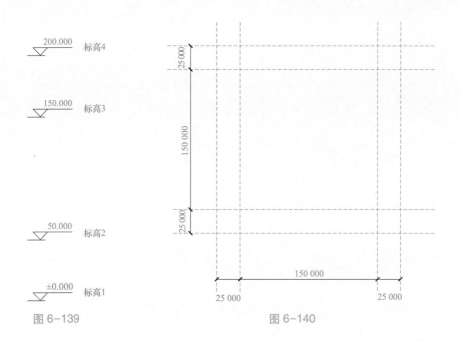

图 6-139　　　　　　　　　　　　　图 6-140

3）创建实心形状：进入标高 1 视图，在"创建"选项卡中点击"模型线"的"矩形"命令 ▭，绘制如图 6-141 所示的矩形；进入标高 4 视图，在"创建"选项卡中点击"模型线"的"矩形"命令 ▭，绘制如图 6-142 所示的矩形；进入三维视图，选中两个矩形，"创建形状-实心形状"，完成实心形状，如图 6-143 所示。

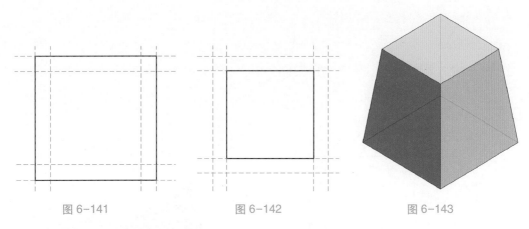

图 6-141　　　　　　　　　图 6-142　　　　　　　　　图 6-143

4）创建空心拉伸：进入标高 1 平面，绘制如图 6-144 所示的两条参照平面，用模型线创建矩形，如图 6-145 所示的蓝色矩形。

进入南立面，创建如图 6-146 所示的参照平面（蓝色）；进入西立面，创建如图 6-147 所示的参照平面（蓝色）。

进入标高 3 视图，在"创建"选项卡中点击"模型线"的"矩形"命令 ▭，绘制如图 6-148 所示的矩形；进入三维视图，选中两个矩形，"创建形状—空心形状"，完成空心形状，如图 6-149 所示。

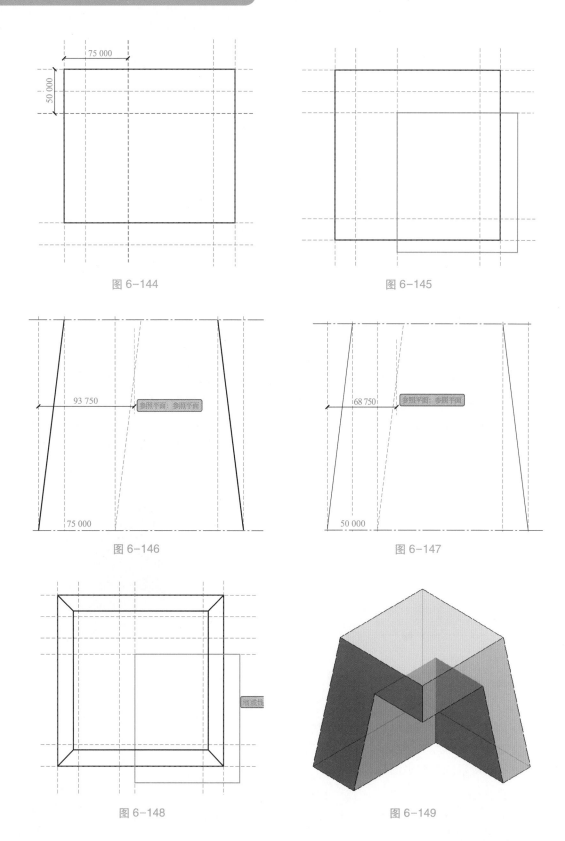

图 6-144

图 6-145

图 6-146

图 6-147

图 6-148

图 6-149

进入南立面，创建如图 6-150 所示的参照平面（蓝色）；进入西立面，创建如图 6-151 所示的参照平面（蓝色）。

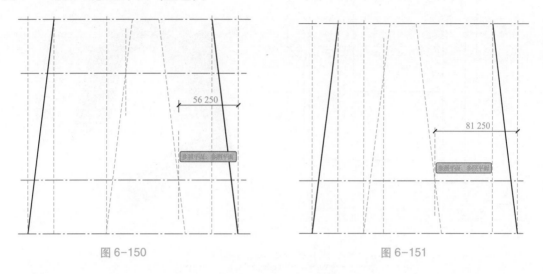

图 6-150　　　　　　　　　　　　　图 6-151

进入标高 2 视图，在"创建"选项卡中点击"模型线"的"矩形"命令 ⬛，绘制如图 6-152 所示的矩形。

进入标高 4 平面，绘制如图 6-153 所示的两条参照平面，用模型线创建矩形，如图 6-154 所示的蓝色矩形。

进入三维视图，选中两个矩形，"创建形状—空心形状"，完成空心形状，如图 6-155 所示。

（3）解题技巧。

1）相互平行的参照平面可以进行复制，可以在复制状态下，打开状态栏的"约束命令"，"多个"命令可按需要打开或者关闭，如图 6-156 所示。

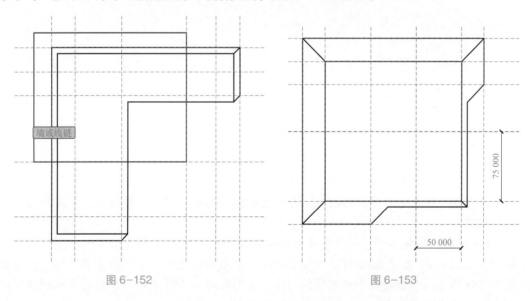

图 6-152　　　　　　　　　　　　　图 6-153

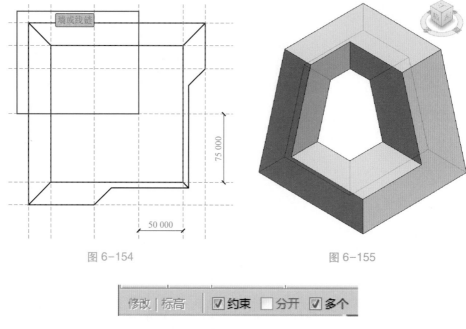

图 6-154　　　　　　　　　　　　图 6-155

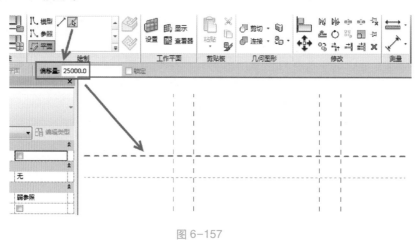

图 6-156

2）绘制相平行的参照平面时，还可以使用"绘制-拾取线"，再配合设置"偏移量"，如图 6-157 所示。

图 6-157

（4）小结。体量的创建过程与族的创建过程十分相似，本题模型看起来复杂，需要考生认真读取题目中所提供的信息，考查创建实心体量和空心体量剪切，考生需要有空间想象能力。

[试题四] 使用基于墙的公制常规模型，按照以下立面图创建可变窗类型的族：窗框 50mm×50mm，玻璃 6mm 厚，均居中分布。要求当窗宽度不大于高度的时候，窗型如图 6-158 所示，当窗高度小于宽度的时候，窗型如图 6-159 所示，其余尺寸可根据立面图自定。最终以"可变窗.rvt"文件名保存于考生文件夹中。（20 分）

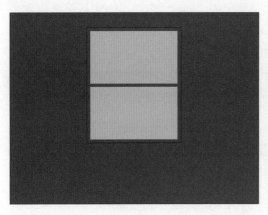

图 6-158

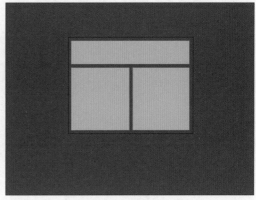

图 6-159

（1）解题思路。创建可变窗通过参照平面与相应元素对齐锁定实现联动，添加实例参数和条件参数控制可见性的设置。

（2）创建过程。

1）绘制洞口：新建族，选择"基于墙的公制常规模型"族样板，并进入放置边立面，使用"空心拉伸"命令，绘制如图 6-160 所示尺寸的洞口，使用剪切命令，完成洞口的绘制。

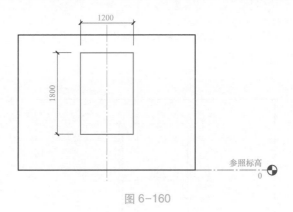

图 6-160

2）绘制窗框及玻璃：进入立面放置边，绘制参照平面，如图 6-161 所示。

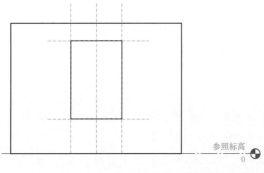

图 6-161

在"创建"面板→"拉伸",在"属性"栏设置"拉伸终点"为 50;设置工作平面(图 6-162),弹出对话框"转到视图",选择"立面:放置边",如图 6-163 所示,点击"打开视图",即进入"立面:放置边"工作平面。

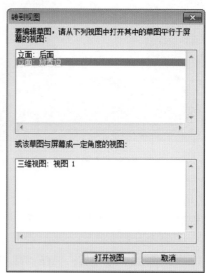

图 6-162   图 6-163

绘制窗框,使用直线/矩形绘制如图 6-164 所示尺寸的窗框 1(窗宽度不大于高度),单击"√"完成绘制窗框 1。

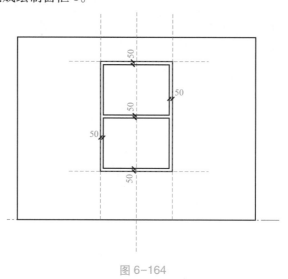

图 6-164

进入参照标高视图,选中所绘制的窗框,点击"取消关联工作平面",如图 6-165 所示,将窗框移到如图 6-166 所示的位置。

进入立面放置边,锁定相应参数的"参照平面",在"修改"面板中点击对齐命令,在视图中分别点击参照平面与窗框,并进行锁定。

在"修改"面板中点击"对齐尺寸标注",如图 6-167 所示进行绘制,并且点击

"设置或解除受彼此等分限制条件约束的所有尺寸标注线段"。

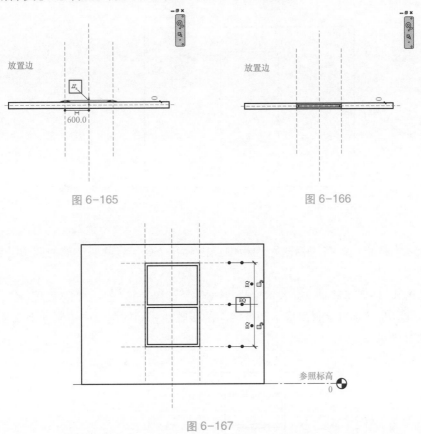

图 6-165　　　　　　　　　　　　　图 6-166

图 6-167

在"修改"面板中点击"对齐尺寸标注"命令，进行绘制并锁定窗框尺寸，如图 6-168所示。

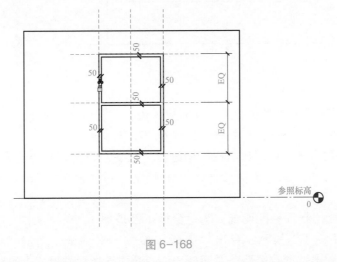

图 6-168

绘制玻璃，点击"拉伸"，在"属性"栏设置"拉伸终点"为 6，设置工作平面为立面放置边，使用直线/矩形绘制如图 6-169 所示尺寸的窗框 1（窗宽度 ≤ 高度）的玻璃，单击"√"完成绘制玻璃绘制，进入楼层平面参照标高，将玻璃移到相应的位置。

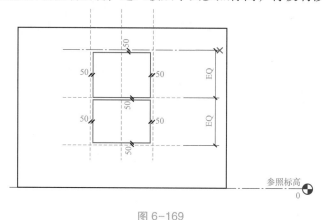

图 6-169

进入立面放置边，在"修改"面板中点击对齐命令，将两块玻璃的四边分别与邻近的窗框锁定。

选中窗框 1 及其玻璃 1，在"视图控制栏"中点击🐢→"隐藏图元"，按照如图 6-170 所示的尺寸与绘制窗框 1 和玻璃 1 的步骤在相同的洞口中绘制窗框 2（窗宽度>高度）及其玻璃 2。

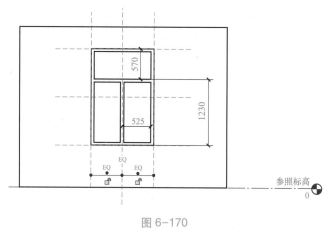

图 6-170

3）设置窗户的宽和长参数：进入立面放置边，在"修改"面板中点击"对齐尺寸标注"命令，在视图中标注窗户的宽，如图 6-171 所示。

点击所标注的宽度，在"选项栏"中进行"标签"设置，点击"添加参数"，进入"参数属性"对话框，勾选实例参数，点击确定；同理设置"长"的参数，结果如图 6-172 所示。

4）条件参数控制可见性设置：选中窗框 1 及玻璃 1，在"属性"中点击"可见"旁的按钮，如图 6-173 所示，弹出"关联族参数"对话框，点击"添加参数"，如图 6-174 所示，弹出"参数属性"对话框，如图 6-175 所示进行相应的设置，名称为 a，再点击确定；同理设置窗框 2 及玻璃 2 的可见性参数设置，名称为 b。

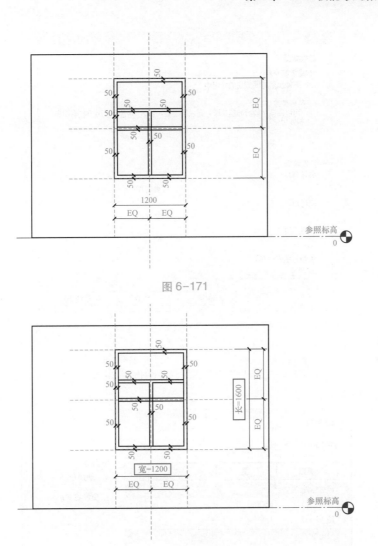

图 6-171

图 6-172

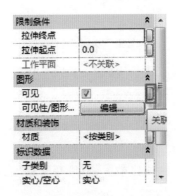

图 6-173

图 6-174

图 6-175

点击"创建"中的 ，弹出"族类型"对话框，在可见性 a 和 b 中输入相应的条件公式，如图 6-176 所示。

图 6-176

5）附材质：分别设置窗框和玻璃的材质为柚木和玻璃。

6）保存族，命名为"可变窗 .rfa"，点击"载入到项目中"，将可变窗载入到新建的"可变窗 .rvt"中，即可。

（3）解题技巧。

1）绘制参照平面快速创建洞口形状。

2）绘制窗框时，可先绘制轮廓，再用临时尺寸标注进行精确定位。

3）使用对齐尺寸锁定参照平面，注意不可过多约束。

4）"对齐尺寸标注"命令连续标注三个竖向参照面，点击"EQ"对参照线进行均分是为了保证窗始终在中心位置。

（4）小结。创建可变窗，主要考查实例参数的添加和简单的公式应用，添加参数的过程与添加族参数的过程一样，绘制可变窗时，参照平面的使用和构件与参照平面的锁定是实现参数化的重要手段。

[试题五] 根据下面给出的平面图、立面图以及门窗详图如图 6-177～图 6-179 所示，建立平房模型，具体要求如下：

（1）建立平房模型。

1）按照给出的平、立面图要求，绘制轴网及标高，并标注尺寸。

2）按照轴线创建墙体模型，其中内墙厚度均为 200mm，外墙厚度均为 300mm。

3）模型中的门窗需调用自定义的单扇门和单扇窗族，具体要求见（2）。

4）分别创建门和窗的明细表，门明细表包含族与类型、型号、厚度、宽度、高度以及合计字段。窗明细表（图 6-179）包含族与类型、型号、底高度、宽度、高度以及合计字段。明细表按照族的类型进行统计。

（2）创建单扇门和单扇窗族，并应用到上述平房模型项目中。

1）单扇门族模型有 3 种型号：M900、M800、M700，尺寸分别为 900mm×2100mm、800mm×2100mm、700mm×2100mm。同样的，单扇窗族类型分 2 种型号，分别是 C1200、C1500、C1800，尺寸分别为 900mm×1200mm、900mm×1500mm、900mm×1800mm。

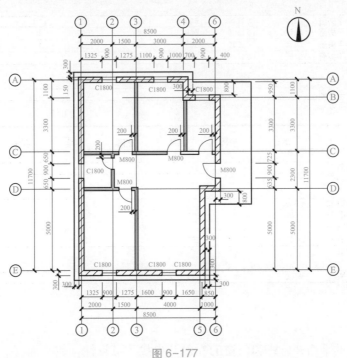

图 6-177

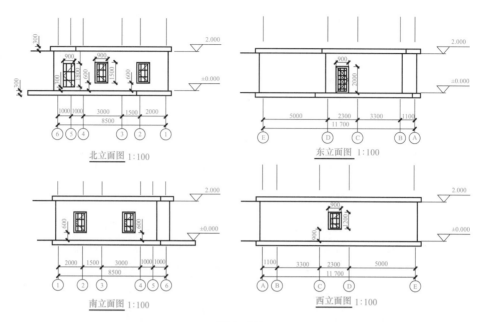

图 6-178

窗明细表						
族	类型	型号	底高度	宽度	高度	合计
小平房窗	C1800	C1800	300	900	1800	1
C1800: 1						
小平房窗	C1500	C1500	600	900	1500	1
小平房窗	C1500	C1500	600	900	1500	1
小平房窗	C1500	C1500	600	900	1500	1
小平房窗	C1500	C1500	600	900	1500	1
C1500: 4						
小平房窗	C1200	C1200	600	900	1200	1
C1200: 1						

门明细表						
族	类型	型号	厚度	宽度	高度	合计
单扇-与	M900	M900	300	900	2100	1
M900: 1						
单扇-与	M800	M800	200	800	2100	1
单扇-与	M800	M800	200	800	2100	1
单扇-与	M800	M800	200	800	2100	1
单扇-与	M800	M800	200	800	2100	1
M800: 4						
单扇-与	M700	M700	200	700	2100	1
M700: 1						

图 6-179

2）设置门的平面开启线和门窗的立面开启线的可见性，使平面开启线只在平、剖面图中显示，立面的开启线只在立面中显示。

　　3）门把手等门窗细节可以参考门窗详图自定义尺寸建模。

　　（3）建立 A2 尺寸的图纸，并将此视图命名为"建筑平立面图"，图纸编号任意。将模型的平面图、东立面图、西立面图、南立面图、北立面图以及门明细表和窗明细表插入至图纸中。

　　（4）最后，将模型文件以"平房 . rvt"为文件名保存到考生文件夹中。（40 分）

　　（1）解题思路。综合题型往往内容比较多，包括创建一个小单元房间、放置门窗、创建楼梯、室内外构件布置、尺寸标注、明细表创建等。步骤都不难，在考试的时候关键要速度，尽量满足题目要求。

　　（2）创建过程。

　　1）绘制轴网：在项目浏览器中，进入视图—楼层平面，双击场地，进入场地楼层平面，选择"基准"面板下"轴网"命令，先绘制纵向后横向，按照题目示意绘制相应轴网，如图 6-180 所示。

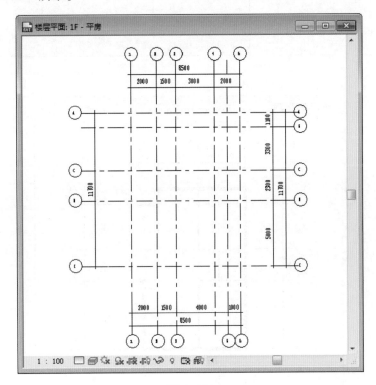

图 6-180

　　2）绘制外墙：选择"建筑"选项卡下的"墙"命令，在左侧属性栏中选择"饰面砖—200mm"，如图 6-181 所示，沿轴网绘制题中所示轮廓的外墙，如图 6-182 所示，注意图中蓝色部分墙体的对齐方式。

　　3）绘制内墙：与外墙绘制类似，在"属性"对话框中选择"轻质隔墙—100mm"，绘制内部墙体，如图 6-183 所示，注意图中蓝色部分墙体的对齐方式。

图 6-181

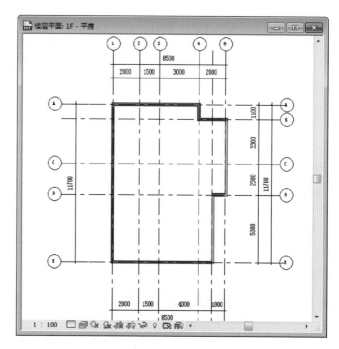

图 6-182

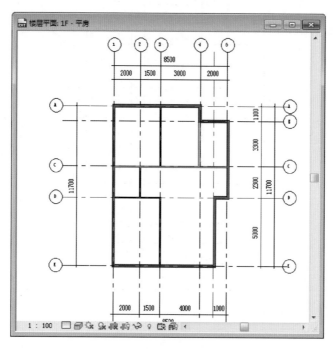

图 6-183

4）绘制楼板：点击"建筑"选项卡下的"楼板"命令进入绘图模式，点击"拾取线"命令，按照平面图给出的标记修改"偏移量"为 300，绘制楼板边界，如图 6-184 所示，然后点击完成楼板的绘制，如图 6-185 所示。

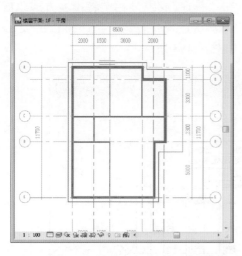
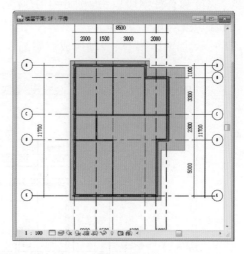

图 6-184　　　　　　　　　　　　　　　图 6-185

5）放置窗：选择"建筑"选项卡中的"窗"命令，根据平面图选择相应的窗户，在墙上放置窗户并调整位置，如图 6-186 所示，从立面图可以看到 C1500 的"底标高"都是 600，也可以在放置窗户之前先调整对应窗属性栏的"底高度"，如图 6-187 所示。

图 6-186　　　　　　　　　　　　　　　图 6-187

6）放置门：和放置窗同样的方法，在"建筑"选项卡中选择"门"命令后，放置不同形式的门。

7）尺寸标注：选择"修改"选项卡下"测量"面板中的"对齐尺寸标注"命令，按照题目给的标准对平面视图和立面视图进行如图 6-188 和图 6-189 的标注。

8）创建明细表：点击"视图"选项卡下的"明细表"下拉菜单，选择"明细表/数量选项"，在新建明细表对话框中选择窗，输入名称"窗明细表"，如图 6-190 所示，单击"确定"。在"明细表属性"对话框的字段栏中添加"族、类型、型号、底高度、宽度、高度和合计字段"，如图 6-191 所示。在"排序/成组"栏中将排序方式改成类型、降序，并勾选"页脚"、"空行"，下拉栏中默认选择"标题、合计和总数"，如图 6-192 所示。点击确定后自动生成窗明细表，如图 6-193 所示。

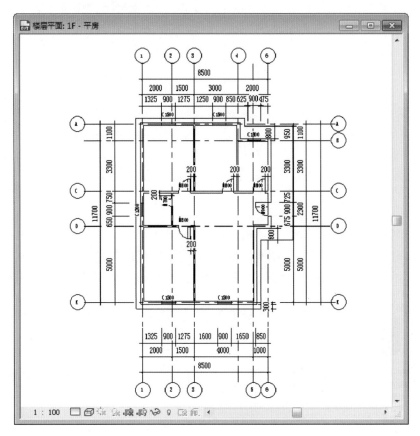

图 6-188

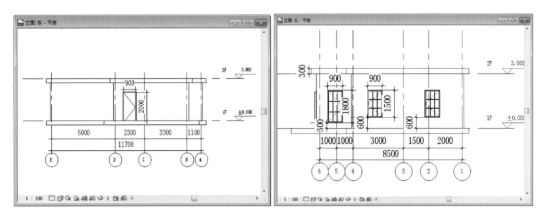

图 6-189

使用同样的方法添加门明细表。

9）创建图纸：在"视图"选项卡中选择"图纸"命令如图 6-194 所示，在新建图纸对话框中选择 A2 公制，如图 6-195 所示，然后在"项目浏览器"中将需要的各平面图拖动到图纸中，并放置在合适位置，如图 6-196 所示，并在"属性"框中将视图比例调整为 1∶100，最终结果如图 6-197 所示。

图 6-190

图 6-191

图 6-192

图 6-193

图 6-194

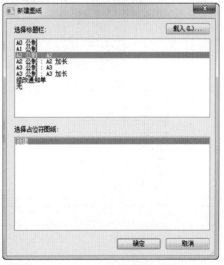

图 6-195

图 6-196

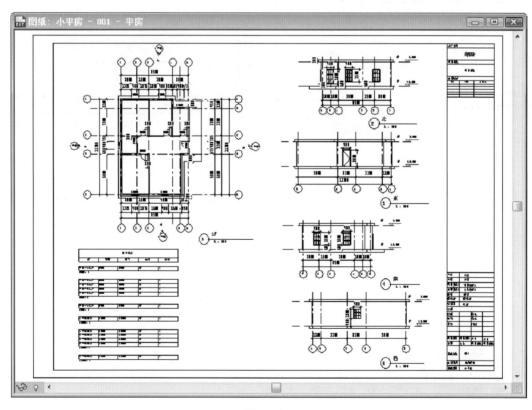

图 6-197

（3）解题技巧。

1）绘制墙体使用拾取线命令更加快捷。

2）绘制楼板使用拾取线命令，设置偏移量可快速绘制楼板。

3）放置门窗时可先精确定位后再选中同类型构件，统一修改窗的底高度。

4）绘制墙体时应注意对齐方式。

5）创建明细表时注意添加上题目要求的所有信息字段。

（4）小结。综合题的别墅建模主要考查了墙体、门窗、楼板，建模过程并无难点，创建的门窗族也是常用命令。应用部分，使用了创建明细表和图纸，都是历年常考题型，考查的是学生的软件操作熟练程度，所以考生在操作过程中注意到一些细节会加快绘图速度。

6.6　BIM 技能考试模拟试题（二）

[**试题一**] 根据图 6-198 和图 6-199 中给定的尺寸创建如下标高轴网，轴网样式以及排布情况严格按照图纸显示，并建立每个标高的楼层平面视图。最终结果以"标高轴网 . rvt"为文件名保存为文件，放在考生文件夹中。（10 分）

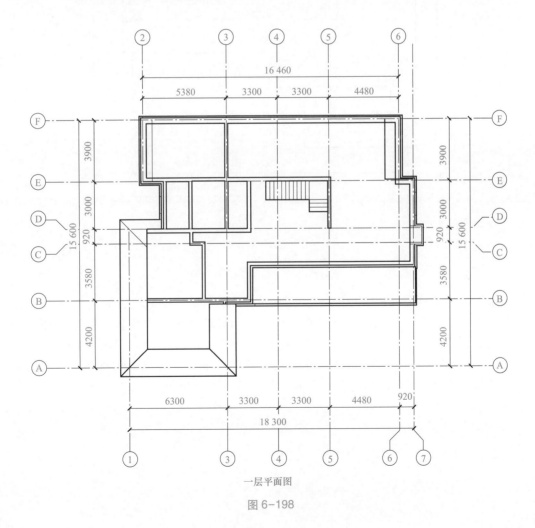

一层平面图

图 6-198

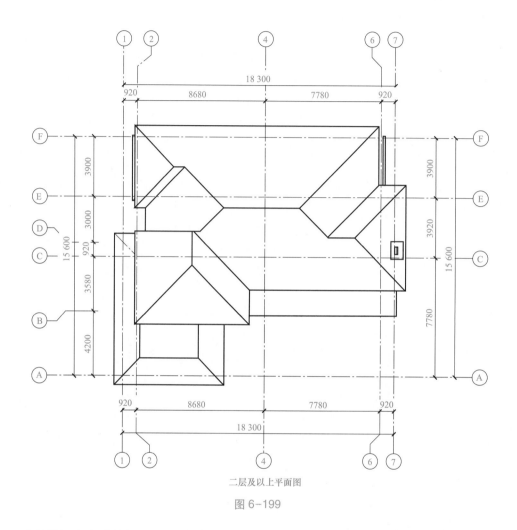

二层及以上平面图

图 6-199

[**试题二**] 根据图 6-200 中给定的尺寸，创建弧形实体坡道；并为坡道添加栏杆扶手，以 "900mm" 栏杆为基础绘制如图所示栏杆扶手，顶部扶手使用 "矩形—50×50"，扶栏为矩形扶手：20mm，栏杆使用扁钢立杆：50×12，栏杆间距为700mm。载入栏杆扶手构件 "铁艺嵌板 1"，并在扶栏 1、扶栏 2 间添加。栏杆扶手整体以坡道宽度为准向内侧移动 25mm。最终以 "弧形坡道" 文件名保存于考生文件夹中。（20 分）

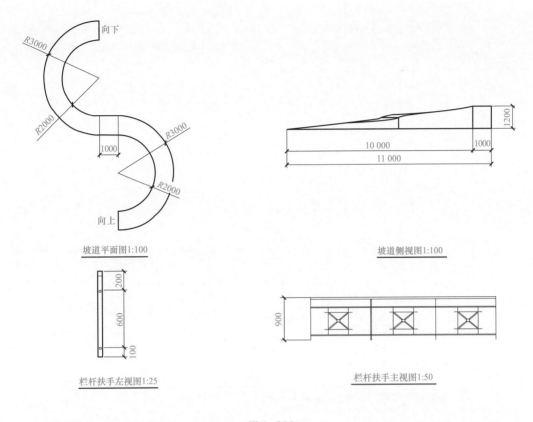

图 6-200

[试题三] 图 6-201 为某凉亭。请按图示尺寸要求建立该凉亭体量模型（未给尺寸处可自定义），构造要求如下，最终结果以"凉亭"为文件名保存在考生文件夹下。（10 分）

注释：（1）凉亭顶部装饰为正六边形，亭顶为四弧边锥形构造，四角突出部分为牛角样式与圆球连接至屋檐。

（2）凳子与桌子距离以圆心间距为准。

（3）亭顶以 A–A 剖面图为基础（未给尺寸处可自定义）。

[试题四] 图 6-202 为旗杆模型。请按图示尺寸要求新建并制作旗杆构件集（未给尺寸处可自定义），构造要求如下（1）、（2）、（3），最终结果以"旗杆.rfa"为文件名保存在考生文件夹下。（20 分）

（1）旗杆采用 80×3.5mm 钢管制作，表面涂刷防锈漆+银粉漆。

（2）旗杆基础：外围砖砌粉刷，内部埋件处施作基础墩，其余部位采用素土夯实成型。

（3）基础装饰：表面贴 600mm×600mm 红色面砖。（面砖排布严格按照效果图所示，且面砖纹理与灰缝需保持一致）

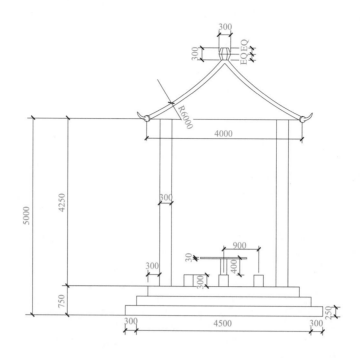

主视图

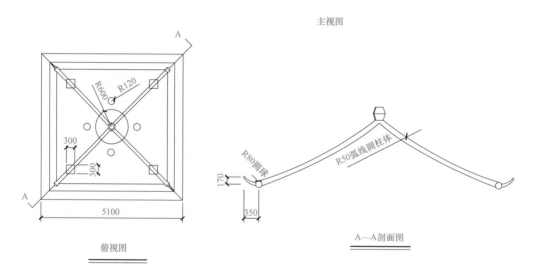

俺视图

A—A剖面图

图 6-201

[试题五] 根据以下要求和给出的图纸，创建模型并进行结果输出。新建名为"第五题结果输出"的文件夹，将结果文件存于该文件夹。（图 6-203~图 6-217）（40 分）

（1）BIM 建模环境设置。（5 分）

1）以考生文件夹中的"第六期第五题样板"作为基准样板，创建项目文件。（2 分）

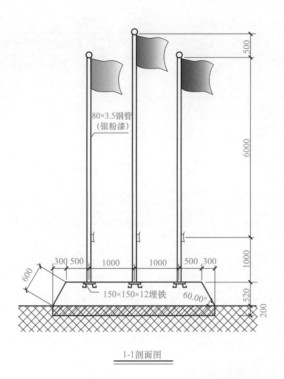

1-1剖面图

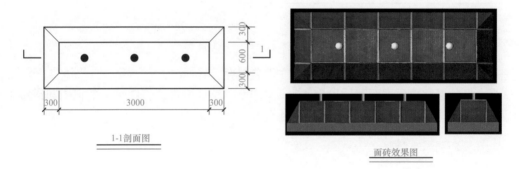

1-1剖面图　　　　　　　　面砖效果图

图 6-202

2）设置项目信息：项目发布日期"2015 年 6 月 6 日"，项目名称为"教学楼"。（3分）

（2）BIM 参数化建模。（20分）

1）屋顶结构层设置完整。（2分）

2）根据屋檐女儿墙，绘制檐槽。（2分）

3）根据给出的图纸创建建筑形体，包括墙柱、门窗、楼板、屋顶、楼梯等。（12分）

4）根据家具布置。（4分）

（3）创建图纸。（8 分）

1）创建门窗明细表，要求见表 6-2，并创建门窗表图纸。（4 分）

表 6-2　　　　　　　　　　　　　　　门　窗　表

类别	设计编号	洞口尺寸（mm）		樘数	采用标准图集及编号		备注
		宽	高		图集代号	编号	
窗	SC1260	120C	600	48	J002-2000		塑窗钢
	SC1815	180C	1500	8	J002-2000		塑窗钢
	SC1821	180C	2100	9	J002-2000		塑窗钢
	SC2412	2400	1200	7	J002-2000		塑窗钢
	SC2721	2700	2100	23	J002-2000		塑窗钢
	SC3621	3600	2100	12	J002-2000		塑窗钢
	SC4821	4800	2100	30	J002-2000		塑窗钢
	SC6021	6000	2100	3	J002-2000		塑窗钢
	SC7221	7200	2100	1	J002-2000		塑窗钢
门	FM1827	1800	2700	9	J002-2000		楼梯防火门
	M1027	1000	2700	74	J002-2000		教室门
	M1821	1800	2100	1	J002-2000		教室门
	M1827	1800	2700	2	J002-2000		教室门
	M3930	3900	3000	1	J002-2000		教室门
	M1827A	1800	2700	1	J002-2000		教室门

2）创建各层及屋顶平面图纸。（4 分）

（4）模型文件管理。（7 分）

1）模型文件以："教学楼"为项目文件名保存。

2）将各层及屋顶平面图导出为 AutoCAD2004 DWG 文件，将图纸上的视图和链接不作为外部参照导出，以楼层名为命名。（4 分）

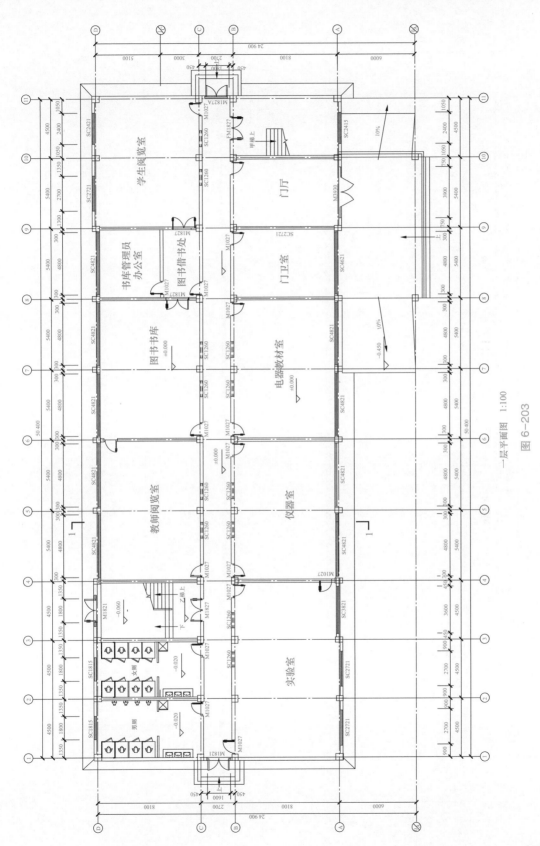

一层平面图 1:100

图 6-203

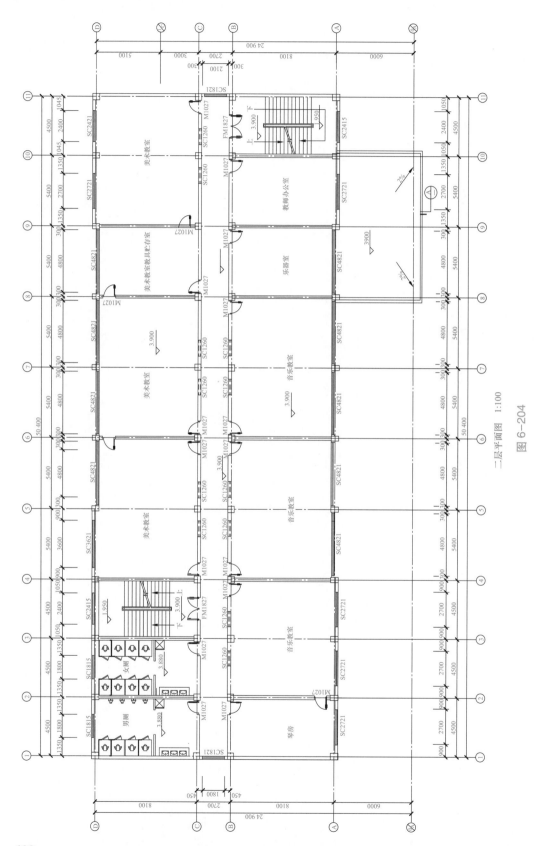

二层平面图　1:100

图 6-204

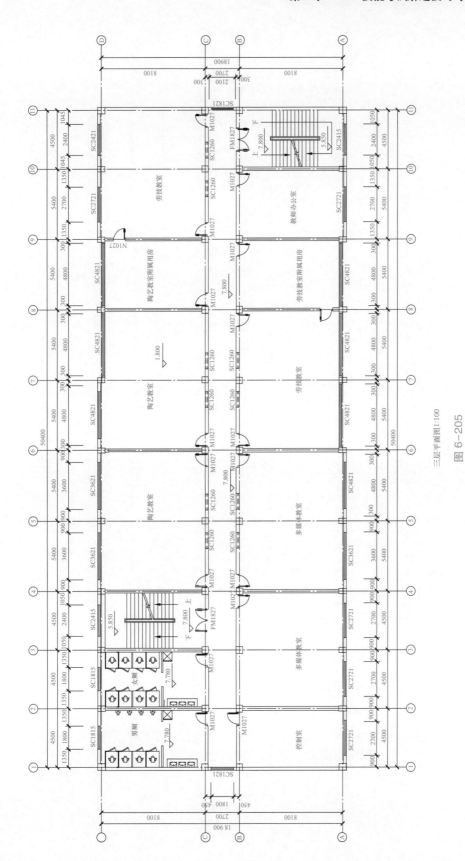

三层平面图1:100

图 6-205

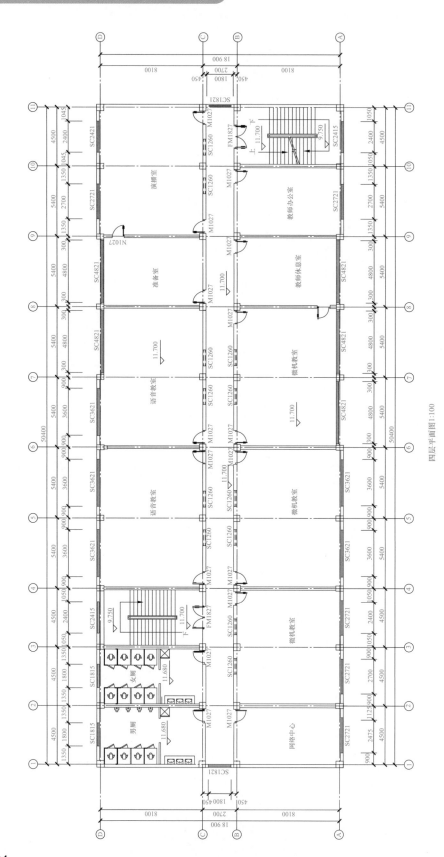

四层平面图1:100

图 6-206

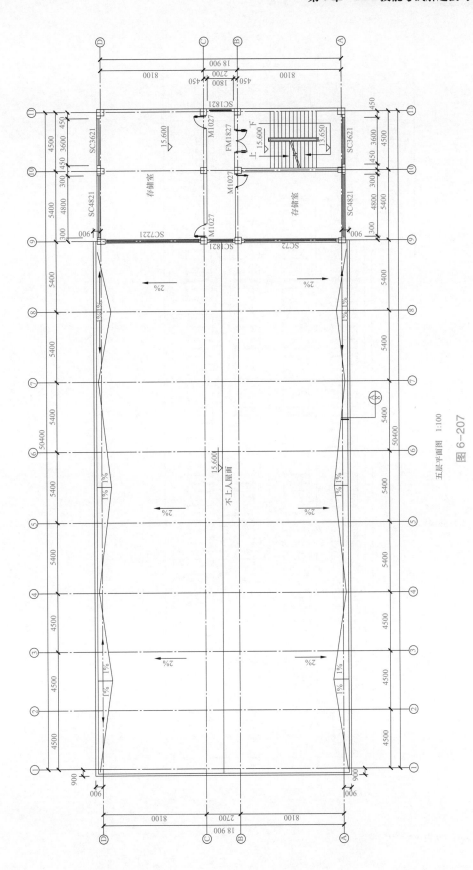

五层平面图 1:100

图 6-207

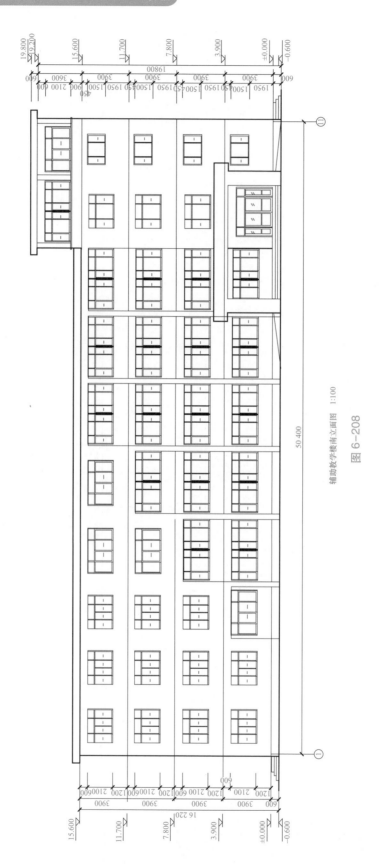

辅助教学楼南立面图 1:100

图 6-208

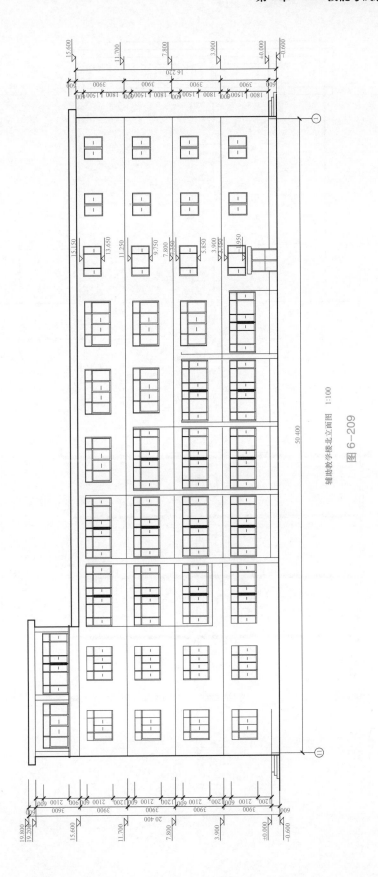

辅助教学楼北立面图　1:100

图 6-209

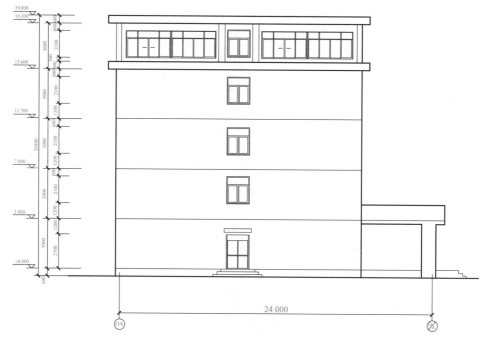

辅助教学楼西立面图　1:100

图 6-210

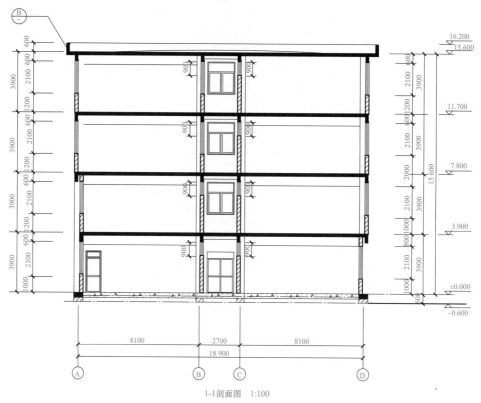

1-1剖面图　1:100

图 6-211

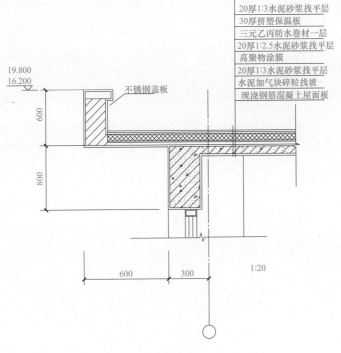

20厚1:3水泥砂浆找平层
30厚挤塑保温板
三元乙丙防水卷材一层
20厚1:2.5水泥砂浆找平层
高聚物涂膜
20厚1:3水泥砂浆找平层
水泥加气块碎粒找坡
现浇钢筋混凝土屋面板

不锈钢盖板

1:20

图 6-212

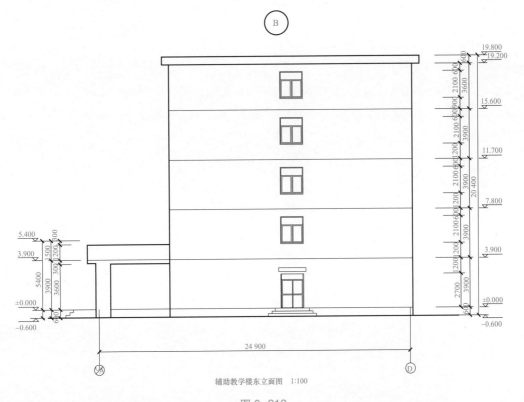

辅助教学楼东立面图　1:100

图 6-213

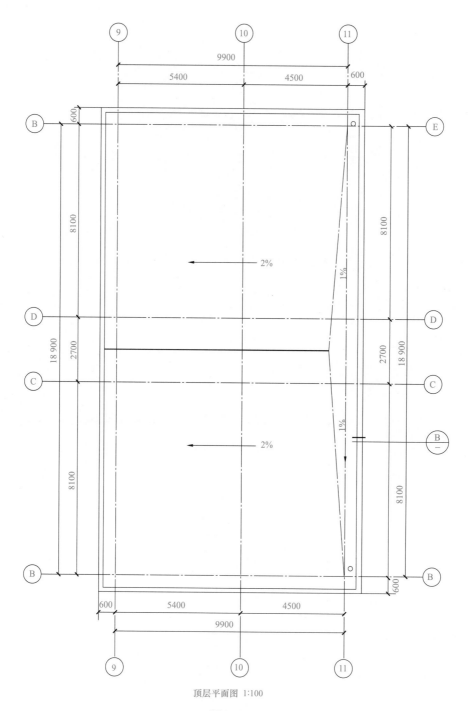

顶层平面图 1:100

图 6-214

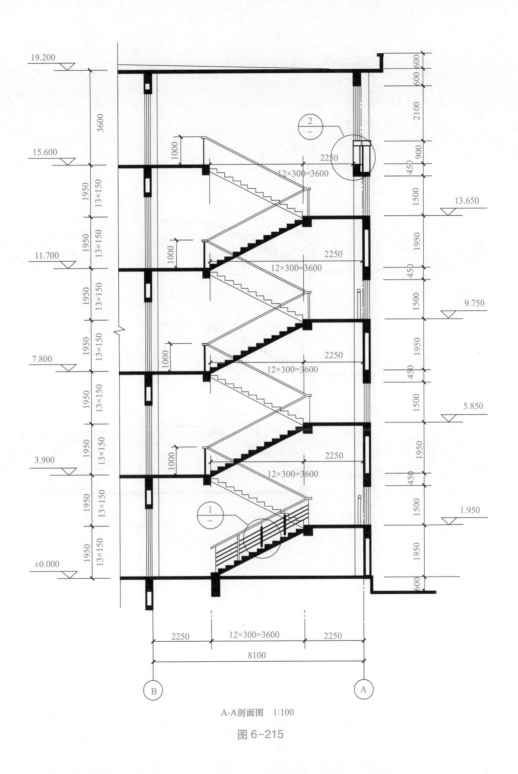

A-A剖面图　1:100

图 6-215

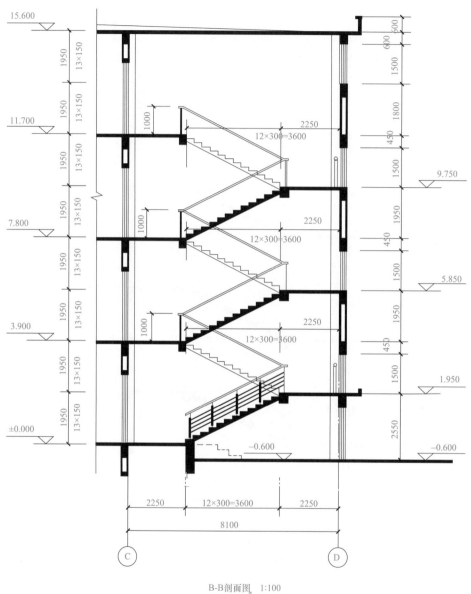

B-B剖面图 1:100

图 6-216

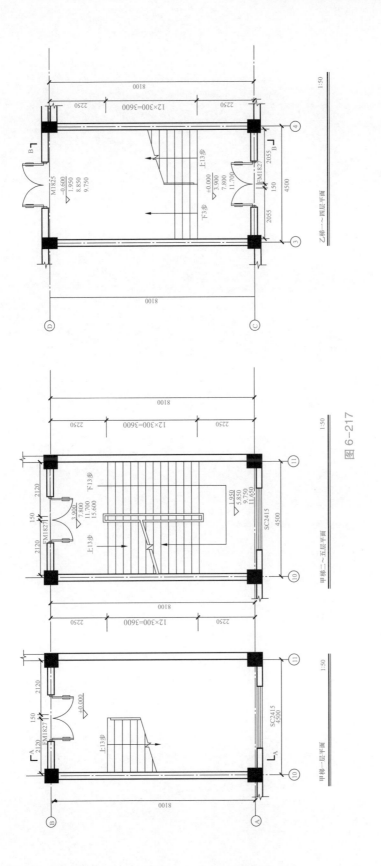

图 6-217